U0172895

国家出版基金项目
NATIONAL PUBLICATION FOUNDATION

"十三五"国家重点出版物出版规划项目·重大出版工程规划
5G关键技术与应用丛书

5G业务迁移技术

许晓东　张雪菲　著

科学出版社
北　京

内 容 简 介

本书针对 5G 异构密集网络部署场景，对 5G 网络涉及的关键技术之一——业务迁移技术进行介绍。具体包括针对不同网络性能优化目标的业务迁移技术、结合其他关键技术的业务迁移技术、针对不同时延需求的业务迁移技术，以及移动场景下的业务迁移技术等多个方面，并对业务迁移技术研究前景进行了展望。

本书可供移动通信领域的研究人员、通信专业的学生、移动开发人员，以及所有对通信行业感兴趣的读者阅读。

图书在版编目（CIP）数据

5G 业务迁移技术 / 许晓东，张雪菲著. — 北京：科学出版社，2021.12

（5G 关键技术与应用丛书）

"十三五"国家重点出版物出版规划项目·重大出版工程规划

国家出版基金项目

ISBN 978-7-03-071175-5

Ⅰ. ①5… Ⅱ. ①许… ②张… Ⅲ. ①第五代移动通信系统－通信技术 Ⅳ. ①TN929.53

中国版本图书馆 CIP 数据核字（2021）第 271963 号

责任编辑：赵艳春 / 责任校对：胡小洁
责任印制：师艳茹 / 封面设计：迷底书装

科 学 出 版 社 出版

北京东黄城根北街 16 号
邮政编码：100717
http://www.sciencep.com

三河市春园印刷有限公司印刷

科学出版社发行　各地新华书店经销
*

2021 年 12 月第 一 版　开本：720×1 000　B5
2021 年 12 月第一次印刷　印张：20　插页：2
字数：400 000

定价：158.00 元
（如有印装质量问题，我社负责调换）

序

　　由科学出版社出版的"5G关键技术与应用丛书"经过各编委长时间的准备和各位顾问委员的大力支持与指导，今天终于和广大读者见面了。这是贯彻落实习近平同志在2016年全国科技创新大会、两院院士大会和中国科学技术协会第九次全国代表大会上提出的广大科技工作者要把论文写在祖国的大地上指示要求的一项具体举措，将为从事无线移动通信领域科技创新与产业服务的科技工作者提供一套有关基础理论、关键技术、标准化进展、研究热点、产品研发等全面叙述的丛书。

　　自19世纪进入工业时代以来，人类社会发生了翻天覆地的变化。人类社会100多年来经历了三次工业革命：以蒸汽机的使用为代表的蒸汽时代、以电力广泛应用为特征的电气时代、以计算机应用为主的计算机时代。如今，人类社会正在进入第四次工业革命阶段，就是以信息技术为代表的信息社会时代。其中信息通信技术(information communication technologies, ICT)是当今世界创新速度最快、通用性最广、渗透性最强的高科技领域之一，而无线移动通信技术由于便利性和市场应用广阔又最具代表性。经过几十年的发展，无线通信网络已是人类社会的重要基础设施之一，是移动互联网、物联网、智能制造等新兴产业的载体，成为各国竞争的制高点和重要战略资源。随着"网络强国"、"一带一路"、"中国制造2025"以及"互联网+"行动计划等的提出，无线通信网络一方面成为联系陆、海、空、天各区域的纽带，是实现国家"走出去"的基石；另一方面为经济转型提供关键支撑，是推动我国经济、文化等多个领域实现信息化、智能化的核心基础。

　　随着经济、文化、安全等对无线通信网络需求的快速增长，第五代移动通信系统(5G)的关键技术研发、标准化及试验验证工作正在全球范围内深入展开。5G发展将呈现"海量数据、移动性、虚拟化、异构融合、服务质量保障"的趋势，需要满足"高通量、巨连接、低时延、低能耗、泛应用"的需求。与之前经历的1G~4G移动通信系统不同，5G明确提出了三大应用场景，拓展了移动通信的服务范围，从支持人与人的通信扩展到万物互联，并且对垂直行业的支撑作用逐步显现。可以预见，5G将给社会各个行业带来新一轮的变革与发展机遇。

　　我国移动通信产业经历了2G追赶、3G突破、4G并行发展历程，在全球5G研发、标准化制定和产业规模应用等方面实现突破性的领先。5G对移动通信系统进行了多项深入的变革，包括网络架构、网络切片、高频段、超密集异构组网、新空口技术等，无一不在发生着革命性的技术创新。而且5G不是一个封闭的系统，它充分利用了目前互联网技术的重要变革，融合了软件定义网络、内容分发网络、网络功能虚拟化、云计算和大数据等技术,为网络的开放性及未来应用奠定了良好的基础。

为了更好地促进移动通信事业的发展、为 5G 后续推进奠定基础,我们在 5G 标准化制定阶段组织策划了这套丛书,由移动通信及网络技术领域的多位院士、专家组成丛书编委会,针对 5G 系统从传输到组网、信道建模、网络架构、垂直行业应用等多个层面邀请业内专家进行各方向专著的撰写。这套丛书涵盖的技术方向全面,各项技术内容均为当前最新进展及研究成果,并在理论基础上进一步突出了 5G 的行业应用,具有鲜明的特点。

在国家科技重大专项、国家科技支撑计划、国家自然科学基金等项目的支持下,丛书的各位作者基于无线通信理论的创新,完成了大量关键工程技术研究及产业化应用的工作。这套丛书包含了作者多年研究开发经验的总结,是他们心血的结晶。他们牺牲了大量的闲暇时间,在其亲人的支持下,克服重重困难,为各位读者展现出这么一套信息量极大的科研型丛书。开卷有益,各位读者不论是出于何种目的阅读此丛书,都能与作者分享 5G 的知识成果。衷心希望这套丛书能为大家呈现 5G 的美妙之处,预祝读者朋友在未来的工作中收获丰硕。

中国工程院院士

网络与交换技术国家重点实验室主任

北京邮电大学 教授

2019 年 12 月

前　　言

　　移动通信网络给人们带来了生活和生产的便利，也深刻地改变了社会的运行模式，不仅促进了数据业务消费和高速数据业务需求，也激发了人们对未来数字化时代的期待和向往。

　　随着移动互联网的迅猛发展，大规模终端设备和多样化的应用服务呈现出爆发增长态势，移动通信技术也开启了 5G 时代。为了满足用户多样化的业务需求，5G 创造性地提出了三大服务场景，包括增强移动宽带、超高可靠低时延和大规模机器通信，以提供高速率、低时延和大连接等网络服务，全面提升移动通信网络面向个人用户及行业用户的服务性能。

　　在业务需求和技术革新的双重驱动下，为了满足三大场景需求，5G 网络通过不断增加无线接入站点数量和类型，实现基站节点的密集部署，以此来提升网络容量。随着小区部署日益密集化，5G 网络最终形成了超密集网络的态势，超密集组网也成为 5G 的核心技术之一　。基于超密集组网技术，网络可以根据不同用户的业务需求选择多个合适的基站为终端提供服务，可以进一步改善网络服务性能。

　　另外，5G 网络也采用了新的网络架构设计，以解决传统移动网络对互联网业务和应用的承载能力受限等问题。5G 网络架构中引入了网络功能虚拟化和移动边缘计算，对网络功能进行重构，初步实现了移动通信技术与云计算互联网技术的融合，对互联网的新型应用起到了重要的支撑作用。

　　基于 5G 全新的网络架构和超密集组网方式，移动网络的性能得到了进一步提升，但是移动数据量的快速增长仍然给移动网络的接入带来很大的挑战，对用户多样化业务需求的支撑尚无法高效支持。为了解决移动网络中日益增长的多样化业务需求和有限的网络资源之间的矛盾，5G 网络迫切寻求新的技术方案来提升网络接入能力和业务服务质量。双连接技术应运而生，双连接技术允许用户同时接受宏小区和小小区的双重连接服务，可以有效增加网络接入能力，提升用户的服务连续性，改善数据传输的灵活性和切换效率。

　　基于双连接技术，业务迁移技术被提出，用于解决移动网络中日益增长的多样化业务需求同网络资源之间的矛盾。业务迁移技术最初主要用于将移动网络内用户或业务数据从负载较重的小区迁移到负载较轻的小区，以保证所有用户或业务的服务质量能够得到保障。但是随着网络的不断演进，业务迁移技术从单纯的业务数据迁移发展成为计算任务迁移，甚至网络服务能力的迁移。业务迁移技术解决的问题除了负载均衡、提高容量之外，进一步引入了提高系统能效、提高网络资源利用率等新目标。小区动态开关、小区范围扩展、协作通信等一系列技术也成为业务迁移技术的支撑技术，使业务迁移技术发挥了更大的作用。业务迁移技术也从主要服务于增强移动宽带场景扩展至超高可靠低时延场景，支持车联网等用户移动状态下的业务迁移，进而支撑不同场景的网络优化目标。

业务迁移技术使得 5G "局部化、热点化"的密集网络业务服务能力更为均匀，从而实现多样化业务需求与有限的网络资源之间的平衡，进而成为 5G 的关键核心技术。在移动通信关键技术研究、国际标准化和产业应用等多个环节均开展了大量的工作，积累了一批研究成果，并在 5G 向 6G 网络的演进探索之中也得到了极大的关注。

本书围绕业务迁移技术，首先介绍了 5G 网络架构、5G 超密集网络、双连接/多连接等基础技术，对业务迁移技术的特点及发展现状进行了重点介绍，并详细展开了针对不同场景和目标的业务迁移技术研究和应用。

本书主要从基于不同网络性能优化目标的业务迁移技术、结合其他关键技术的业务迁移技术、针对不同时延需求的业务迁移技术以及移动场景下的业务迁移技术等几个方面详细展开。其中，在基于不同网络性能目标优化的业务迁移技术方面，第 2 章和第 3 章分别研究了基于负载均衡和系统能效的业务迁移技术。在第 4 章、第 5 章和第 6 章中，分别研究了结合协作通信技术、小区动态扩展技术和小区开关技术的业务迁移技术。针对移动业务不同的时延需求，本书在第 7 章和第 8 章分别研究了基于时延感知的业务迁移技术和延时业务迁移技术。第 9 章和第 10 章分别研究了基于 5G 网络功能虚拟化和融合计算的业务迁移技术。第 11 章和第 12 章关注用户处于移动状态的更为复杂的场景，分别研究了针对移动过程中的业务迁移技术和基于车载边缘计算的业务迁移技术。

本书也一并给出了相关技术方案的性能评估结果，可以为读者理解业务迁移技术的性能优势提供参考。本书的主要内容均基于作者及所在科研团队在 5G 及业务迁移技术领域长期研究过程中积累的成果，相关研究工作也得到了多项科研项目支持和国内外多位专家、学者以及博士研究生、硕士研究生们的帮助，在此一并表示感谢。

随着 5G 的部署商用和标准版本的持续演进，6G 系统的研发也已经在全球范围内展开，业务迁移技术也将在 6G 网络中继续发挥重要作用，本书也针对未来 6G 演进需求和愿景，对业务迁移技术的发展和应用给出了展望，希望对相关领域的研究者带来一些启发。

目 录

第 1 章 5G 网络演进及业务迁移技术

纵观移动通信发展史，从 20 世纪 80 年代的第一代蜂窝移动通信系统到如今第五代蜂窝移动通信系统(5G)的初步商用，移动通信在过去几十年中经历了 1G 模拟语音业务，2G 数字语音业务，3G 数据业务，4G 多媒体业务，以及到当前 5G 万物互联时代的开创性发展。

5G 创新性地提出了三大服务场景，包括增强移动宽带(Enhanced Mobile Broadband，eMBB)、超高可靠低时延通信(Ultra Reliable Low Latency Communication，uRLLC)和海量机器类通信(Massive Machine Type Communication，mMTC)，可以为不同类型和不同需求的用户提供高速率、低时延、高可靠和大连接等服务。

在业务需求和技术革新的双重驱动下，为了满足 5G 网络高速率、低时延、高可靠和大连接的愿景，增加无线接入站点的类型和数量被普遍认为是最有效的方式之一，于是小区部署日益密集，最终形成了超密集网络(Ultra Dense Network，UDN)的组网方式。超密集网络是 5G 的核心技术之一，通过合理密集地部署基站节点，可以大幅度提高网络容量、降低用户的发射功率，提升用户的吞吐量等。在超密集网络中，不仅部署着大量不同能力级别的异构基站设备，像宏基站、微基站、微微基站、毫微微基站和中继站等，还包括 4G、Wi-Fi 热点等不同系统的基站节点。网络可以根据不同区域的业务需求选择合适的基站设备提供接入服务，可以进一步提升网络容量。

本章主要介绍了 5G 网络的主要特征和演进过程，包括 5G 网络的基础结构和关键技术。介绍了 5G 超密集网络、双连接和多连接等关键技术的演进过程、主要特征、技术优势以及关键挑战等。在此基础上，重点介绍了业务迁移技术，并对全书的章节内容结构进行了介绍。

1.1 5G 网络架构

传统移动网络更加注重网络的传输能力而忽略了网络能力向上层应用和业务延伸，导致网络业务调度的灵活性不高、互联网业务和应用的承载能力差，使得移动通信网络面临着新业务、新场景等新需求的挑战。5G 网络采用了全新架构设计，以改变以往通信网络格局，实现网络的软件和硬件分离。5G 架构引入网络功能虚拟化(Network Function Virtualization，NFV)和软件定义网络(Software Defined Network，SDN)，对网络功能进行重构，初步实现了移动通信系统与 IT 技术(如虚拟化、云计算、大数据等)的深度融合,为实现低成本网络建设、新特性快速部署等提供了可能。

1.1.1　移动网络架构演进

移动网络是一个复杂的系统,而网络架构就是这个复杂系统的核心,决定了整个系统的运行效率和执行能力。移动网络架构为了顺应业务需求的发展变化,在不断演进增强。

在 4G 时代,网络层级逐渐从四层变成了三层,网络架构逐渐朝着"扁平化"的趋势演进。如图 1.1 所示。增强型基站(Evolved Node B,eNodeB)代替了 NodeB 和无线网络控制器(Radio Network Controller,RNC),用户数据包可以直接从基站侧发送至核心网。4G 核心网(Evolved Packet Core,EPC)实现了控制面和用户面的初步分离。移动性管理实体(Mobility Management Entity,MME)和服务网关(Serving Gateway,SGW)分别接管了控制面功能和用户面功能,并引入了分组数据网关(Packet Data Network Gateway,PGW)。

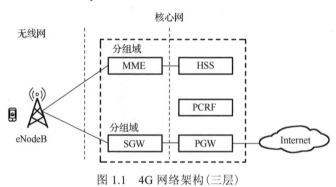

图 1.1　4G 网络架构(三层)

5G 网络架构的演进需要支撑 5G 更高的吞吐量及其他服务质量要求。相比于 4G 网络架构,5G 网络架构实现了跨越式的改进。为了满足高速率、低时延、高可靠、大连接、低成本等多方面的服务需求,5G 承载的业务类型繁多,业务特征差异化明显,这对网络架构演进提出了更高的要求。第三代合作伙伴计划(The 3rd Generation Partnership Project,3GPP)重新定义了 5G 核心网架构[1, 2],采用了基于服务的架构(Service-based Architecture,SBA)。SBA 架构基于云原生架构设计,借鉴 IP 技术中的"微服务"理念,将原来具有多个功能的实体拆分为具有独自功能的个体,进一步提升了 5G 网络的功能和交互,包括身份验证、安全、会话管理和来自终端设备的流量聚合。5G 网络架构通过单一的数据面网元等方式,实现了网络架构的简化设计,也将网络层级转变为两层,提升了网络的数据转发能力,也提供了网络控制的灵活性。

1.1.2　5G 网络部署方式

5G 网络的部署是一个渐进的过程。考虑到 5G 全新的网络架构，5G 网络存在网元多、跨厂商互操作接口配对多、复杂度高、现阶段成熟度不高等难题，在 5G 商用初期难以实现独立组网技术方案。因此，在 4G 网络原有的基础上，借助多连接技术实现 5G 网络的快速部署。4G、5G 的基站和 4G、5G 的核心网交叉组网形成了独立组网(Stand Alone，SA)和非独立组网(Non-Stand Alone，NSA)两个方面的多种模式。

第一类是独立组网 SA，包括三种模式：第一种是采用 4G 网络架构；第二种是以新空口独立部署的方式接入 5G 核心网；第三种是将 4G 基站进行升级，独立接入到 5G 核心网中。独立组网 SA 架构最典型的是第二种方式，该方式下的架构端到端都是全新的，包含新基站和新核心网。

SA 下的新基站采用新型的波束管理、新参考信号、新编码，全面提升 5G 无线网络服务能力。通过无线架构 CU/DU 分离，实现了无线资源的集中管控和协作，使得网络部署更为灵活。在核心网方面，SA 架构采用了革命性的服务化架构，在 4G 核心网的基础上，通过功能重构、引入微服务和服务化框架、IT 化接口协议，实现了 5G 核心网的全新设计。5G 核心网继承了 4G 网络的全部的功能，5G 网络的功能实体的划分比 4G 更加合理、可扩展性强和易于部署。5G 核心网将 4G 网络中分散在 MME、SGW、PGW 的会话管理相关功能剥离出来，集中到一起演变为 5G 的会话管理功能(Session Management Function，SMF)。MME 其余部分演变为认证管理功能(Authentication Management Function，AMF)，负责接入和移动性管理。归属用户服务器(Home Subscriber Server，HSS)中剩余的部分即统一数据管理(Unified Data Management，UDM)功能，负责前台数据的统一处理。统一数据存储(Unified Data Repository，UDR)和非结构化数据存储功能(Unstructured Data Storage Function，UDSF)分别负责结构化数据和非结构化数据存储。此外，5G 还新增了网络存储功能(Network Repository Function，NRF)和网络切片选择功能(Network Slice Selection Function，NSSF)，NRF 负责 NF 的登记和管理，NSSF 辅助网络切片相关信息的管理。

5G 全新的独立网络架构将全面满足 5G 定义的三大场景，支持网络切片、边缘计算等 5G 特征，通过软件化服务化的架构设计，可以快速支持定制化的专网服务，能够更好地满足垂直行业多样化的场景需求。

第二类是非独立组网 NSA，包括三种模式：第一种是指以 4G 基站作为控制锚点，5G 基站通过双连接方式接入 4G 核心网；第二种是以 5G 基站作为锚点，4G 基站通过双连接的方式接入 5G 核心网；第三种是指以 4G 基站作为控制面锚点，5G 基站通过双连接的方式接入到 5G 核心网。多种非独立组网模式在第 1.3.5 小节给出详细介绍。

1.1.3 　5G 网络架构关键技术

网络功能虚拟化(Network Functions Virtualization，NFV)是 5G 架构的基础技术之一。在过去十年中，云计算技术对整个 IT 系统带来了深刻的变化，移动通信系统也开始借助 IT 技术以应对 5G 新需求。移动终端用户在多媒体和点播服务等方面需要更高的质量和更低的时延需求，这种网络需求推动了网络管理服务方面的改变，网络切片技术应运而生。通过网络切片，将 5G 物理网络切成独立的虚拟网络，每个虚拟网络具有不同的特征。每个网络切片都是满足特定要求的独立端到端网络。5G 网络可以通过共享基础设施划分为多个虚拟网络(Virtual Network，VN)。NFV 的网络切片对 5G 的发展至关重要，它有助于实现独立于物理网络基础设施的高效服务，可提供可扩展且灵活的 5G 网络服务。

2012 年 10 月，欧洲电信标准化协会(European Telecommunications Standards Institute，ETSI)发布了业界首个 NFV 白皮书。NFV 的核心理念是运用虚拟化和云计算技术将传统电信设备软硬件解耦，采用通用服务器代替原有的 ATCA 专用硬件，将虚拟网络功能(Virtual Network Function，VNF)以软件的形式运行在通用 IT 云环境中，以降低网络成本，并通过引入管理与网络编排(Management and Network Orchestration，MANO)系统实现网络的动态扩缩容和敏捷运营，最终实现缩短业务上线时间，以应对来自互联网巨头的竞争。

NFV 技术不仅仅是一次技术升级，更是对传统的研究、采购、建设和运维模式的极大颠覆。业界认为 5G 建设必须基于 NFV 技术，运营商在增加 5G 业务功能、动态生成新的网络切片的时候，不需要对通信硬件进行升级替换，避免了网络设备的冗余演进，降低了网络部署成本，有利于实现敏捷化的网络部署。

面向 5G 网络未来承载多样化的业务场景，在 NFV 技术的基础上，进一步提出了云原生(Cloud Native)概念，借助 IT 领域的微服务架构，将虚拟网络功能进行更细粒度的重构，为解决当前 NFV 网络的资源利用率低、平台与业务解耦困难等问题，提供了一种有效的手段。

移动边缘计算(Mobile Edge Computing, MEC)技术是实现 5G 低时延和提升网络服务质量的另一个关键技术。MEC 的概念最早于 2009 年被提出，ETSI 于 2014 年成立了 MEC 规范工作组，启动了相关标准化工作。随着 AR/VR、物联网、无人驾驶和工业互联网等业务大量涌现出来，带来了高带宽、低时延以及大连接的网络需求，新业务对带宽、时延和安全性等方面的要求越来越高，传统的云计算方式已无法满足业务需求，MEC 技术应运而生。MEC 技术将无线网络技术和互联网技术有效地融合起来，在无线网络边缘提供计算和无线网络能力，有效保障端到端服务质量。如图 1.2 所示，MEC 作为云计算模式的扩展补充，利用无线网络能力获得高带宽、低延迟和近端部署优势，将应用程序托管从集中式的数据中心下沉到网络边缘，接近应用服务数据，在靠近移动用户的网络边缘提供 IT 和云计算的能力。

MEC 的基础设施架构涉及基础设施层、虚拟化层、服务和业务能力层，其中基础设施层主要体现在边缘数据中心服务器，服务器内部主要具备计算资源、存储资源、网络资源和加速资源。在虚拟化层，传统的方式是在虚拟机监视器上运行虚拟机 (virtual machine，VM)，每个虚拟机中运行相应的 VNF，但该方式的管理开销和性能损耗较大，容器部署是未来的发展方向。容器可以为 MEC 提供更好的弹缩响应速度、系统容量的灵活性以及计算资源的利用率。在服务和业务能力层，MEC 平台又可以分为网络能力服务、应用使能服务和网络连接服务。网络能力服务包括基于位置的服务 (Location Based Services，LBS)、带宽管理等能力，应用使能服务主要包括应用程序服务管理和部署的能力，网络连接能力是指在 MEC 平台上可以部署其他无线类网元，例如 RAN 侧的集中单元 (Centralized Unit，CU)、核心网的用户面功能 (User Plane Function，UPF) 等均可以下沉到 MEC 平台部署。

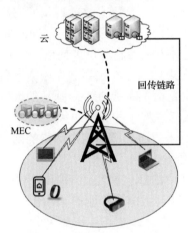

图 1.2　MEC-Cloud 部署模式

5G、NFV 和云计算技术催生了 MEC 的发展，加速信息技术、计算技术与通信技术的融合。MEC 正在成为网络转型的重要驱动力之一，推动 5G 满足低时延、高带宽的新应用新业务需求。此外，面向应用层面，MEC 可向垂直行业提供定制化、差异化服务，进一步提升网络服务能力和应用价值。

1.2　5G 超密集网络

1.2.1　5G 异构密集网络的演进过程

随着 5G 时代的到来，移动互联网的高速发展和各种智能终端的快速普及，移动数据量呈现爆炸式增长，同时移动通信的业务类型转向以移动分组交换型数据业务为主。移动通信数据量的激增和业务类型的变化对移动通信网络带来了新的挑战。根据香农理论[3]，在频谱资源受限的情况下，移动通信网络的容量已逐渐逼近极限值，采用更加先进的组网技术[4]是提升网络容量的有效手段之一。

组网技术提高移动通信网络容量的基本方式是小区分裂，使小区的覆盖范围越来越小，进而部署更多的基站，通过小区密度的增加来提高频谱的利用效率，进而达到提升移动通信系统容量的目的。通过增加小区密度提高当前移动通信网络容量的方式主要有两种：一种是增加同构网络的部署密度，即通过在传统蜂窝网络中部署更加密集的宏基站(Marco Base Station，MBS)来提高基站的部署密度，提升频谱利用率；另一种是增加异构网络的部署密度，即通过在网络中密集部署各类低功率节点，如微蜂窝、微微蜂窝、毫微微蜂窝等，来提高基站的部署密度，提升网络的频谱利用率。

通过增加同构网络的部署密度来提高移动通信网络容量实质上是通过小区分裂和增加可用频谱的方式来实现的。同构网络采用相同的参数，比如基站的发射功率、天线发射模式等。然而，这种方式面临着很多问题。一方面，宏基站已经密集部署，其选址需要经过复杂的网络规划，这不仅会增大网络运营商的基础设施投资和运维成本，而且在宏基站已密集部署的前提下，新基站的选址将变得十分困难。另一方面，增加可用频谱意味着运营商需要购买新的频段，由于频谱资源十分稀缺和昂贵，这一方式也不现实。综上所述，通过增加同构网络的部署密度扩容来提高移动通信网络的容量面临着重重困难。

因此，通过增加异构网络的部署密度，可以有效提高移动通信网络的容量[5]。异构网络是指不同通信制式接入技术(移动蜂窝网络、无线局域网、用户直连通信)、不同覆盖能力的蜂窝网络(宏蜂窝、微蜂窝、微微蜂窝、毫微微蜂窝等)同时存在、相互重叠、混合部署[6]。微蜂窝、微微蜂窝、毫微微蜂窝等低功率发送节点具有体积小、成本低、发射功率低、覆盖范围小等特点，部署起来相对容易。由于 5G 网络业务负载呈现"局部化、热点化"的典型特点，分布严重不均，宏小区边缘用户设备受到的干扰较强、服务质量较差，通过异构网络部署可以解决热点覆盖、盲区覆盖等问题，从而显著提高频谱利用率，进而提升移动通信网络容量。综上所述，为了满足未来业务负载多样化，移动通信的网络架构异构化、超密集化是必然选择，5G 的部署已经证明，采用异构超密集组网可以有效提高 5G 网络容量。

在上述探讨的基础上，给出本书中的异构密集网络的定义：本书中的异构密集网络指的是，在传统宏蜂窝的覆盖范围内，通过部署其他非蜂窝通信制式，比如用户直连通信(Device-to-Device，D2D)、无线局域网等，或者发射功率较低的蜂窝通信制式异构基站节点，包括微蜂窝、微微蜂窝、毫微微蜂窝等，从而形成不同覆盖技术的分层网络结构同时存在、相互重叠、混合部署，进而实现增加网络密度、提高频谱利用率、改善网络拥塞、提升网络容量、提升网络能量效率等目的。

各类低功率节点与传统宏基站相比最主要的区别在于发射功率较低、覆盖半径较小，并通常装配全向天线，不划分扇区。部分传输节点的具体参数如表 1-1 所示。

表 1-1　部分低功率节点的具体参数

名称	发射功率	覆盖半径	回程链路接口
Macrocell	46dBm	km	S1 接口
Picocell	23～30dBm	<300m	X2 接口
Femtocell	<23dBm	<50m	Internet IP

1.2.2　5G 异构密集网络的性能优势

相比于 4G 异构组网技术，5G 异构密集网络有以下优点。首先，5G 异构密集网络针对性覆盖能力强，各类低功率节点发射功率低、覆盖范围小且大多配备全向天线，部署更加灵活，使得小区划分更加灵活、小区规划的尺度更加弹性。因此，5G 异构密集网络可以很好地解决传统宏蜂窝边缘用户服务质量较差的盲区问题和业务负载较重的热点问题，提高网络容量。其次，异构密集网络使得频谱利用效率得到了有效的提升，部署低功率节点不仅可以复用传统蜂窝网络的频谱资源，不同的低功率节点之间也可以在一定程度上复用频谱资源。其他非蜂窝通信制式，比如无线局域网，不需要使用运营商的授权频段，通过借用非授权频段，可大大提高网络吞吐量。再次，5G 异构密集网络可有效提升能量利用效率，由于低功率节点的密集部署，使得用户终端有可能接入最近或链路衰减最小的网络，节约网络能耗，从而响应绿色通信、达到低碳和绿色节能的目的。最后，超密集网络具有低成本的优点，微蜂窝、微微蜂窝等低功率节点的选址更加灵活，且相对于传统宏蜂窝，各类低功率节点的基础设施投资和运维成本更低。

超密集组网通过增加基站密度，有效提高频谱利用效率，实现热点区域百倍量级的容量提升，其主要应用场景将在办公室、住宅区、密集街区、校园、大型集会场所、体育场和地铁等热点区域。

1.2.3　5G 异构密集网络面临的挑战

如前所述，异构密集网络在诸多方面具有显著优势，但同时也面临着挑战，简述如下：

（1）干扰加剧。在异构密集组网场景中，在频谱资源受限的情况下，由于基站部署数目增多导致网络内干扰增加，进一步限制了系统容量的增长。

（2）切换频繁。异构密集组网技术使得基站之间的部署距离进一步减小，用户在网络内移动时，小区间切换也将更为频繁，频繁的切换会增加信令开销，加重网络数据量负担,并影响用户业务的连续性。

(3)成本增加。异构密集组网技术部署了更多的基站,基站的部署成本及基站能耗开销给网络运营商带来一定的影响,运营商需要进一步衡量网络容量与成本之间的关系。

为了应对上述关键技术挑战,5G异构密集组网也发展了多项关键技术,例如切换技术、干扰协调技术、多连接技术、高低频协作组网技术、用户附着/接入控制、业务迁移等一系列关键技术。我们将在后续章节进行详细介绍。

1.3 双连接及多连接技术

随着5G异构密集网络和网络逐渐成为网络增强的重要手段之一。异构密集网络通过增加基站和接入点数量,降低了基站平均用户数量,提高了用户平均有效带宽,可以显著提高用户体验速率;异构网络将宏基站和不同覆盖范围的小小区基站重叠融合部署,在热点地区通过增加小小区基站以提升网络覆盖和增加网络容量。但在异构密集网络中,基站密度增加带来了干扰增大、切换频繁、可靠性降低等缺点。同时,异构密集网络无法应对流量负载不均衡等问题。在异构网络中,不同网络之间很难实现网络资源的高效复用,采用不同空口技术的异构网络间互联互通,也不能凭借互补优势提升网络的整体服务性能。异构网络融合就是通过采用通用、开放的技术实现不同网络或网元的互联、互通和集成,充分利用不同类型的网络技术优势,扩大网络的整体的覆盖范围,使网络具有更好的延展性,同时平衡网络业务负载和提升整体网络系统容量。

基站之间的融合可以有效解决上述问题[7-12]。最初的融合是通过远端射频头(Remote Radio Head,RRH)来实现的。RRH利用了宏基站和集中处理能力和节点间高速光纤回传链路,其代表性技术为载波聚合(Carrier Aggregation,CA)。在CA中,一个用户(User Equipment,UE)可以同时连接宏基站和小基站RRH。这种聚合提供了有效提高了吞吐量和移动鲁棒性。在3GPP Release 12(以下简称R12)中,宏基站和小基站的聚合又进一步演化成了双连接。双连接允许用户由在不同载波上的宏小区和小小区同时服务,而相应的eNodeB通过传统的基于X2的回传连接互连。双连接旨在将基站间CA的一些优点带入小小区部署,而无须宏基站和小基站之间的基于光纤的连接。进一步,在3GPP R14中,多连接被引入作为5G的关键技术之一。多连接的部署场景与双连接一致,相比双连接,多连接增加了连接的数目,进一步提高了双连接的性能。

1.3.1 双连接协议架构

当UE使用双连接时,会同时连接在两个基站上,分别记作宏小区主基站

(Master eNodeB，MeNB)和小小区辅基站(Secondary eNodeB，SeNB)。MeNB 和 SeNB 通过 X2 接口连接。在 LTE 中，UE 只有两种状态，无线资源控制(Radio Resource Control, RRC)连接状态和 RRC 空闲状态。当处于 RRC 连接状态时,UE 和网络相连并且可以传输和接收用户平面数据。当处于 RRC 空闲状态时，UE 只能通过随机接入过程初始通信过程。在所有情况下，处于空闲状态的 UE 都需要在传输和接收用户平面数据之前，初始化网络连接并且选择 RRC 连接状态。双连接只能当 UE 处于 RRC 连接状态时可用。接下来，分别介绍用户平面和控制平面的双连接解决方案。

(1)用户平面

在用户平面，3GPP 已经定义了两种双连接解决方案：一种是用户平面数据在核心网分割，一种是用户平面数据在 MeNB 分割，如图 1.3 所示。

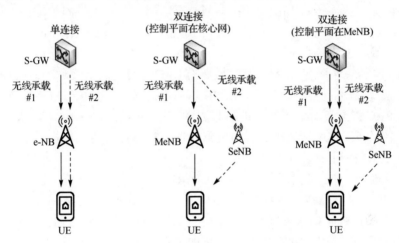

图 1.3　双连接架构和用户平面选择[13]

当数据在核心网分割时，每个参与双连接的 UE 通过服务网关建立用户平面连接，所以 MeNB 和 SeNB 的无线承载是分离的。当一个无线承载配置后，相关的数据只能通过一个基站传输。与之相反，当数据在 MeNB 分离时，只有 MeNB 建立用户平面连接，一个无线承载的数据可以同时通过 MeNB 和 SeNB 进行传输。

在 MeNB 处进行用户平面数据分离的好处在于宏基站和小小区基站间频谱使用的灵活性。然而，这通常以增加 MeNB 中的传输和处理能力为代价，因为向 UE 发送的所有数据总是必须通过 MeNB。此外，由于 X2 链路传输会产生额外的延迟，这种选择需要分布式无线电资源管理(Radio Resource Management，RRM)，以及 MeNB 和 SeNB 之间的用户平面的数据流控制。

在核心网中分离用户平面数据可以实现数据迁移增益，但是不能充分利用在

MeNB 中分离数据的双连接技术所带来的峰值数据速率和快速层间负载平衡增益，这是由于双连接配置中无线承载与基站之间是一对一映射的。

除此之外，双连接解决方案旨在尽可能地保持链路层设计的一般结构。分组数据汇聚协议（Packet Data Convergence Protocol，PDCP）主要负责加密（安全性）和报头压缩。无线电链路控制（Radio Link Control，RLC）层提供的主要功能是分割、连接和传送分组数据单元到更高层。媒体访问控制（Medium Access Control，MAC）基本上负责分组数据的调度、复用和重传，而物理层（Physical Layer，PHY）主要负责通过空中接口传输分组数据。

（2）控制平面

当 UE 配置有双连接时，MeNB 维持 RRC 连接，并且控制平面连接通过移动性管理实体（Mobility Management Entity，MME）始终终止在 MeNB。这意味着在分离承载的情况下双连接对 MME 和核心网没有影响，并且由于同一 UE 的用户平面和控制平面连接终止在不同的基站，对辅小区组（Secondary Cell Group，SCG）承载的情况仅产生较小影响。

MeNB 控制双连接配置：MeNB 生成所有 RRC 消息并将其发送到 UE。经由 SeNB 发送 RRC 消息是不支持的。然而，SeNB 可以通过 X2 消息请求 MeNB 改变或释放其自己的 RRC 配置部分。无线电链路监测（Radio Link Monitoring，RLM）是 LTE 中的一个重要程序。它用于监视无线电链路状况，以便在发生无线电链路故障（Radio Link Failure, RLF）时采取适当的措施。

对于双连接，UE 仅在两个小区上执行 RLM：一个在 MeNB（主小区，Primary Cell，PCell）中，一个在 SeNB 中（主要辅小区，Primary Secondary Cell，PSCell）。MeNB 和 SeNB 中的 RLM 之间的差异在于，在 SeNB 中检测到 RLF 时，UE 不触发 RRC 连接重建过程，即使 SeNB 发生 RLF 时，也可以保持通过 MeNB 的 RRC 连接。

1.3.2　双连接实现过程

根据双连接的基本原理，网络控制的 UE 辅助移动性和小区管理也适用于双连接。由于 RRC 总是驻留在 MeNB 中，因此 MeNB 还维护 UE RRM 测量配置并根据接收的测量报告执行相应动作。如在 CA 中，UE 可以被配置为从其服务小区和周围小区执行测量。与 CA 相比，除了对 RRM 测量事件 A3（邻小区变得比 PCell 更容易偏移）和 A5（PCell 变得比阈值 #1 差并且邻小区变得好于阈值 #2）的修改，使用双连接的 RRM 测量基本上不受影响，且 PSCell 也可用于代替 PCell 用于这些事件。图 1.4 显示了沿着图像轨迹（UE 路径）前进的 UE 的双连接配置过程。

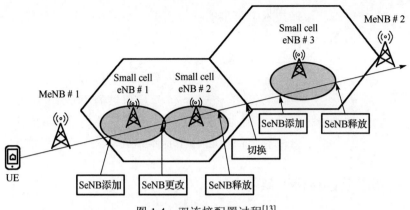

图 1.4　双连接配置过程[13]

1.3.3　4G/5G 双连接/多连接部署场景

3GPP TR38.804 针对 4G LTE 和 5G NR 共存的系统，定义了同构网络 (Homogeneous Network) 和异构网络 (Heterogeneous Network) 两种典型的部署场景。

一是如图 1.5，属于同构网络场景，4G LTE 和 5G NR 基站共址部署并提供相同的重叠覆盖的示例。这种场景下，4G LTE 和 5G NR 全部是宏基站或者全部是小小区基站。

图 1.5　LTE 和 NR 共址部署[12]

图 1.6 是异构网络场景下的 4G LTE 和 5G NR 的部署方案。这种场景下，宏基站和小小区基站重叠部署。4G LTE 基站提供宏覆盖，5G NR 作为小基站进行覆盖和热点区域容量增强。4G 宏基站和 5G 小基站可以共址部署，也可以非共址部署。在共址部署的情况下，小小区基站一般是通过光纤拉远的 RRH 来实现。

图 1.5 和图 1.6 所示的两种部署场景下，都可以通过双连接/多连接技术实现 4G LTE 和 5G 基站间的互连，可以提高整个无线网络系统的无线资源利用率，降低切换时延，提高 UE 和系统性能[14, 15]。

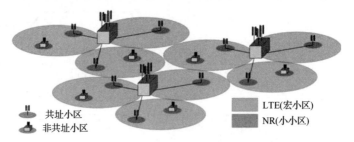

图 1.6　LTE 和 NR 共址部署[12]

1.3.4　4G/5G 双连接协议架构

如前所述，5G 网络的部署是一个渐进的过程。早期可以在现有 4G 网络的基础上部署 5G 热点，将 5G 无线系统连接到现有的 4G 核心网中，以实现 5G 系统的快速部署和方案验证。5G 核心网建成之后，5G 系统就可以实现独立组网，在这种情况下，虽然 5G 可以提供更高速的数据业务和更高的业务质量，但是在某些覆盖不足的地方，仍然可以借助 4G 系统来提供更好的覆盖。针对这种多样化的 5G 部署场景，3GPP R14 定义了多种可能的 4G /5G 双连接模式：3/3a/3x，4/4a 和 7/7a/7x。

在 4G/5G 双连接模式 3/3a/3x 的场景下，协议架构如图 1.7 所示，LTE 和 5G 基站都连接在 4G 核心网上，4G LTE eNB 总是作为主 eNB（即 MeNB），5G gNB 作为辅 eNB（即 SeNB），4G LTE eNB 和 5G gNB 通过 Xx 接口互连。控制面上 S1-C 终结在 4G LTE eNB，4G 和 5G 之间的控制面信息通过 Xx-C 接口进行交互。用户面在不同的双连接模式下，有不同的用户面协议架构。数据面无线承载可以由 MeNB 或者 SeNB 独立服务，也可以由 MeNB 和 SeNB 同时服务。仅由 MeNB 服务时称为 MCG 承载（MCG 是由 MeNB 控制的服务小区组），仅由 SeNB 服务时称为 SCG 承载（SCG 是由 SeNB 控制的服务小区组），如图 1.7 中模式 3a 所示。同时由 MeNB 或者 SeNB 服务时称为分离式承载和 SCG 分离式承载，如图 1.7 中模式 3 和模式 3x 所示。

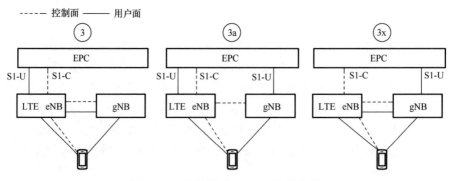

图 1.7　双连接模式 3/3a/3x 协议架构

双连接模式 3 的情况下，分离式承载建立在 MeNB，即 4G LTE eNB 上，通过分离式承载，PDCP 包可以经 Xx 接口转发到 gNB 的 RLC 层，也可以直接通过本地 RLC 发送给终端。模式 3a 会在 MeNB 和 SeNB 分别建立承载，数据在核心网侧分离，这种模式对 MeNB 和 SgNB 的 PDCP 层不会产生影响。模式 3x 下，分离式承载建立在 SgNB 即 5G gNB 侧，5G 基站(next generation node B，gNB)可以通过 Xx 接口将 PDCP 包转发给 4G LTE eNB，也可以直接通过本地的 NR RLC 进行传输。

随着 5G 核心网的部署，一种可能的 4G 和 5G 融合方式是将演进的 4G LTE (eLTE, enhanced)eNB 连接到 5G 核心网上。这种场景下，根据 MeNB 是 eLTE eNB 还是 5G gNB，3GPP 定义了两种不同的 LTE/5G 双连接模式。一种模式是 5G gNB 作为 MeNB，称为模式 4/4a，其协议架构如图 1.8 所示。另一种模式是以 eLTE eNB 作为 MeNB，称为模式 7/7a/7x，其协议架构如图 1.9 所示。双连接模式 7/7a/7x 和双连接模式 3/3a/3x 在协议架构上很相似，区别在于核心网是 5G 核心网还是 LTE 核心网。

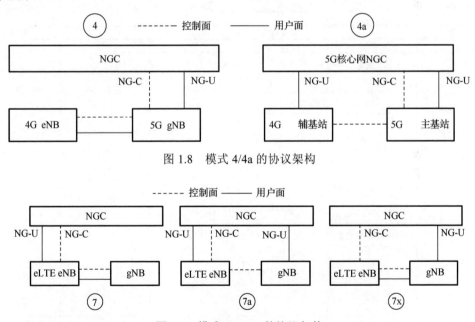

图 1.8　模式 4/4a 的协议架构

图 1.9　模式 7/7a/7x 的协议架构

3GPP 定义了多种 4G/5G 双连接模式，一方面为运营商的网络部署，特别是 4G LTE 和 5G NR 的融合组网带来了更多的灵活性，另一方面也增加了网络部署的复杂度。大多数设备厂商会按照不同运营商 5G 网络部署的目标选择要支持的双连接模式，并逐步演进[15]。

1.3.5　4G/5G 双连接建立的触发机制

图 1.10 展示了 4G/5G 双连接模式 3 的情形下 SgNB 的添加过程。其中如何触发双连接的建立过程是由作为 MeNB 的 4G LTE eNB 来决定的,合理的双连接建立触发机制决定了双连接的最终性能。从实现的角度,一般有以下几种主要双连接建立触发机制。

(1)SgNB 盲添加

终端接入 4G LTE 后,4G LTE eNB 根据终端上报的 UE 能力,如是否支持 4G/5G 双连接,邻区列表中是否有支持 4G/5G 双连接的 5G 小区,以及和这些 5G 小区的 Xx 链路状态来决定是否为该终端添加 SgNB。如果终端支持 4G/5G 双连接,而且 4G LTE 小区配置了支持 4G/5G 双连接的 5G 邻区,且 Xx 链路状态是通的,就触发双连接建立过程为该终端添加一个 SgNB。

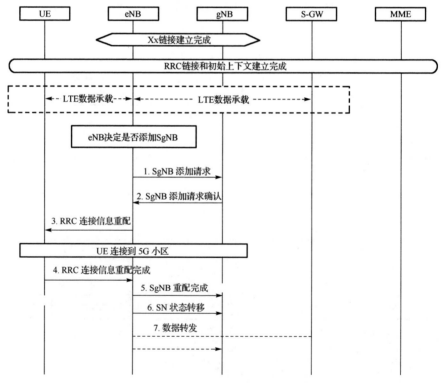

图 1.10　SeNB 添加过程[15]

(2)基于邻区测量报告的 SgNB 添加

终端接入 4G LTE 后,如果满足 SgNB 盲添加条件,4G LTE eNB 会给终端配置一个测量事件来触发终端对 5G 邻区进行测量。4G LTE eNB 根据终端上报的测量结果，选择满足条件的 5G 邻区进行 SgNB 添加的过程。这种添加方式能够保证选择的 SgNB 能够给终端提供更稳定可靠的双连接服务。SgNB 添加过程如图 1.10 所示。

(3) 基于流量的 SgNB 添加

根据终端测量上报的结果，4G LTE eNB 会把满足 SgNB 添加条件的 5G 邻区保存下来。然后根据终端的流量或者待调度的数据量来决定是否添加 SgNB。如果某个终端待调度数据量超过一定的门限，4G LTE eNB 可以针对该终端选择一个最好的 5G 邻区发起 SgNB 添加流程。这种基于流量的 SgNB 添加方式只会给有需要的终端进行 SgNB 的添加，可以降低 Xx 接口上的信令负载。

上述三种 SgNB 添加方式各有优缺点。SgNB 盲添加的方式实现简单，但可能会将信号质量不够好的 5G 邻区添加为终端的 SgNB，从而导致双连接性能下降。基于邻区测量报告的 SgNB 添加方式会根据终端的测量报告来选择 5G 邻区，所以针对每个终端来说，所添加的 SgNB 都会有比较好的信号质量，保证了双连接的性能。但由于没有考虑终端的实际带宽需求，基于邻区测量报告的 SgNB 添加方式会增加 Xx 接口上的信令负载，并且会带来一些资源的浪费。基于终端流量的 SgNB 添加方式综合考虑了邻区的测量结果以及终端的实际带宽需求，是一种既能保证双连接性能，又能降低系统负载的 SgNB 添加方式。

1.3.6　分离式承载下的数据传输和流量控制

在 4G/5G 双连接模式 3 下，用户面数据流如图 1.11 所示。上行用户面数据总是通

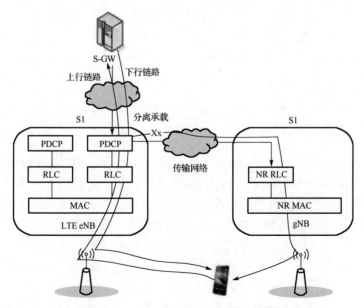

图 1.11　双连接下的用户面数据流[15]

过 MeNB 来传输。作为 MeNB 的 4G LTE eNB 会建立一个分离式承载,用于下行用户面数据路由和转发,下行用户面数据路由和转发的工作由 PDCP 完成。分离式承载下的 PDCP 层会决定将下行 PDCP 层的协议数据单元(Protocol Data Unit,PDU)发给本地的 RLC 层,还是通过 Xx 接口转发给 5G SgNB。分离式承载下的 PDCP 层的数据路由和转发主要实现两个功能:一是时延估计和数据发送路径选择;二是流量控制。其目标是尽量让通过不同路径发送出去的 PDU 经历相同的时延,从而减少终端侧 PDCP 层的分组重排序来提升传输控制协议(Transmission Control Protocol,TCP)性能。

1.4　业务迁移技术

移动数据流量的快速增长导致无线通信网络接入端的阻塞,降低用户的服务体验,给移动通信网络的发展带来了巨大的挑战。为了解决网络中日益增长的移动数据流量需求和有限的网络带宽资源之间的矛盾,网络运营商迫切希望寻求新的技术方案来扩大整个网络的容量,例如采用先进的无线接口技术来提高频谱利用率、采用额外的频谱提高可用带宽等。但是,点到点的网络吞吐量已经非常接近香农容量的极限,若想进一步提高必然需要花费更多的成本(如功率、能耗等)。因此,增加网络内接入节点的数量,实现网络密集化部署,是当前有效提高频谱利用率的唯一途径。移动通信网络中一般有两种实现密集化网络部署的方式,一是将宏蜂窝网络进一步分裂成为覆盖半径更小的小区;二是采用异构网络组网。当前,网络内宏基站的部署已经很密集,如果继续采用小区分裂技术会产生很强的小区间干扰,极大地限制通信网络的性能增益。因此,仅仅依靠增加基站的空间密集度不能满足网络中不断增长的用户业务需求。如何充分利用已经部署的密集异构网络来改善网络拥塞、提高系统吞吐量、频谱利用率和能量效率、提升用户设备的服务质量是当今移动通信的一大关键难题。

1.4.1　业务迁移技术的概念

为了解决上述问题,提出了业务迁移(Traffic Steering)技术,用于解决网络中日益增长的用户需求与受限的网络资源之间的矛盾。业务迁移技术是通过将当前网络中的部分数据流量迁移到其他辅助网络(如无线局域网、各类低功率节点、延时容忍网络等)中进行传输,从而减轻蜂窝网络的拥塞。通过将重负载网络中的数据流量迁移到轻负载网络,或是将重负载天线单元覆盖区域内的数据流量迁移到轻负载天线单元覆盖区域内。因此,也有很多研究者将业务迁移技术称为业务卸载(Traffic Offloading)技术。业务迁移技术可以使得 5G "局部化、热点化"的密集异构网络业务均匀化,从而实现网络资源与业务之间的匹配,进而达到抑制同层干扰及跨层干扰、改善网络拥塞、提升系统吞吐量、提高频谱利用率、提高能量效率及功率效率等目的。

从移动网络属性上来说，业务迁移技术可以分为：小小区基站之间的业务迁移，宏小区基站与小小区基站之间的业务迁移，以及宏小区基站或小小区基站与 Wi-Fi 网络接入点之间的业务迁移。

而从时延的角度上来分类，可以将业务迁移技术分为延时业务迁移和非延时业务迁移两类[16]。这种分类方法不仅考虑了能量效率提升的要求，还从不同业务对时延敏感度不同的性质出发，研究了时间对业务迁移策略的影响。非延时业务迁移是指将数据即时地迁移到辅助网络中进行传输，在用户终端附近没有可介入的辅助网络时，就不进行业务迁移。而对于延时业务迁移，当用户终端发起业务请求时，可以根据其请求的业务类型有无延时容忍特性以及用户终端所处的地理位置有无可接入的辅助网络，将用户终端所要传输的业务设置适当的延时。当用户终端移动到有低功率节点或者无线局域网覆盖的位置时，再进行相应的业务传输。

接下来，将重点介绍 5G 网络中业务迁移技术的研究现状以及面临的主要挑战。

1.4.2　业务迁移技术的研究现状及挑战

近年来，学术界出现了很多关于如何应用和优化无线网络业务迁移的研究，主要可分为以下几类：

(1)基于随机几何理论分析业务迁移过程，并评估业务迁移给移动通信网络带来的性能增益。随机几何理论基于不同的无线接入技术(Radio Access Technology, RAT)对多层异构网络进行建模，其中每层基站或接入点独立部署。各层网络之间的发射功率、路径损耗、部署密度等网络参数不同，每层内的基站或接入点均服从独立泊松点过程(Independent Poisson Point Process, PPP)，用户设备的位置分布也服从独立泊松点过程。当前很多研究都采用随机几何理论完成网络的性能分析，包括采用基于带偏置值的接收功率选择接入网络，并通过仿真证明了存在特定的业务迁移比例可以最大化网络的容量。也有方案比较了基于功率控制的业务迁移策略、基于偏置值的业务迁移策略和增加小小区基站部署的业务迁移策略。部分前期研究验证了单纯依靠负载均衡不能有效提升边缘用户服务质量，只有将业务迁移技术同资源分配相结合才能有效提升网络整体性能。

(2)将小区开关技术同业务迁移技术相结合是业务迁移的另一重要方式。小区开关技术，即无线网络可以根据需求开启或是关闭小区。当小小区处于开机状态时，更多的宏蜂窝网络的数据可以迁移到小小区中，提高了业务迁移比例；当小小区处于关闭状态时，可以节省小小区的能耗。有的文献分别推导出了单层宏蜂窝网络和 K 层异构网络的切换成功概率和能效表达式，并结合小区开关技术分析了业务迁移的性能，进一步提出了最小化系统能耗的小小区开关策略。有的工作将小区开关与业务迁移过程建模成一个离散的马尔可夫决策过程，提出了一种名为 Geine 的小区开关策略来实现业务迁移比例与系统能耗的均衡。

(3) 针对租赁私有辅助网络的方式进行业务迁移的研究,主要是平衡最小化租赁费用和最小化网络能耗,常采用的数学方法包括博弈论、拍卖理论等。有文献考虑用户的位置和运营商对于不同毫微微蜂窝的性能偏好,将业务迁移问题建模成基于维克里-克拉克-格罗夫斯机制(Vickrey-Clarke-Groves,VCG)的反向拍卖问题,并提出一种低复杂度的贪婪算法。有的工作以增加系统容量为目标,提出了一种从宏小区向毫微微小区迁移业务流量的方案。

(4) 基于最优化系统能量效率(Energy Efficiency,EE)的业务迁移方案也备受关注。能量效率是建立可持续发展的移动通信网络的关键,是评估移动网络性能的重要指标。近年来,越来越多的研究关注通过业务迁移技术实现移动通信网络中资源的合理分配,提升网络的能量效率。有学者提出了一种在线强化学习框架来解决异构网络中业务迁移问题,目的是在保证用户服务质量(Quality of Service,QoS)的基础上,最小化异构网络中的总能耗。也有学者提出了将宏小区中具有高服务质量要求的用户迁移到家庭基站中,以减少宏基站的能量消耗,并在此基础上分析了系统能效与小区间距离的关系。文献[17]在宏蜂窝和微微蜂窝共存的异构网络场景下,以提升系统能效为目标,提出了两种数据迁移方法,即业务迁移(Traffic Offloading,TO)算法和基于部分频率复用的业务迁移(Traffic Offloading with Fractional Frequency Reuse,TOFFR)算法。一些工作分析了采用业务迁移技术时基站的数量对不同负载分布条件下的系统能耗的影响。也有学者提出了基于部分频率复用的业务迁移方案,仿真表明可以有效提升系统能量效率。

(5) 针对时延不敏感业务迁移的架构及方案,有的文献提出了 Wilffer 算法,其基本原理是,预测从当前时刻到延时容忍时间内 Wi-Fi 网络可以传输的业务量,如果此业务量大于文件剩余数据量,则可以等待使用 Wi-Fi 网络;否则在 Wi-Fi 网络不可用时,使用宏蜂窝进行传输。有工作综合考虑了在蜂窝网络的资源受限的情况下的用户速率与延时之间的平衡,提出了用户主导的自适应带宽管理(Adaptive Bandwidth Management through User-Empowerment,AMUSE)框架。也有些研究在综合考虑了蜂窝网络资源的消耗和用户 QoS 需求的基础上,提出了时延敏感的 Wi-Fi 迁移和网络选择(Delay-Aware Wi-Fi Offloading and Network Selection,DAWN)算法。一些学者考虑了操作成本、排队时延、不同接入网(Wi-Fi 网络、宏蜂窝、毫微微蜂窝)的负载情况,提出基于李雅普诺夫优化技术的在线网络选择算法。

(6) 基于 MEC 的计算任务迁移技术近年来也广受学术界和产业界关注。随着 MEC 在 5G 网络中逐步得到应用,业务迁移技术在 MEC 技术的辅助下开始进一步演进。从之前的只支持数据业务的业务迁移,演进到支持计算任务的迁移服务,形成一次重大技术升级。移动终端设备将计算密集型业务迁移到移动边缘服务器,无需占用本地计算缓存资源,在提升服务质量的同时也节省能量开销,有效地解决了移动终端资源受限的问题。此外，将具有较强计算能力和足够能量供应的车辆作为 MEC 的载体，可以为高速移动用户提供计算迁移及缓存服务，避免高速用户在不同小区之间频繁切换带来的服务连续性中断问题。考虑在相同方向上速度差异较小的车辆作为具有潜在的长连接持续性时间，在这种场景下计算迁移将有效降低高速用户的计算任务完成时延。

1.4.3   业务迁移技术流程

根据不同的网络结构，业务迁移技术的形式也有很大的不同。在图 1.12 中，给出了一种常用的无线异构网络业务迁移技术流程的结构图[18]。该业务迁移技术主要包含四个模块，具体描述如下：

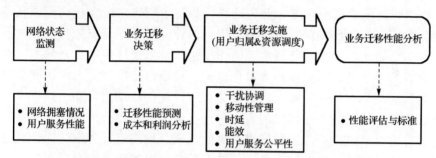

图 1.12   5G 异构密集网络业务迁移技术模块及流程图

(1)网络状态监测模块

测量实际信道传播情况，获取用户的流量需求(如业务类型、业务时空分布)等信息，监测网络的拥塞程度以及相应的用户服务质量。在监测阶段，通常可以利用网络的控制信道进行信息收集，然后将获取的信息转交给业务迁移决策模块。

(2)业务迁移决策模块

网络运营商根据状态监测模块收集的信息做出是否进行业务迁移的决定，决策前需要进行网络状态动态变化预测、迁移性能预测和相应的业务迁移成本和利润分析。

(3)业务迁移实施模块

业务迁移实施模块包括业务迁移过程中的小区接入控制模式，用户归属方式以及资源调度方式。具体需要解决迁移的宏小区中的用户量，迁移的数据类型，迁移所需要的时间，迁移的目的地，以及迁移目的地给用户分配的资源(包括频谱、功率等)和业务迁移的实施流程。同时，当宏小区和微小区共享频谱时，异构网络存在着干扰的问题，需要在业务迁移过程中进行干扰协调；针对快速移动的用户，要解决业务迁移中的移动性管理和时延问题。上述问题的解决取决于运营商的经营策略、宏小区的拥塞程度、微小区的位置和负载，以及系统的能耗等。

(4)业务迁移性能分析模块

对业务迁移后的网络情况进行测量分析，若不满足预期目标，需进一步做出业务迁移策略的调整。

1.4.4 业务迁移技术的性能评估指标体系

当前，由于业务迁移技术在 5G 网络中的应用极为灵活，可以适用于多个不同的场景，并可以与计算、存储等迁移技术进行有效的融合，所以业务迁移技术的性能评估指标体系并没有统一的规定。结合当前的业务迁移的主要场景及目标，本节分别从移动网络运营商和移动用户的角度，给出业务迁移策略中几个重要的评价指标。

从移动网络运营商的角度，业务迁移行为可为网络实现负载均衡或预留潜在的容量。当网络发生严重拥塞时，通过用户的业务迁移，可有效减少拥塞网络的负载。在该场景下，业务迁移最重要的作用是缓解原来网络的拥塞问题，业务迁移性能评估的一个关键指标就是要量化业务迁移策略可能带来的附加网络容量。容量的提升取决于一系列参数，包括业务迁移过程中移动用户和无线接入点的个数、节点的移动性、业务迁移量的大小和迁移业务或者用户的时延容忍量等。另外，随着目前对节能减排和绿色网络演进的需求，网络运行和服务的能量效率也成为了一个重要的评价指标，业务迁移技术同样可以对网络能量效率的提升带来贡献。

而从用户的角度看，用户对业务迁移性能的满意度通常与服务质量相关，其中数据传输时延和传输速率是两个重要的指标。

综上所述，业务迁移过程中的性能评价指标和标准可分为如下几类：

(1)业务迁移比例

业务迁移比例，也称作业务迁移效率，表示的是总的迁移数据量与蜂窝网络总的生成的数据量之间的比值[19]，或者表示业务迁移后蜂窝网络信道上的总负载与不进行业务迁移时的信道上的总负载之间的比值[20]，是从运营商的角度评估任一个业务迁移策略有效性的最基本的标准。

(2)业务迁移开销

从广义上讲，业务迁移开销表示业务迁移策略中所需要的附加控制信令数据，如异构网络基站之间交互的有关迁移执行的基本信息，以及被迁移用户与目的基站之间的重接入信息等。

(3)业务服务质量

从用户角度来看，业务迁移中最重要的指标是与它们满意度紧密相关的服务质量。其中，总的可达吞吐量是一个最基础的指标。此外，根据不同的业务类型，还包括一些其他指标，如视频流中的峰值信噪比和丢包率，延迟业务中的传输时间(它表示数据被传输之前的这段时间的长短)等。

(4)功耗节省量/能量效率

在一些研究中,业务迁移的概念与通过微基站服务的宏小区用户获得的功耗节省量有关。相比于宏基站,微基站每比特消耗的能量更少,因此业务迁移能够大大降低系统的总功耗。

(5)公平性

资源的公平使用是业务迁移中另外一个重要的评估标准,公平的系统倾向于将资源均匀合理地分配,而不是给某一部分用户分配过多的资源。

1.5　章节内容结构

为了方便读者快速了解全书内容,给出章节结构图如图 1.13 所示。本书第 1 章主要介绍 5G 网络架构、异构密集网络、双连接/多连接等基础技术,在上述技术基础上给出了业务迁移技术的定义、特点,讨论了其适用的场景及性能评估体系。

在接下来的章节中,分别从基于性能目标的业务迁移技术、基于小区动态开关扩展的业务迁移技术、时延敏感类型业务迁移技术、基于 5G 关键技术的业务迁移技术,以及移动场景下的业务迁移技术五个方面详细展开介绍业务迁移技术,最后介绍了业务迁移技术的研究展望。在本书最后章节,基于当前的业务迁移的研究现状,给出业务迁移技术在未来网络中的前景展望。

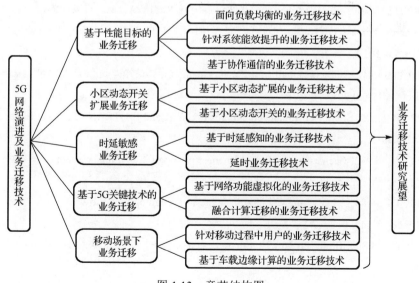

图 1.13　章节结构图

1.6　本 章 小 结

本章主要介绍了 5G 网络演进过程，涉及 5G 网络架构和 5G 超密集网络两个方面。首先，介绍了移动网络架构的演进过程、5G 网络基础架构模式、5G 网络架构的主要关键技术。接着，介绍了 5G 异构超密集网络、双连接/多连接等关键技术的演进过程、技术优势及关键技术挑战。随后重点介绍了业务迁移技术的定义、部署场景及相关技术方案。最后对本书章节结构和后续内容进行了介绍。

参 考 文 献

[1]　3GPP TS 23.501. System Architecture for the 5G System, V16.6.0. 2020-03.

[2]　3GPP TR 23.799. Study on Architecture for Next Generation System, V14.0.0. 2016-12.

[3]　Liu Y, Zhang Y, Yu R, et al. Integrated energy and spectrum harvesting for 5G wireless communications. IEEE Network, 2015, 29(3): 75-81.

[4]　吴伟陵, 牛凯. 移动通信原理. 北京: 电子工业出版社, 2010.

[5]　Andrews J G. Seven ways that HetNets are a cellular paradigm shift. IEEE Communications Magazine, 2013, 51(3): 136-144.

[6]　Fathi C H, Chakraborty S S, Prasad R, et al. Heterogeneous Wireless Access Networks. New York: Springer, 2009.

[7]　3GPP TS36.300. Evolved Universal Terrestrial Radio Access (E-UTRA) and Evolved Universal Terrestrial Radio Access Network (E-UTRAN), Overall Description, Stage 2.V15.5.0.2019.

[8]　3GPP TR36.842. Study on Small Cell Enhancements for E-UTRA and E-UTRAN - Higher Layer Aspects. V12.0.0.2013.

[9]　3GPP TR36.872. Small Cell Enhancements for E-UTRA and E-UTRAN - Physical Layer Aspects, V12.1.0.2013.

[10]　3GPP TR36.932. Scenarios and Requirements for Small Cell Enhancements for E-UTRA and E-UTRAN, V12. 1.0.2013.

[11]　3GPP TS 38.801. Study on New Radio Access Technology: Radio Access Architecture and Interfaces, V14.0.0. 2017.

[12]　3GPP TR 38.804. Study on New Radio Access Technology: Radio Interface Protocol Aspects, V14.0.0.2017.

[13]　Rosa C, Pedersen K. Wang H, et al. Dual connectivity for LTE small cell evolution: Functionality

and performance aspects. IEEE Communications Magazine, 2016, 54(6): 137-143.

[14] Soret B, Wang H, Pedersen K, et al. Multicell cooperation for LTE-advanced heterogeneous network scenarios. IEEE Wireless Communication, 2013, 20(1): 27-34.

[15] 廖智军, 李振廷, 石胜林, 等. LTE/5G 双连接关键技术. 移动通信, 2018, 42(3): 21-26.

[16] 李俭慧. 密集异构网络的业务卸载技术研究. 北京: 北京邮电大学, 2016.

[17] Liu Q, Feng G, Qin S. Energy-efficient traffic offloading in macro-pico networks//2013 22nd Wireless and Optical Communication Conference, IEEE, 2013: 236-241.

[18] 贾玉琳. 无线异构网络中流量卸载策略研究. 合肥: 中国科学技术大学, 2016.

[19] Lee K, Lee J, Yi Y, et al. Mobile data offloading: How much can WiFi deliver?. Proceedings of the 6th International Conference. ACM, 2010, 21(2): 536-550.

[20] Whitbeck J, Lopez Y, Leguay J R M, et al. Push-and-track: Saving infrastructure bandwidth through opportunistic. forwarding. Pervasive and Mobile Computing, 2012, 8(5): 682-697.

第 2 章　面向负载均衡的业务迁移技术

随着 5G 网络的演进，用户对数据流量的需求也成倍增加。如何实现系统容量提升目标和满足短时突发的数据流量需求是 5G 通信技术必须要解决的问题。面对网络容量的有限性和蜂窝无线网络覆盖的密集化，异构密集网络成为应对 5G 增强移动宽带业务场景下数据流量的千倍增长、同时满足网络极高的流量密度需求的重要方案。然而在密集异构网络部署情况下，蜂窝网络内的业务负载分布会更加不均衡，这将有可能造成网络资源的浪费，并严重降低用户体验。为了解决这个问题，可以将业务迁移技术应用在 5G 密集异构网络中，实现负载均衡的业务迁移技术能够根据网络中的无线资源的使用情况来动态地分配网络内的业务负载，实现负载以及网络资源的匹配，从而达到优化网络资源利用效率和提升用户体验的效果。

本章针对用于实现负载均衡的业务迁移技术，介绍了负载均衡技术及其研究现状；重点介绍了业务迁移技术在实现负载均衡方面的应用，包括网络资源使用情况估计、基于 QoS 保障的密集异构网络负载均衡技术，以及多业务共存的密集异构网络负载均衡技术，并给出了相应的性能评估结果。

2.1　异构密集网络中的负载均衡

由于用户终端接入网络的随机性、时变性、业务需求类型的差异性，网络中的负载分配变得不均匀，即存在某些小区中接入了大量的用户，出现业务过载的情况，造成节点拥塞，而一些其他小区中业务需求较少甚至是小区处于空闲状态。这就使得无线资源未能得到充分利用，资源利用率极低。基于上述现状，引出了负载均衡技术，该技术是提高系统的资源利用率和系统容量的关键技术，是一种网络自优化技术，也是无线资源管理的关键技术之一。

负载均衡指的是在移动通信网络中，尤其是在超密集异构网络中，应用某种算法或者是策略，使得通信系统中的流量在宏蜂窝网络、小小区网络、微型网络、微型基站以及无线局域网之间达到总体平衡，从而使得整个通信网络的运行效率和服务效率达到一个理想状态。负载均衡是提高通信资源利用率的重要措施，能够实现用户感知流量与资源匹配，从而避免网络拥塞，减少网络中的丢包率，提高网络性能。

2.1.1　负载均衡目标

在 5G 异构网络部署场景中，利用业务迁移技术实现负载均衡的主要目标是，监测哪些小区的负载情况超过预先设定的阈值，然后利用业务迁移技术将网络中高负载小区中的业务流量迁移到低负载小区中进行服务，即通过对网络资源和用户业务流量需求进行优化匹配，以实现减缓负载压力不均、解决网络拥塞的目标。

负载均衡能够提升网络的资源利用效率，降低用户的呼叫阻塞率，从而提高网络的吞吐量，充分利用网络中的无线资源和部署的基础设备，最终实现全网的负载均衡。因此，在 5G 及后续移动通信网络中，负载均衡技术被认为是一项用于解决网络中负载分布不均匀，且动态变化的业务流量分布的一项关键技术[1, 2]。

2.1.2　负载均衡技术研究现状

实现负载均衡的业务迁移技术在近几年来得到了广泛的应用。负载均衡可以分为静态负载均衡和动态负载均衡两大类。对于静态负载均衡而言，是在设备运行之前根据一定的指标事先确定负载的分配情况，在设备运行过程当中不对负载的分配加以调整。这种方法成本较低，不需要复杂的算法，但是灵活性不足，不能应对突发的大流量到来时的负载均衡需求。动态负责均衡则是在设备运行过程中实时监测各个网络的流量负载、丢包率、掉话率等指标，并通过相应的算法对负载较重、丢包率超出预设阈值的网络进行流量迁移，主动增加负载较轻网络的流量，实现动态的负载调整。由于动态的负载均衡技术优点突出，动态的负载均衡技术是目前最常使用的负载均衡方法，静态的负载均衡则较少地应用在实际网络中。

邻近法[3]作为最常用的负载均衡技术，其优点十分突出。这种方法的主要思想是，遍历整个系统中的所有网络，对于每一个网络，都把自己的负载和相邻的网络的负载进行对比，并量化计算网络间的负载差异性。当这种差异性超过一定阈值时，将当前网络流量和相邻网络流量重新分配，实现相邻网络的负载均衡。同样地，再对其他网络迭代使用相同的算法，实现整个网络负载均衡。这是一种典型的从局部出发扩展至全局的最优化算法。

目前关于同构网络的负载均衡的算法较多且该技术已经趋于成熟，但是针对异构网络的负载均衡的算法正在成为研究热点，主要是因为异构网络中的网络间通信更为复杂。Gossip 是一种内含冗余的算法，其思想是网络中的每个小区都随机地与其他小区通信，实现所有小区状态的"最终一致"。Franceschelli 等将 Gossip 算法应用于异构网络的负载均衡领域，并证实了该算法的有效性[4]。另一种算法是认为异构网络中的不同节点组成了一张无向连通图，可以用矩阵的方式表示出整个网络的拓扑结构。首先，节点之间互相交换流量负载信息，然后，每个节点都从和它拓扑相连的流量较高的节点中获取流量，并将流量迁移到和它拓扑相连的流量较低的节点中去，这种方法一般被称为扩散法，此种算法的难度在于保证算法的收敛性。

目前的负载均衡算法所关注的网络中的对象各有不同，一些是面向无线局域网中接入点（Access Point，AP）的负载均衡，即 AP 是负载均衡请求的发起者，另一些是面向基站的负载均衡，即基站是负载均衡请求的发起者。另外，负载均衡算法中所采取的方法分为主动和被动两种，一种是基站通过主动接入方式进行控制，从而达到负载均衡的目的，另一种是被动地通过切换关联的基站，达到负载均衡的目的。

2.1.3　负载均衡技术面临的挑战

虽然 5G 异构密集网络中负载均衡技术已经有部分解决方案，但仍面临着以下问题和挑战：

(1) 不能有效应对网络流量的随机性和突发性，不能根据业务需求灵活调整负载均衡算法。在实际网络中，可能出现某小区突发大量用户需求，负载均衡机制可能在短时间内不能及时应对这种突发需求，造成少数小区拥塞。现有的负载均衡技术不能根据用户的具体业务来进行调整，流量的均衡没有和业务相关联，导致某些不太重要的业务被分配了大量的通信资源，而没有保证少数极为重要的通信业务的资源需求。

(2) 现有的负载度量算法不能完全满足负载均衡的要求。在无线局域网中，一般选用 AP 站的连接用户数目作为衡量 AP 负载大小的指标。在通用的移动通信系统中，不同的连接所产生的流量相差不大，所以一般采用同一个小区的在特定时间段内的连接次数作为衡量负载大小的指标。其他经常作为衡量负载大小的指标还有掉话率、丢包率等。在异构网络中，各个网络的种类、额定接入数目、网络拥塞的阈值、网络间连接方式不尽相同且随着网络结构的变化而变化，如果使用单一的指标衡量某个小区负载程度或者网络的拥塞程度，往往是不准确的。只有将各种指标灵活地、动态地结合起来使用，并充分考虑测量时网络的实际情况，才能准确度量网络负载程度，实现精确化的负载均衡。

(3) 实现最佳负载状态和控制网络切换频率之间的矛盾尚未得到有效解决。在现有的负载均衡算法中，有些是以达到最佳的负载分配为目标，但是用户在网络间的切换次数较多，造成网络整体性能下降和用户体验的下降，有些算法虽然控制了负载均衡过程中总的网络切换次数或频率，但是无法在规定时间内达到较好的负载均衡状态。在网络资源有限的情况下，实现最佳负载状态和控制网络切换频率的两个目标往往不能同时达到。

2.2　面向负载均衡的业务迁移技术

本节主要介绍了如何应用业务迁移技术来实现网络中的负载均衡，具体包括基于遗传算法的小区和用户资源需求的估计策略，基于 QoS 保障的密集异构网络负载均衡策略和多业务共存下的异构网络负载均衡策略。

2.2.1　基于遗传算法的小区和用户资源需求估计策略

现有的移动性负载均衡技术标准中，负载均衡过程主要是邻区间交换小区特定的负载信息，然后用户通过调整其切换事件的偏置参数，从它的服务小区切换到目标小区，现有研究中的负载均衡方案也主要考虑切换到轻负载小区的用户比例。然而现有的标准和这些方案中的移动性负载均衡技术并未从系统的角度考虑系统资源利用率，很可能出现信道条件很差的用户会被切换至目标小区，且该用户占用了大量资源，造成了小区资源的浪费。

为了解决这个问题，本节介绍了一种小区和用户的资源估计方案，针对移动性负载均衡技术，在综合考虑小区最优资源利用率和用户所能分配到的最优资源的基础上进行小区间负载均衡，通过遗传算法来最优化基于库诺模型的系统效用函数，从而计算出小区资源利用率和每个用户所分配到的最优资源，最终提升负载均衡过程中的系统的资源利用率。

1. 系统模型

如图 2.1 中所示，考虑一个宏小区和小小区共存的密集异构网络场景。在系统中存在多个小小区簇，每个小小区簇由若干个随机分布的小小区组成的。假设宏小区和小小区是同频部署，在图中所示系统模型下，负载均衡过程可以发生在宏小区范围内的宏小区和簇内小小区之间，还可以发生在同一簇内的小小区之间。在 5G 系统中，控制平面和用户平面是相互分离的[5, 6]。针对该系统模型下的负载均衡过程，当用户流量被迁移到小小区时，用户信号仍然被宏基站控制；当用户在小小区覆盖范围之外时，用户不需要频繁地切换并改变提供数据流量的小小区基站。

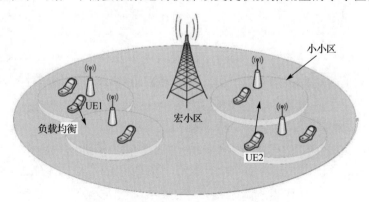

图 2.1　密集异构网络下的负载均衡场景

(1)链路模型

某个用户可以用 u 表示，本节场景中不考虑瑞利衰落和阴影衰落，用户 u 在小区 i 内收到的信干噪比 SINR（Signal to Interference and Noise Ratio，SINR）可以被表示为：

$$\text{SINR}_u = \frac{p_i g_{i,u}}{\sigma^2 + \sum_{u \neq i} p_i g_{i,u}} \tag{2-1}$$

其中，p_i 是指小区 i 的发射功率，常数 σ^2 代表用户 u 受到的加性高斯白噪声，$g_{i,u}$ 代表小区 i 和用户 u 之间的信道增益，$\sum_{j \neq i} p_i g_{i,u}$ 代表用户 u 受到的相邻小区的干扰。

移动通信网络的基本资源单元是物理资源块（Physical Resource Block，PRB），小区 i 的资源利用率可以表示为：

$$s_i = \sum_{j=1}^{u_i} \frac{D_j}{R(\text{SINR}_j) N_i} \tag{2-2}$$

其中，s_i 代表小区 i 的资源利用率，u_i 代表小区 i 服务的用户数量，D_j 代表用户 j 所需的数据速率，$R(\text{SINR}_j)$ 代表每一物理资源块的数据速率，N_i 代表小区 i 内每一帧的所有物理资源块的数量。

(2)基于库诺非合作博弈的系统模型

负载均衡的目标是减少拥塞小区的用户数量，实现不同小区间的负载均衡。可以利用博弈论[7-9]中的库诺模型来构建系统模型，从而预测每个小区的最优的资源利用率和每个用户所分配到的最优资源。具体的系统模型根据不同的条件可适当改变。

库诺模型是博弈论中典型的双寡头垄断产量竞争模型，模型里有两家企业，它们生产相同的产品，相互之间没有任何信息交互但是知道对方的行动，每个企业的战略是优化产量来最大化收益。因此，它们在决策前先预测对方的产量，在此基础上再决定各自最优的产量来最大化收益。在本节，参与负载均衡的每个小区为库诺模型里的"企业"，每个小区的资源利用率为每个企业的产量，每个小区的资源消耗量被视为企业的生产成本。通过分析完全信息静态博弈的效用函数，求出纳什均衡点，计算出每个小区的最优的资源利用率和每个用户所分配到的最优资源。

根据博弈论的三要素，库诺模型可以被定义为：

$$G = \left(\Gamma_1, \cdots, \Gamma_n;\ S_1, \cdots, S_n; U_1, \cdots, U_n \right) \tag{2-3}$$

其中，Γ 代表博弈论的参与者集合，对于每一个小区 i，$i \in \Gamma, \Gamma = (1,2,\cdots,n)$，$n$ 是系统中的小区数量。$i=1$ 代表宏基站，$i=2,3,4,\cdots,n$ 代表小小区。S 代表每一个参与者的策略集，$S_i, i = 1,2,\cdots,n$ 代表每个小区的资源利用率。U 代表效用函数集合，

其中包含的元素为 $U_i(s_1, s_2, \cdots, s_n), i = 1, 2, \cdots, n$ 。

对于每一个小区 i ，从式 (2-3) 可知系统效用函数包括两个部分：收益和代价。为了最优化效用函数，需要根据收益和代价函数来决定最优的小区的资源利用率，效用函数 U_i 表示为：

$$U_i(s_i, \boldsymbol{s}_{-i}) = p_i(s_i, \boldsymbol{s}_{-i})s_i - c(s_i) \tag{2-4}$$

其中，$p_i(s_i, \boldsymbol{s}_{-i})$ 代表小区 i 内每单元负载的收益增量，$\boldsymbol{s}_{-i}$ 代表参与者集合 Γ 内除了小区 i 以外的其他的小区的资源利用率集合，$c(s_i)$ 代表小区 i 的负载成本。$p_i(s_i, \boldsymbol{s}_{-i})$ 代表了需求和收益之间的相互关系，它的线性表达式如下：

$$p_i(s_i, \boldsymbol{s}_{-i}) = \begin{cases} v_0 - s_i - \delta_1 \sum\limits_{j=2, j \neq i}^{u_i} s_j, & i \neq 1 \\ v_0 - s_i - \delta_2 z_0, & i = 1 \end{cases} \tag{2-5}$$

其中，v_0 代表固定不变的常数，δ_1 和 δ_2 代表在 $(0,1)$ 范围内的固定常数。$\delta_1 \sum\limits_{j=2, j \neq 1}^{u_i} s_j$ 代表相邻小小区的干扰，$\delta_2 z_0$ 代表相邻宏小区的干扰。相邻小区的负载值越大，它们对小区 i 内的用户的干扰越强，因此小区 i 的吞吐量会下降。

负载成本 $c(s_i)$ 代表小区 i 中负载 s_i 的资源消耗，它的线性表达式如下：

$$c(s_i) = c_1 s_i \tag{2-6}$$

根据式 (2-4)，式 (2-5)，式 (2-6)，库诺模型的表达式为：

$$U_i(s_i, \boldsymbol{s}_{-i}) = \begin{cases} \left[v_0 - s_i - \delta_1 \sum\limits_{j=2, j \neq i}^{u_i} s_j \right] s_i - c_1 s_i, & i \neq 1 \\ [v_0 - s_i - \delta_2 z_0]s_i - c_1 s_i, & i = 1 \end{cases} \tag{2-7}$$

2. 基于遗传算法的小区和用户的资源估计方案

根据不同的条件，具体系统模型可适当改变，本节主要通过采用博弈论中的库诺模型来构建系统模型，系统的效用函数为所有小区的效用函数之和，最优化系统效用函数可以表示为如下：

$$U_{\text{system}} = \sum_{i=1}^{n} U_i(s_i, \boldsymbol{s}_{-i}) \tag{2-8}$$

博弈过程的目标是使负载均衡时每个小区的效用函数最大，当达到纳什均衡时，每个小区的资源利用率定义为 $s^* = (s_1^*, s_2^*, \cdots, s_n^*)$ ，使得

$$U_i(s_i^*, s_{-i}^*) \geqslant U_i(s_i, \boldsymbol{s}_{-i}), \quad i = 1, 2, \cdots, n \tag{2-9}$$

其中，$s^* = (s_1^*, s_2^*, \cdots, s_n^*)$ 是该博弈过程的纳什均衡解。为了最优化系统效用函数，

求得每个小区的纳什均衡解，本节通过利用遗传算法来解决该问题。通过采用遗传算法，所提方案能够预测出每个小区的最优资源利用率和每个用户被分配到的最优资源。

遗传算法不受限于效用函数是否为凸函数，也不需效用函数具有连续性。从数学模型的角度来看，遗传算法的每一染色体都代表最优化问题的可行解，其中每一染色体和效用函数相关联，通过对每一个体的染色体编码，多个个体组成种群，从初始种群开始，通过交叉、变异不断迭代的过程，逐步淘汰效用函数值低的劣质个体，同时保留效用函数值高的优秀个体，最终使问题收敛至最优解。遗传算法的具体过程如下：

(1) 二进制编码

本章中，采用二维整数编码矩阵方案对染色体进行 0/1 二值编码，矩阵中的每一行代表每一个用户对应的负载均衡目标小区和无线资源分配策略，其中矩阵列主要由两部分集合组成，第一部分为每个用户的目标小区的集合，第二部分为每个用户的资源分配策略的集合，其中每一列的值为系统总资源平分的单位值。

例如，染色体 G 进行二维 0/1 二进制编码的矩阵被表示为：

$$G = \begin{cases} a_{1,1}, a_{1,2}, \cdots, a_{1,i}, \cdots, a_{1,N_a}; b_{1,1}, b_{1,2}, \cdots, b_{1,j}, \cdots, b_{1,N_b}; \\ a_{2,1}, a_{2,2}, \cdots, a_{2,i}, \cdots, a_{2,N_a}; b_{2,1}, b_{2,2}, \cdots, b_{2,j}, \cdots, b_{2,N_b}; \\ \cdots\cdots \\ a_{k,1}, a_{k,2}, \cdots, a_{k,i}, \cdots, a_{k,N_a}; b_{k,1}, b_{k,2}, \cdots, b_{k,j}, \cdots, b_{k,N_b}; \\ \cdots\cdots \\ a_{K,1}, a_{K,2}, \cdots, a_{K,i}, \cdots, a_{K,N_a}; b_{K,1}, b_{K,2}, \cdots, b_{K,j}, \cdots, b_{K,N_b}; \end{cases} \quad (2\text{-}10)$$

染色体矩阵 G 由两部分集合组成，分别为 $i \in \{1,2,\cdots,N_a\}$ 和 $j \in \{1,2,\cdots,N_b\}$，其中 $a_{k,i}=1$ 表示第 i 个小区是否为用户 k 的目标小区，$a_{k,i}=0$ 表示第 i 个小区不是用户 k 的目标小区，$b_{k,j}=1$ 表示用户 k 被分配了第 j 份资源，$b_{k,j}=0$ 表示用户 k 没有被分配第 j 份资源。

(2) 种群初始化

首先，种群随机产生 N_p 个体。对于每一个小区内用户所需的总资源不能超出小区总资源，数学表达式为 $\sum_{i=1}^{u_i} b_i \leq N$，其中 b_i 表示小区中每个用户所需的资源，N 为小区总资源。从初始种群开始，每一代进化过程中个体的数量是保持不变的。

(3) 个体适应度评估

遗传算法通过对个体适应度的大小来判断各个个体的优劣程度。此处适应度函数即为系统效用函数，通过对二进制编码染色体解码，计算出每个个体的适应度函数值，并记录适应度函数值最大的两个个体，若迭代次数小于预先设定的最大迭代次数，则进入繁殖阶段进行选择、交叉、变异过程。

(4) 种群繁殖阶段[10, 11]

种群繁殖阶段包括选择、交叉和变异过程。

本书的选择策略为轮盘赌选择法，又称为比例选择法。某个个体的选择概率为该个体的系统效用函数值与全局的系统效用函数的比值，与效用函数值大小成正比。因此，个体效用函数值越高，个体被选择的概率越大。

交叉过程是形成新个体的主要方法，本章主要讨论单点交叉，在染色体的编码串中随机选择一个交叉点，两个染色体在交叉点前后相互交换其部分基因，从而产生两个新的个体。

变异运算通过对变异概率 p_m 随机指定的某几个基因作变异运算，对于二进制编码的染色体，变异操作就是在变异点把基因由 0 变为 1，或者由 1 变为 0。

子代染色体通过交叉变异代替父代染色体，不断繁殖进化直至算法迭代次数达到最大的遗传代数，最终输出最优的个体及其代表的最优解。遗传算法的流程图如图 2.2 所示。

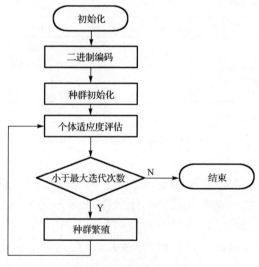

图 2.2　遗传算法流程

3. 性能评估与分析

为了评估所介绍的基于遗传算法的小区和用户资源需求的估计策略，这里采用系统级仿真对介绍的小区和用户的资源估计方案进行预测分析。主要从遗传算法迭代次数、小区资源利用率等方面进行评估。

(1) 仿真环境

3GPP 中定义了四种小小区仿真场景。本章主要在场景 1 下进行仿真分析。小小区场景 1 有如下特点：①小小区和宏小区同频部署；②小小区部署在宏小区的覆盖区域内且部署在室外；③用户同时分布在室内和室外；④小小区以小小区簇形式部署；⑤理想回程和非理性回程同时存在。

小小区簇内密集部署小小区，假设 2/3 的用户随机均匀地分布在小小区簇内部，其余的用户随机均匀地分布在宏小区内。具体仿真参数见表 2-1。

表 2-1　仿真参数

布局	宏小区：六边形蜂窝形状，每个宏基站 3 个扇区
	小小区：小小区随机均匀分布在簇内
系统带宽	20MHz
基站总发送功率	宏小区：46dBm
	小小区：30dBm
路径损耗	宏小区：ITU UMa
	小小区：ITU UMi
宏小区覆盖下的小小区簇数量	1
每个簇内小小区的数量	4
宏基站之间距离	500m
UE 数量	60
天线增益	宏小区：17dBi
	小小区：5dBi
天线间隔	小区：5 波长
	移动台：0.5 波长
话务模型	Full Buffer
热噪声	−174dBm/Hz

（2）仿真结果

本章通过遗传算法实现介绍的小区和用户的资源估计方案，分析通过遗传算法最优化系统效用函数时，迭代次数和函数值之间的关系。每个小区的最优资源利用率和用户所分配到的最优资源为系统效用函数最大值时，所对应最优的个体矩阵，矩阵中的每一行代表每一个用户对应的负载均衡目标小区和无线资源分配策略。

图 2.3 显示了遗传算法迭代次数和系统效用函数的关系。从图中可以看出，随着迭代次数的增加，系统效用函数的值也不断增加，在第 17 代左右，遗传算法收敛于近似最优，此时，能取得到近似最优的系统效用函数值和策略，且遗传算法的复杂度也较低。

仿真结果表明，遗传算法具有较快的收敛速度，且能得到近似最优的效用函数值和个体，进而能够预测出小区的最优资源利用率和用户所分配的最优资源。

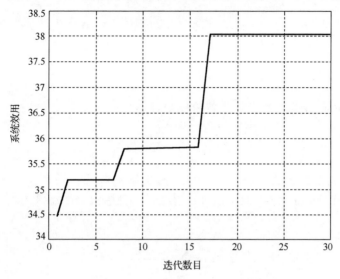

图 2.3　系统效用函数 vs. 迭代次数

2.2.2　QoS 保障的密集异构网络负载均衡

本节综合考虑了系统资源利用率和用户的 QoS 要求，在 2.2.1 节的基础上，对每个小区的最优的资源利用率和每个用户分配到的最优资源进行估计，并基于估计值实现基于 QoS 保障的异构网络负载均衡方案。该方案包括如何使用二分图来进行最优匹配，为用户选择切换的目标小区，从而在优化系统资源利用率的同时进行负载均衡。

1. 基于 QoS 保障的小区负载均衡

在 2.2.1 节中，通过博弈论中的库诺模型来构建系统模型，库诺模型的表达式为：

$$U_i(s_i, \boldsymbol{s}_{-i}) = \begin{cases} \left[v_0 - s_i - \delta_1 \displaystyle\sum_{j=2, j\neq i}^{u_i} s_j \right] s_i - c_1 s_i, & i \neq 1 \\ [v_0 - s_i - \delta_2 z_0] s_i - c_1 s_i, & i = 1 \end{cases} \tag{2-11}$$

为了保证每个用户的 QoS，效用函数应该是单调递增函数。当用户数据速率低于 QoS 要求门限值时，边缘效用函数单调递增。相反地，当用户数据速率高于 QoS 要求门限值时，边缘效用函数则单调递减，用户基于自己的速率需求占用合适的资源。因此，保证用户 QoS 的效用函数为 S 型的函数。

假设保证用户 QoS 的效用函数被统一表示为 $U_2(r)$，其中 r 表示每个用户的数据速率，r_0 表示 QoS 要求门限值，效用函数限制条件的数学表达式如下[12]：

$$\begin{cases} 0 < r < r_0, \ U_2(r) > 0, \ U_2{'}(r) > 0 \\ r_0 < r < R, \ U_2(r) > 0, \ U_2{'}(r) \leqslant 0 \\ U(0) \approx 0, \ U(R) \approx 1 \end{cases} \tag{2-12}$$

基于以上限制条件，S 型的函数可以被表达为：

$$U_2(r) = \frac{1}{1 + e^{-C_2(r - r_0)}} \tag{2-13}$$

其中，C_2 表示常数，用来调整基于 r_0 的边缘效用函数。

对于每一个小区 i，它的效用函数 $U_{2i}(r)$ 能被表达为一个小区内所有用户的效用函数值的总和：

$$U_{2i}(r) = \sum_{i=1}^{u_i} \frac{1}{1 + e^{-C_2(r_i - r_0)}} \tag{2-14}$$

每个小区的效用函数被定义为库诺模型加上保证用户 QoS 的效用函数的线性和函数。其中，权重 λ 和 μ 分别代表优先权值并且满足限制条件 $\lambda, \mu \in [0,1]$，并且 $\lambda + \mu = 1$。

从式(2-11)和式(2-14)，可以得到每个小区的效用函数为：

$$U_i(s_i, \pmb{s}_{-i}) = \begin{cases} \lambda \left\{ \left[v_0 - s_i - \delta_1 \sum_{j=2, j \neq i}^{u_i} s_j \right] s_i - c_1 s_i \right\} + \mu \left\{ \sum_{i=1}^{u_i} \frac{1}{1 + e^{-C_2(r_i - r_0)}} \right\}, & i \neq 1 \\ \lambda \left\{ [v_0 - s_i - \delta_2 z_0] s_i - c_1 s_i \right\} + \mu \left\{ \sum_{i=1}^{u_i} \frac{1}{1 + e^{-C_2(r_i - r_0)}} \right\}, & i = 1 \end{cases} \tag{2-15}$$

其中，系统效用函数为所有小区的总和，最大化系统效用函数能够保证用户 QoS 同时减少网络拥塞。所以，系统效用函数表示为：

$$U_{\text{system}} = \sum_{i=1}^{n} U_i(s_i, \pmb{s}_{-i}) \tag{2-16}$$

2. 基于二分图最优匹配的负载均衡方案

在上一小节中，给出了基于 QoS 保障的系统效用函数，可以预测出每个小区的最优的资源利用率和每个用户所需要的资源。基于预测值，把每个基站所需的总资源分为多个资源单元，基站用资源表征，因此用户和小区的一一对应关系转化为用户和资源单元的一一对应关系，通过构建二分图的扩展图来建模，资源分配问题被转化为求解最大或者最小的权值问题。在负载均衡过程中，为了求解最大或者最小的权值问题，采用 Kuhn-Munkres 算法在保障用户 QoS 的条件下实现用户和小区之间的一一匹配。

(1) 构建二分图的扩展图

首先构建基于密集异构网络场景的二分图，定义图 2.4(a) 为基于异构网络场景下带有权值的二分图，二分图由节点的集合 V 和边的集合 E 组成，其中节点集合 V 代表所有的用户和小区，由两部分组成，分别是 N 个用户和 M 个小区，边集合 E 中，每一条边连接一个用户和一个小区，边的权重通过计算用户接入目标小区所需的资源获得。

目标小区为用户提供所需的资源，基于遗传算法的小区和用户资源需求估计策略可以预测小区的最优资源利用率，同时，每个小区的资源被划分为多个资源单元。因此，如图 2.4(b) 所示，用户和小区之间的匹配可以转化为用户和资源单元之间的匹配，进而构建二分图的扩展图。

在保障每个用户 QoS 的情况下，二分图中用户和小区的对应关系表示为带有权重的边的集合，权重被定义为用户接入目标小区所需的资源。经典的图论二分图匹配算法中，其目标是最大化权重之和。但是保障用户 QoS 的情况下，信道质量越优意味着用户所分配到的资源越少，因此负载均衡过程中最大化系统吞吐量的问题被转化为最小化系统所需的资源问题。

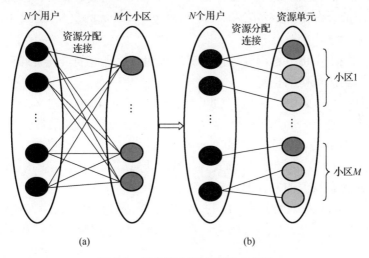

图 2.4 用户和小区匹配的二分图

(2) 二分图的权重的计算

二分图的扩展图构建了之后，需要计算每一条边对应的权重，假设第 i 个用户的目标小区为 j，用户 i 和小区 j 的边的权重可以被表示为：

$$w_{ij} = \frac{R_i}{\log_2(1+\mathrm{SINR}_{ij})} \tag{2-17}$$

进一步，系统的权重可以表示为所有边的权重之和：

$$W_l = \sum_{i=1}^{N} w_{ij} = \sum_{i=1}^{N} \frac{R_i}{\log_2(1 + \mathrm{SINR}_{ij})} \tag{2-18}$$

权重的矩阵可以表示为：

$$W = \begin{bmatrix} w_{1,1} & w_{1,2} & \cdots & w_{1,N} \\ w_{2,1} & w_{2,2} & \cdots & w_{2,N} \\ & & \cdots\cdots & \\ w_{N,1} & w_{N,2} & \cdots & w_{N,N} \end{bmatrix} \tag{2-19}$$

其中，行代表用户，列代表小区资源单元。为了进一步求解负载均衡过程中小区和用户的最优匹配 X 和最小化系统所需的资源 W_l，基于权重矩阵 W 的 Kuhn-Munkras 算法可以用于解决该问题。

（3）Kuhn-Munkras 算法求解最优匹配的方案流程介绍

经过了二分图的扩展图的构建和权重的计算，通过 Kuhn-Munkras 算法来实现二分图的扩展图的最优匹配过程，从而解决基于 QoS 保障的异构网络负载均衡问题。

由于 Kuhn-Munkras 算法需要保证二分图左右节点数量相等，因此用户的数量等于所有基站的资源单元数量之和，Kuhn-Munkras 算法的复杂度为 $\mathcal{O}(n^3)$。所提方案的具体过程如下：

（1）基于 2.2.1 所提方案，通过遗传算法预测每个小区的最优资源利用率和每个用户所能分配到的最优的资源。

（2）构建用户和小区的二分图的扩展图 G。基于预测值，定义一个小区节点由多个资源单元节点组成，N 个用户和 M 个小区的最优匹配关系转化为 N 个用户和 N 个资源单元节点的一一匹配关系。

（3）依据式（2-17）、式（2-18）和式（2-19），计算二分图的扩展图中所有边对应的权重值，建立带有权值的二分图，并构建权重矩阵。

（4）应用 Kuhn-Munkras 算法进行二分图的最优匹配。首先，初始化 $l_x(i) = \max(w_{ij})$，$l_y(j) = 0$，$i,j \in \{1,2,\cdots,N\}$，匹配权重矩阵为 N 行 N 列的权值为零的矩阵。

（5）根据等式 $ex = l_x(i) + l_y(j) - w_{ij}$，计算匹配权重矩阵的权值，匹配权重矩阵的元素为 w_{ij}。

（6）若元素 w_{ij} 满足等式 $w_{ij} == l_x(i) + l_y(j)$，使满足此条件的所有元素构建子图，并找出子图中的最大匹配 M，若 M 是完美匹配，则跳到步骤（8）。

（7）定义 P 为子图中所有端点的集合，对于 $i \in \{X_G - X_G \bigcap P\}$，$j \in \{X_G - X_G \bigcap P\}$，计算出 $ex = l_x(i) + l_y(j) - w_{ij}$。对于 i 对应的行，令 $l_x(i) = l_x(i) - ex$，对于 j 对应的列，

令 $l_y(i) = l_y(i) + ex$ 。回到步骤 (5)。

(8) 若 M 是完美匹配，则 M 为最终的结果，并输出最优的匹配权重矩阵 M 。

3. 性能分析与评估

接下来，在这一节中对介绍的基于 QoS 保障的异构网络负载均衡方案进行系统级仿真评估，分别从系统资源利用率、系统吞吐量、用户掉话率等方面进行了仿真对比，并对仿真的结果进行分析。

(1) 仿真环境

本章仍然采用 3GPP 的小小区场景 1 进行仿真分析。小小区场景 1 有如下特点：①小小区和宏小区同频部署；②小小区部署在宏小区的覆盖区域内且部署在室外；③用户同时分布在室内和室外；④小小区以小小区簇的形式部署；⑤理想回程和非理想回程同时存在。 小小区簇内密集部署小小区，假设 2/3 的用户随机均匀地分布在小小区簇内部，其余的用户随机均匀地分布在宏小区内。

首先，每个用户根据下行参考信号接收功率 (Reference Signal Receiving Power，RSRP) 来选择服务基站。为了提高系统吞吐量并且减少掉话率和拥塞，本节应用所介绍的基于 QoS 保障的异构网络负载均衡方案以改善网络性能。进一步，每个用户的 QoS 的比特速率门限值为 1Mbps。一旦小区内用户所需的总资源超过了小区所能提供的可用资源，用户将会掉话，直到用户所需的总资源小于小区所能提供的可用资源，具体仿真参数见表 2-2。

表 2-2　仿真场景参数

仿真参数	
布局	宏小区：六边形蜂窝形状，每个宏基站 3 个扇区 小小区：小小区随机均匀地分布在簇内
系统带宽	20MHz
基站总发送功率	宏小区：46dBm 小小区：30dBm
路径损耗	宏小区：ITU UMa 小小区：ITU UMi
宏小区覆盖下的小小区簇数量	1
每个簇内小小区的数量	4
宏基站之间距离	500m
UE 数量	60～300
天线增益	宏小区：17dBi 小小区：5dBi
天线间隔	小区：5 波长 移动台：0.5 波长
话务模型	Full Buffer
热噪声	−174dBm/Hz
λ，μ	0.5，0.5

(2)对比算法

仿真中将基于 QoS 保障的异构网络负载均衡方案(GAKM)与以下两个方案作比较:

对比方案一：非负载均衡方案(No-LB)。

对比方案二：混合负载均衡算法(HLB)[13]。

(3)仿真结果

如图 2.5 所示，本小节比较了资源利用率和小小区数目的关系，通过所示数据分析 GAKM、HLB、No-LB 三种方案的方差值，方差结果如表 2-3 所示。

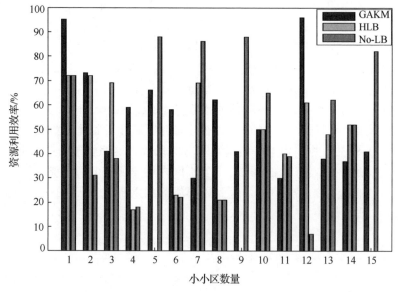

图 2.5　资源利用率 v.s. 小小区数量

表 2-3　GAKM、HLB、No-LB 三种方案的方差值

GAKM 方案	HLB 方案	No-LB 方案
0.0418	0.0697	0.0744

从表 2-3 可知，GAKM 方案的方差值小于 HLB 方案，HLB 方案的方差值和 No-LB 方案的方差值相差不大，这表示 GAKM 方案的离散程度小于 HLB 方案和 No-LB 方案。因此，所介绍的 GAKM 方案能够更好地平衡小小区间的资源利用率，该方案优于 HLB 方案和 No-LB 方案。HLB 方案只关注负载均衡过程中小区范围的缩放，No-LB 方案使得拥塞小区和低负载小区之间的资源分配不均衡，因此所介绍的 GAKM 方案能够实现系统资源的最优分配。

如图 2.6 所示，本小节比较了用户掉话率和用户数量的关系。根据 3GPP 标准，

用户数量从 60 增加至 300。从图中可以看出,三个方案呈现递增趋势,然而,GAKM
方案的用户掉话率明显小于 HLB 方案和 No-LB 方案。这是因为 HLB 方案通过小区
缩放改变覆盖范围不能精确调整负载值。当用户数量增加时,拥塞小区的总资源达
不到小区内用户所需的总资源,导致用户掉话。

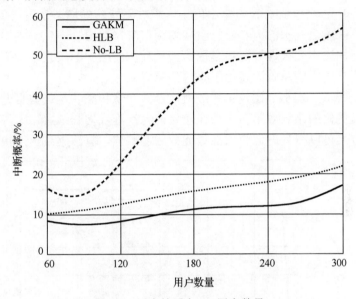

图 2.6　用户掉话率 v.s.用户数量

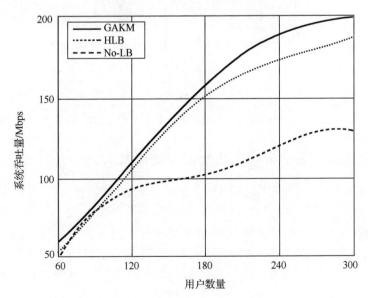

图 2.7　系统吞吐量 v.s.用户数量

如图 2.7 所示，本小节比较了系统吞吐量和用户数量的关系。从图中可以看出，基于 QoS 保障，三个方案的系统吞吐量都随着用户数量的增长而增加。进一步，GAKM 方案的系统吞吐量明显高于 HLB 方案和 No-LB 方案。在负载均衡过程中，更多的流量负载被动态切换至其他小区，因此 GAKM 方案和 HLB 方案能够取得更高的系统的吞吐量，然而 HLB 方案中的小区缩放不能精确地调整用户负载，只能通过粗略改变小区覆盖范围的大小进行负载均衡。在 No-LB 方案中，当用户数量很大时，吞吐量增加速率变得缓慢，这是因为密集异构网络中的负载不均衡现象更为严重，小区中用户所需的总资源超出了小区的总资源。

如图 2.8 所示，本小节比较了系统效用函数和遗传算法迭代数目的关系。从图中可以看出最优化的系统效用函数值在初始的几次迭代增长迅速，大约在第三次迭代时，所提方案可以得到近似收敛的最优效用函数值，算法收敛速度快。

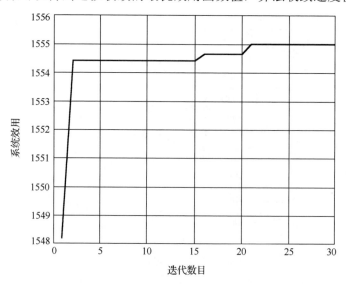

图 2.8　系统效用函数 v.s. 迭代数目

2.2.3　多业务共存下的异构网络负载均衡技术

为了应对多业务共存的不同的 QoS 需求，本小节综合考虑系统资源利用率和多业务共存场景，建立多业务共存的负载均衡模型。利用 2.2.1 节中介绍的小区和用户资源预测方案，分别预测得到每个小区中对不同业务的最优资源利用率和每个用户所支持的不同业务所分配的最优资源，并基于估计值实现了基于多业务共存的异构网络负载均衡技术方案，该方案包括如何利用二分图对用户的多业务和小区资源建立匹配关系，如何在保证资源利用率的条件下为不同的业务选择目标切换小区。

1. 基于多业务共存的负载均衡

本小节主要考虑了两种类型的 QoS 需求,分别是保证比特速率(Guaranteed Bit Rate,GBR)业务和非 GBR 业务。对于非 GBR 业务,效用函数呈单调递增趋势,进一步,为了保证用户的公平性,效用函数的斜边即边际效用函数单调递减,避免分配过多信道资源给信道质量优的用户,综上可知,非 GBR 业务的效用函数为凸函数。

对于 GBR 业务,同非 GBR 业务一样,效用函数也呈单调递增趋势。进一步,由于 GBR 业务需要满足用户的 QoS 需求,当用户得到的资源小于 QoS 要求的临界值,边际效应函数单调递减,用户请求资源为低优先级,防止分配过多资源给某一个用户,综上可知,GBR 业务的效用函数为 S 型函数。

为了统一不同类型业务的效用函数,假设通用的效用函数为 S 型函数,代表 GBR 业务和非 GBR 业务,S 型函数可以表示为[12],

$$U(r) = \frac{1}{A + Be^{-C(r-d)}} + D \tag{2-20}$$

其中,A、B、C、D 和 d 都为确定的参数,参数 C 改变曲线的斜率,参数 A、B、C 和 D 改变效用函数的范围。通过调整参数 A、B、D 来比较不同业务的效用值,d 为效用函数的转折点,代表用户所需的资源,当分配给用户的资源小于 d,效用函数为凹函数,当分配给用户的资源大于 d,效用函数为凸函数。

对于 GBR 业务,r_0 表示用户所需的资源,效用函数的参数限制条件为:

$$\begin{cases} 0 < r < r_0, u(r) > 0, u'(r) > 0 \\ r_0 < r < R, u(r) > 0, u'(r) \leq 0 \\ U(0) \approx 0, U(R) \approx 1 \end{cases} \tag{2-21}$$

其中,$u'(r)$ 为 $u(r)$ 的一阶导数,根据式(2-21)中的限制条件,GBR 业务的效用函数表达式为

$$U_1(r) = \frac{1}{1 + e^{-C_1(r-r_0)}} \tag{2-22}$$

其中,参数 C_1 用来调整效用函数的曲线在 r_0 斜率,代表了用户对资源 r_0 的需求,C_1 越大,效用函数曲线在 r_0 的斜率越高,因此,用户对资源 r_0 的需求更加强烈。

不同的业务类型的 QoS 需求不同,它们的参数 C_1 和 r_0 取值也不同。对于非 GBR 业务,$r_0 = 0$,其效用函数的参数限制条件为

$$\begin{cases} 0 < r < R, u(r) > 0, u'(r) < 0 \\ U(0) \approx 0 \end{cases} \tag{2-23}$$

同样地,基于上述限制条件,非 GBR 业务的效用函数表达式为

$$U_2(r) = \frac{1}{1+Be^{-C_2r}} + D \qquad (2\text{-}24)$$

其中，参数 C_2 用来调整效用函数的曲线斜率，代表了吞吐量和用户公平性之间的权衡，C_2 越大，曲线上升速率越快，代表效用函数更加趋向于公平性。

对于业务优先级的定义，根据文献[14]对用户 i 的业务 k 的权重表达式如下：

$$W_{i,k}(t) = \frac{R_{\min,k}}{R_{\text{avg}.i.k}(t)} \cdot \frac{\tau_{i,k}(t)}{\tau_{\max,k}} \cdot \rho_k(t) \qquad (2\text{-}25)$$

其中，$R_{\min,k}$ 代表比特速率门限值（目标数据速率），$R_{\text{avg}.i.k}(t)$ 代表平均吞吐量，$\tau_{\max,k}$ 代表端到端的时延门限值（目标时延），$\tau_{i,k}(t)$ 代表用户 i 的业务 k 的平均时延。当 $\tau_{i,k}(t)$ 即在时刻 t 的业务 k 的平均时延高于门限值，$\rho_k(t)$ 取值为 0，否则取值为 1。

基于式(2-22)、式(2-24)和式(2-25)，可知用户 i 的效用函数为非 GBR 业务和 GBR 业务的效用函数总和，可以表示为

$$U_i = U_{\text{GBR}}(r) + U_{\text{non-GBR}}(r) \qquad (2\text{-}26)$$

其中：

$$U_{\text{GBR}}(r) = W_{i,1} \cdot U_1(r) = \frac{R_{\min,1}}{R_{\text{avg}.i.1}(t)} \cdot \frac{\tau_{i,1}(t)}{\tau_{\max,1}} \cdot \rho_1(t) \cdot \frac{1}{1+e^{-C_1(r-r_0)}} \qquad (2\text{-}27)$$

$$U_{\text{non-GBR}}(r) = W_{i,2} \cdot U_2(r) = \frac{R_{\min,2}}{R_{\text{avg}.i.2}(t)} \cdot \frac{\tau_{i,2}(t)}{\tau_{\max,2}} \cdot \rho_2(t) \cdot \left(\frac{1}{1+Be^{-C_2r}} + D\right) \qquad (2\text{-}28)$$

因此，用户 i 的效用函数可以表示为

$$U_i = \left\{\frac{R_{\min,1}}{R_{\text{avg}.i.1}(t)} \cdot \frac{\tau_{i,1}(t)}{\tau_{\max,1}} \cdot \rho_1(t) \cdot \frac{1}{1+e^{-C_1(r-r_0)}}\right\} + \left\{\frac{R_{\min,2}}{R_{\text{avg}.i.2}(t)} \cdot \frac{\tau_{i,2}(t)}{\tau_{\max,2}} \cdot \rho_2(t) \cdot \left(\frac{1}{1+Be^{-C_2r}} + D\right)\right\}$$

$$(2\text{-}29)$$

系统效用函数为系统内所有用户 N 的总和，最大化系统效用函数能够保证每个用户业务速率的同时减少网络拥塞。所以，最优化系统效用函数的数学表达为

$$\max U_{\text{system}} = \max \sum_{i=1}^{N} U_i(r) \qquad (2\text{-}30)$$

2. 基于二分图最优匹配的多业务负载均衡方案

多业务负载均衡方案其实需要解决的就是一个二分图的最优匹配问题。同上一节中介绍的基于二分图最优匹配的负载均衡方案相比，本节中介绍的方案将用户和小区的构成的二分图转化为不同业务和小区构成的二分图，然后进行二分图匹配。

基于上文介绍的小区和用户的资源需求估计方案，可以通过遗传算法预测出每个小区对两种业务的最优的资源利用率和每个用户两种业务所需的资源。同样地，基于预测值，把每个基站所需的总资源分为多个资源单元，基站用资源表征。因此，不同业务和小区的一一对应关系转化为不同业务和资源单元的一一对应关系，通过构建二分图的扩展图来建模，为了实现二分图中每个用户的两种业务和小区资源单元之间的一一匹配，具体地采用 Kuhn-Munkres 算法来实现。

(1) 构建用户业务和小区的二分图

定义图 2.9(a) 为基于异构网络的二分图拓扑图，假设有 N 个用户和 M 个小区，二分图由节点的集合 $\mathcal{V}$ 和边的集合 $\mathcal{E}$ 组成，其中节点集合 $\mathcal{V}$ 代表所有的用户业务总和和小区数量，由两部分组成，分别 $2N$ 种业务和 M 个小区，边集合 $\mathcal{E}$ 中，每一条边连接一种业务和一个小区，边的权重通过计算用户的业务接入目标小区所需的资源得到。

基于遗传算法预测的每个小区对两种业务的最优的资源利用率，每个小区的资源划分为多个资源单元。因此，如图 2.9(b) 所示，用户业务和小区之间的匹配可以转化为用户业务和资源单元之间的匹配，进而构建二分图的扩展图。

业务负载均衡所要解决的问题即是实现对应的用户业务和资源单元的最优分配问题。

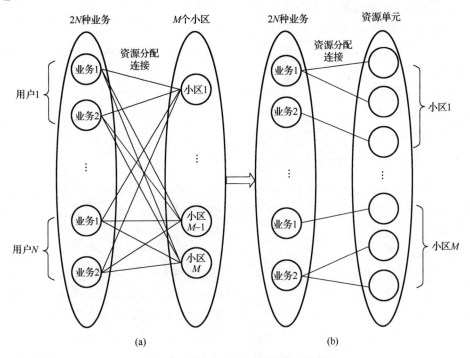

图 2.9　多业务和小区匹配的二分图

（2）二分图权重的计算

二分图的扩展图中每一条边对应的权重，同 2.2.2 节所提方案对权重的计算，业务 i 和小区 j 的边的权重可以被表示为

$$w_{ij} = \frac{R_i}{\log_2(1+\mathrm{SINR}_{ij})} \tag{2-31}$$

进一步，系统的权重可以表示为所有边的权重之和：

$$W_l = \sum_{i=1}^{2N} w_{ij} = \sum_{i=1}^{2N} \frac{R_i}{\log_2(1+\mathrm{SINR}_{ij})} \tag{2-32}$$

权重的矩阵可以表示为

$$W = \begin{bmatrix} w_{1,1}, & w_{1,2}, & \cdots, & w_{1,2N} \\ w_{2,1}, & w_{2,2}, & \cdots, & w_{2,2N} \\ & & \cdots\cdots & \\ w_{2N,1}, & w_{2N,2}, & \cdots, & w_{2N,2N} \end{bmatrix} \tag{2-33}$$

其中，行代表业务，列代表小区资源单元，$2N$ 代表所有业务数量，为了求解负载均衡过程中小区和用户业务的最优匹配 X 和最小化系统所需的资源 W_l，基于权重矩阵 W 的 Kuhn-Munkras 算法可以用于解决该问题。

（3）Kuhn-Munkras 算法求解最优匹配的方案流程介绍

由于需要保证二分图左右节点数量相等，因此用户业务的数量总和等于所有基站的资源单元数量之和。

经过了二分图的扩展图的构建和权重的计算，通过 Kuhn-Munkras 算法来实现二分图的扩展图的最优匹配，从而解决基于 QoS 保障的异构网络负载均衡问题，在最小化业务所需资源的情况下，实现用户业务和小区资源单元的一一匹配。

3. 性能分析与仿真评估

接下来，我们对介绍的基于多业务共存的异构网络负载均衡方案进行系统级仿真评估，分别从满意度、系统吞吐量和用户掉话率等方面进行了仿真对比，并对仿真的结果进行分析比较。

（1）仿真环境

本章仍然采用 3GPP 的小小区场景 1 进行仿真分析。小小区和宏小区同频部署；小小区簇内密集部署小小区，假设 2/3 的用户随机均匀地分布在小小区簇内部，其余的用户随机均匀地分布在宏小区内。每个用户同时具备两种业务，这两种业务可能同时连接在宏小区和小小区，也可能同时连接在两个宏小区或者两个小小区，或者只连接在一个小小区。其他仿真参数如表 2-4 所示。

表 2-4　仿真场景参数

仿真参数	
布局	宏小区：六边形蜂窝形状，每个宏基站 3 个扇区 小小区：小小区随机均匀地分布在簇内
系统带宽	20MHz
基站总发送功率	宏小区：46dBm 小小区：30dBm
路径损耗	宏小区：ITU UMa 小小区：ITU UMi
每个宏小区覆盖下的小小区簇数量	1
每个簇内小小区的数量	4
宏基站之间距离	500m
UE 数量	60～300
天线增益	宏小区：17dBi 小小区：5dBi
天线间隔	小区：5 波长 移动台：0.5 波长
话务模型	业务 1：话音业务速率门限值 55Kbps 业务 2：视频业务速率门限值 1Mbps
热噪声	−174dBm/Hz
$\tau_{i,1}$，$\tau_{i,2}$	0.1，0.3

(2) 对比算法

仿真中将基于多业务共存的异构网络负载均衡方案（KMML）与以下两个方案作比较：

对比方案一：一般多业务负载均衡方案（MTLB）[15]；

对比方案二：非负载均衡（No-LB）。

(3) 仿真结果

图 2.10 显示了三种方案随着用户数量增加，用户满意度的变化关系。可以看出，所介绍的基于多业务的异构网络负载均衡方案在用户满意度方面明显优于其他两种方案。由于资源有限，在三种方案中，用户满意度随着系统内用户数量的增加，增长的速率逐渐缓慢。No-LB 系统中存在负载不均衡问题，而 MTLB 方案对不同业务设定不同的阈值实现动态负载均衡，相比于 No-LB 方案，该方案有一定的增益。本小节所提的多业务共存的异构网络负载均衡技术考虑了系统资源利用率，首先预测得到每个小区中对不同业务的最优资源利用率和每个用户所支持的不同业务所分配的最优资源，再基于预测值进行负载均衡，实现用户业务和小区的最优匹配，可以使用户满意度得到进一步的提升。

图 2.11 显示了三种方案随着用户数量增加，不同业务掉话率的变化关系。可以看出所提的 KMML 方案的语音业务的用户掉话率和视频业务的用户掉话率明显小于 MTLB 方案和 No-LB 方案。这是因为 MTLB 方案中通过动态改变不同业务的门限值

进行负载均衡，然而并没有考虑系统资源利用率。由于视频业务所需的资源多于语音业务，所以，视频业务的用户掉话率明显高于语音业务的用户掉话率。当用户数量增加时，拥塞小区的总资源达不到小区内用户所需的总资源，导致用户掉话。

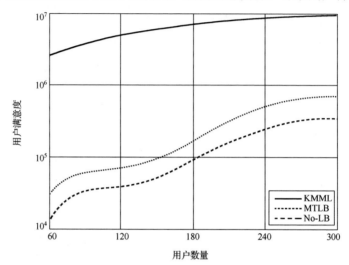

图 2.10　三种方案中的用户满意度随用户数量变化的曲线

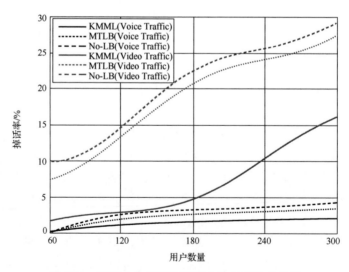

图 2.11　不同业务掉话率随用户数量变化的曲线

图 2.12 显示了三种方案随着用户数量的增多，系统吞吐量的变化。从图中可以看出 KMML 方案的系统吞吐量明显高于 MTLB 方案和 No-LB 方案。在负载均衡过程中，更多的流量负载动态切换至其他小区，因此 KMML 方案和 MTLB 方案能够取得更高的系统的吞吐量，然而 MTLB 方案只对多业务进行动态阈值调整，并未考

虑系统资源利用率。在 No-LB 方案中，当用户数量很大时，吞吐量增加速率变得缓慢，这是因为密集异构网络中的负载不均衡现象更为严重，小区中用户所需的总资源超出了小区的总资源。

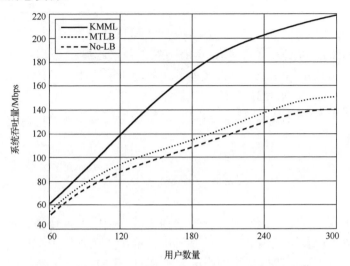

图 2.12　三种方案中的系统吞吐量随用户数量变化的曲线

如图 2.13 所示，比较了三种方案中资源利用率和小小区数量的关系，通过所示数据分析 KMML、MTLB、No-LB 三种方案的方差值，方差结果如表 2-5 所示。

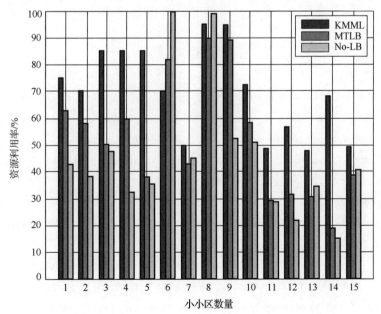

图 2.13　三种方案中的资源利用率随小小区数量变化的曲线

表 2-5　KMML、MTLB、No-LB 三种方案的方差值

KMML 方案	MTLB 方案	No-LB 方案
0.0280	0.0502	0.0583

从表 2-5 可知，KMML 方案的方差值小于 MTLB 方案，MTLB 方案的方差值小于 No-LB 方案的方差值，这表明 KMML 方案的离散程度小于 MTLB 方案和 No-LB 方案。因此，所介绍的 KMML 方案能够更好地平衡小小区间的资源利用率，该方案优于 MTLB 方案和 No-LB 方案。这是由于 MTLB 方案只对多业务进行动态阈值调整，并未考虑系统资源利用率，No-LB 方案使得拥塞小区和低负载小区之间的资源分配不均衡。

2.3　本 章 小 结

本章中研究了 5G 异构密集网络中面向负载均衡的业务迁移技术。首先介绍了负载均衡的概念以及发展现状，在此基础上，给出了三种用于实现负载均衡的业务迁移技术，分别是基于遗传算法的小区和用户资源需求估计策略、基于 QoS 保障的密集异构网络负载均衡、基于多业务共存下的异构网络负载均衡，并对所介绍的研究方案给出了仿真结果及其分析。结果表明，用于实现负载均衡的业务迁移技术能够实现系统中用户与业务资源的最优匹配，从而最大化系统资源利用率，降低系统阻塞概率，提高系统吞吐量和用户满意度。

参 考 文 献

[1]　Webb W. Wireless Communications: The Future. New Jersey: John Wiley & Sons, 2007.

[2]　Tonguz O K, Yanmaz E E. On the theory of dynamic load balancing// IEEE Global Telecommunications Conference, IEEE, 2003: 3626-3630.

[3]　Xu C, Francis C. Iterative dynamic load balancing in multicomputers. Journal of the Operational Research Society, 1994, 45(7): 786-796.

[4]　Franceschelli M, Giua A, Seatzu C. Load balancing on networks with gossip based distributed algorithms//Proceedings of 46th IEEE Conference on Decision and Control, New Orleans, LA, USA, 2007: 500-505.

[5]　Wang Z, Zhang W. A separation architecture for achieving energy-efficient cellular networking. IEEE Transactions on Wireless Communications, 2014, 13(6): 3113-3123.

[6]　Xu X, Dai X, Liu Y, et al. Energy efficiency optimization-oriented control plane and user plane adaptation with a frameless network architecture for 5G. EURASIP Journal on Wireless

Communications & Networking, 2015,159(1): 3113-3123.

[7] Awada A, Wegmann B, Viering I, et al. A game-theoretic approach to load balancing in cellular radio networks// 21st Annual IEEE International Symposium on Personal, Indoor and Mobile Radio Communications, IEEE, 2010: 1184-1189.

[8] Tseng C C, Wang C C, Kuo F C, et al. A load-balancing handoff mechanism for two-tier femtocell networks: A game theory//2013 IEEE Global Communications Conference (GLOBECOM), IEEE, 2013: 4723-4728.

[9] Peddi S B, Patil S R. Game theory based vertical handoff decision model for media independent handover in heterogeneous wireless networks// International Conference on Wireless Communications, Signal Processing and Networking (WISPNET), IEEE, 2016: 719-724.

[10] Alaca F, Sediq A B, Yanikomeroglu H. A genetic algorithm based cell switch-off scheme for energy saving in dense cell deployments//2012 IEEE Globecom Workshops, IEEE, 2012: 63-68.

[11] Pao W C, Lu Y F, Shih C Y, et al. Genetic algorithm-based power allocation for multiuser MIMIO-OFDM femtocell networks with ZF beamforming//2013 IEEE 78th Vehicular Technology Conference (VTC Fall), IEEE, 2013: 1-5.

[12] Chen L, Wang B, Chen X, et al. Utility-based resource allocation for mixed traffic in wireless networks//2011 IEEE Conference on Computer Communications Workshops (INFOCOM WKSHPS), IEEE, 2011: 91-96.

[13] Li M, Xu X, Wang Y, et al. Game theory based load balancing in small cell heterogeneous networks//2015 International Conference on Connected Vehicles and Expo(ICCVE), IEEE, 2015: 26-31.

[14] Marwat S N K, Zaki Y, Goerg C, et al. Design and performance analysis of bandwidth and QoS aware LTE uplink scheduler in heterogeneous traffic environment//2012 8th International Wireless Communications and Mobile Computing Conference (IWCMC), IEEE, 2012: 499-504.

[15] Huang Z, Liu J, Shen Q, et al. A threshold-based multi-traffic load balance mechanism in LTE-A networks//2015 IEEE Wireless Communications and Networking Conference (WCNC), IEEE, 2015: 1273-1278.

第 3 章　面向系统能效提升的业务迁移技术

绿色节能是未来网络发展的重要方向之一，其中能量效率(能效)是 5G 网络的重要性能指标，也是评估新技术/新方案的重要指标。未来无线网络在用户体验速率、连接数密度、流量密度等方面都提出了很高的要求。在解决这些问题的过程中，小区部署与管理成为关键的挑战之一，复杂的部署场景又会带来能效、频谱效率、成本效率等一系列问题。本章主要通过用户主动的业务迁移及动态适配技术，实现系统能效的提升。

3.1　绿色业务迁移技术

在 5G 异构密集网络的研究过程中，蜂窝网络中小小区基站的密集部署可提升网络容量，扩展基站的覆盖范围，减轻宏小区基站中的业务流量负载。但是小小区基站的密集部署也造成了更多的能量消耗，在部分区域的重叠覆盖也使得部分基站资源没有得到充分的利用，还有可能加重同频干扰问题。因此，如何高效地利用已部署的宏小区基站和小小区基站，成为移动网络关注的关键问题。

业务迁移技术是可以在流量负载大或网络效率低的情况下，将业务从一个小区基站迁移到另一个小区基站的技术。从无线网络属性上，业务迁移可以分为：从遵循 3GPP 标准的无线网络迁移到 Wi-Fi 上[1, 2]，在遵循相同的 3GPP 标准的无线网络中的基站间迁移(如用户在多个小小区基站间迁移)，在遵循不同的 3GPP 标准的无线网络中的小区基站之间迁移(如用户在宏小区基站和小小区基站间迁移)。从时延上，业务迁移可以分为：允许时延的迁移和瞬时迁移。基于时延的迁移方法不仅考虑了能效提升的要求，还考虑了业务对时延的敏感度，体现了时间对业务迁移策略的影响。

本章重点介绍 5G 异构密集无线网络中基站间的业务迁移，虽然参与迁移的小区基站包括宏小区基站与小小区基站，但不区分它们的网络属性和迁移顺序，仅以能效提升作为是否进行业务迁移的依据。在异构密集无线网络中，不同制式的网络系统可以协作为用户提供服务，以能量效率提升为目标，将业务迁移到合适的小区基站上，并根据业务需求合理分配无线网络资源，以达到节能减排的目的。

3.1.1　用户主动的绿色业务迁移技术

5G 无线网络未来的用户分布将越来越密集,密集部署的小区基站与庞大用户之

间的关系需要进一步研究。用户与小区基站建立连接是通信的重要过程，用户对小
区基站信号经过同步与测量，选择最合适的小区基站建立连接。在多层异构密集无
线网络中，用户与小区基站的连接关系不再是简单地与最近的小区基站进行连接，
而是存在多种可能的连接匹配关系。用户与小区基站之间存在三种匹配关系[3, 4]：
①宏小区基站为用户提供服务；②一个小小区为用户提供服务；③多个小小区为用
户提供服务。随着小区基站侧性能或用户需求的改变，用户与异构小区基站之间的
连接可以进行无缝切换。

　　用户与宏小区基站和小小区基站的不同连接方式在异构密集无线网络中都可
以同时存在，可以在同一时间由不同的用户与基站连接体现，或者由同一用户在
不同时刻体现。以用户业务 QoS 为中心的连接与部署方式，最重要的目标是满足
用户需求。

　　用户主动业务迁移技术着眼于探索用户与基站之间的动态关系，可以提高异
构密集无线网络的能量效率[2-6]。考虑用户与小区基站匹配问题，将用户根据业
务 QoS 需求合理地分配在整个无线网络系统中。可以采用 VCG 拍卖模型决定用
户被迁移到最适合的小区基站上，并评估主动迁移方案的能量效率性能增益。用
户在迁移之前可以与任意小区基站进行连接，在异构密集部署网络中，用户的周
围必然存在多个候选可接入的宏小区基站或小小区基站。与被动业务迁移不同，
主动的业务迁移是指为了使系统或整个范围内的小区基站和用户获得更大的收
益和性能增益的技术。二者的区别在于，主动迁移中宏小区基站处于重负载状态
不是一个必需的触发条件。主动迁移可以主动地平衡系统容量分布，避免出现小
区基站过载，并尽可能地获得整个异构密集无线网络系统的最大收益，如系统能
量效率。其中，业务迁移既可以是从宏小区到小小区上，也可以是从小小区迁移
到宏小区上。

　　可以将拍卖理论作为理论依据来决定业务迁移过程中小区基站的选择。在相关
拍卖理论模型中，候选小区被看作投标者，以满足数据速率需求为限制条件，候选
小区将自己的资源作为出价进行投标，该资源可以是小区基站的发射功率，通过拍
卖过程来决定是否迁移以及最优的迁移目标小区基站。

　　综上所述，用户主动的绿色业务迁移(Active Green Offloading，AGO)是一种以
用户 QoS 为中心，主动调整用户的迁移基站的技术。在异构密集无线网络中，密集
部署的小小区基站的覆盖半径减小，并且覆盖范围之间相互重叠，导致小区边缘用
户数的进一步增加[7]。本章所介绍的 AGO 策略以提高能量效率为目标，将用户业务
迁移到最合适的小区基站。

3.1.2　主动绿色业务迁移研究现状与目标

　　异构密集无线网络中小小区基站的部署增强了网络的容量，扩展了基站的覆盖

范围，减轻了宏小区基站中的繁重业务流量负担。凭借上述优势，全球的无线网络运营商都在宏小区基站的覆盖范围内大量部署小小区基站。据统计，已经部署的小小区基站总数已经超过了宏小区基站的数量，但仅依靠增加小小区基站的数量并不是一个最有效地满足业务增长需求的方式。大量新基站的部署必然伴随着更多的能量消耗，如何充分高效地利用已部署的宏小区基站和小小区基站成为无线移动通信行业的关键问题。为了解决这个问题，异构密集网络中迁移策略的设计成为研究者们关注的重点。

当前，已经有一些对于异构密集无线网络中的业务迁移技术的研究[8-12]。在文献[8]中，业务迁移的目标是在时延容忍网络场景中最小化激励成本，即将业务以最小的成本在可容忍的时间内完成数据的传输和计算。文献[9]通过拍卖的方式最大化网络中用户的公平性。进一步，文献[10]在时域上采用拍卖理论，得到时间维度的业务迁移策略。文献[11]介绍了基于部分频率复用的流量迁移算法来提高系统能量效率，通过将业务迁移与频率复用方案相结合，小区边缘用户的吞吐量得到了改善。文献[12]引入了激励方案来激励小小区承担更多的迁移流量，并允许无线网络运营商为不同的小小区基站设置不同的迁移偏好。文献[13]以增加网络容量为目标，提出了一种从宏小区基站向毫微微小区业务迁移方案。文献[14]分析了宏小区基站和毫微微小区共享基站站点时的业务迁移给网络容量和能量带来的提升。文献[9]提出了基于部分频率复用的迁移方案。文献[10]提出了一种基于反向拍卖机制和贪婪算法的流量迁移方案，该方案激励小小区基站的用户租用未被充分利用的频谱，以提高异构密集无线网络的系统性能。

在理论分析方法方面，随机几何理论和博弈论是两种最常用的方法。其中，随机几何理论被用来分析网络的平均迁移增益[13]，博弈论被应用于迁移方案的[11, 12]设计。此外，拍卖理论也常被用来进行迁移方案的优化。文献[14]采用正向拍卖模型评估不同类型网络间的迁移性能。文献[10]、[15]基于反向拍卖模型分析了不同类型网络间的迁移性能。

3.2　提升系统能效的绿色业务迁移策略

3.2.1　网络模型

如图 3.1 所示，异构密集无线网络中部署了两种发射功率和覆盖范围不同的小区基站，即宏小区基站和小小区基站。假设网络的控制平面和用户平面是分离的，其中宏小区基站主要作为控制平面的实体中心，管理覆盖区域内用户的控制信息，但其同时也可以作为用户平面的一部分，为用户提供高速率。部署的小小区基站主要作为用户平面实体，向覆盖范围内的用户提供高速率。宏小区基站相当于一个中央计算处理单元，可以将用户迁移到最合适的目标小区基站上。通常，用户业务被迁移到小小区基站，但信令仍由宏小区基站控制。如果用户只是移出了当前的小小区基站覆盖区域，则用户的控制面不需要切换，仍由当前的宏基站管理，仅切换数据平面提供数据服务的小小区基站。

　　为了提升网络的能量效率，宏小区基站可以将用户或者业务迁移到小小区基站。同理，小小区基站上的用户也有可能被迁移到宏小区基站上，但无论如何改变服务小区，都必须保证用户的服务质量。在本章中，绿色业务迁移策略的主要目标是通过业务迁移提高系统的能量效率，协作通信技术也应用在异构密集无线网络中的多个小小区基站间。例如，用户可以与宏小区基站或单个小小区基站或由以 CoMP 为代表的协作通信技术支持的多个协作小小区基站相连接，相关内容参见第 4 章的详细描述。

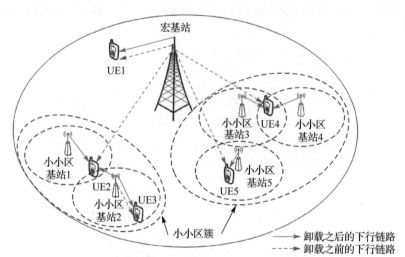

图 3.1　异构密集无线网络中的基站与用户的部署及连接场景（见彩图）

　　图 3.1 是一个典型的异构密集无线网络中的用户与基站连接的典型部署场景。虚线表示迁移前的下行链路信号，实线表示迁移后的下行链路信号。在图 3.1 中，在一个宏小区基站控制范围内存在两个小小区基站簇，两个宏小区基站簇中共包含了五个小小区基站。迁移前，除了用户 3(UE3)之外的所有用户都与宏小区基站建立连接。用户 1(UE1)因为没有被小小区基站覆盖所以无法被小小区基站服务，因此继续保持与宏小区基站的连接，宏小区基站对 UE1 既提供信令控制服务也提供数据传输服务。用户 2，4，5(UE2，UE4，UE5)被迁移到了小小区基站上，其中 UE2 和 UE4 由基于 CoMP 技术的两个小小区基站提供服务。UE3 仍然与原来的小小区基站相连接而无须迁移。

3.2.2　系统能量效率

因为用户连接和迁移都是长期过程，所以用户与基站之间的信道快衰落效应被平均化，故本场景中无需考虑链路模型中的瑞利衰落和阴影衰落。

本节所研究的系统的总体能量效率定义为所有用户的容量除以系统消耗的总功率，如式 (3-1) 所示，

$$EE_{system} = \frac{\sum_{k,k \ne j} C_k + C_j}{\sum_{k,k \ne j} P_k + P_j} \tag{3-1}$$

其中，EE_{system} 表示系统整体能量效率，C_j 表示当前研究的用户 j 的容量，P_j 表示小区基站为当前研究的用户 j 提供服务时的发射功率，C_k 表示用户 k 的容量，P_k 表示小区基站为用户 k 提供服务时的发射功率。

单个用户 j 的能量效率 EE_j 表示如下，

$$EE_j = \frac{C_j}{P_j} = \alpha \tag{3-2}$$

在本方案中将其定义为常数 α，则

$$P_j = \frac{C_j}{\alpha} \tag{3-3}$$

将上述 P_j 的表达式代入式 (3-1) 中，即可得到，

$$EE_{system} = \frac{\sum_{k,k \ne j} C_k + C_j}{\sum_{k,k \ne j} P_k + \dfrac{C_j}{\alpha}} \tag{3-4}$$

其中，j 表示当前研究的用户，k 表示系统中除了 j 用户外的其他用户。分析式 (3-4)可知，在保持 k 用户的消耗功率和容量不变且满足用户 j 的容量需求的情况下，单个用户 j 的能源效率提高能使整个系统能源效率提升。为了提高系统能量效率，优化网络资源分配，可通过在保证用户速率的前提下降低发射功率来实现。

在提升系统能量效率时，需要保证单个用户的速率需求，即在确保用户的最低速率的前提下，尽可能地提高用户的能量效率，此时可记作条件概率 ρ：

$$\rho = \boldsymbol{P} \left(\frac{\log(1 + SINR)}{P} > \frac{C}{P_0} \Big| \log(1 + SINR) > C \right)$$

$$= \frac{P\left(\dfrac{\log(1+\text{SINR})}{P} > \dfrac{C}{P_0}, \log(1+\text{SINR}) > C \right)}{P(\log(1+\text{SINR}) > C)}$$

$$= \frac{P\left(\dfrac{\log(1+\text{SINR})}{C} > \dfrac{P}{P_0}, \dfrac{\log(1+\text{SINR})}{C} > 1 \right)}{P\left(\dfrac{\log(1+\text{SINR})}{C} > 1 \right)}$$

(3-5)

其中，P 表示用户需求速率，P_0 表示迁移前服务基站的发射功率，P 表示迁移后服务基站的发射功率。

当 $\dfrac{P}{P_0} \leqslant 1$ 时，

$$P\left(\frac{\log(1+\text{SINR})}{C} > \frac{P}{P_0}, \frac{\log(1+\text{SINR})}{C} > 1 \right) = P\left(\frac{\log(1+\text{SINR})}{C} > 1 \right) \qquad (3\text{-}6)$$

基于式 (3-6)，条件概率 ρ 将变换为

$$\rho = \frac{P\left(\dfrac{\log(1+\text{SINR})}{C} > \dfrac{P}{P_0}, \dfrac{\log(1+\text{SINR})}{C} > 1 \right)}{P\left(\dfrac{\log(1+\text{SINR})}{C} > 1 \right)} = \frac{P\left(\dfrac{\log(1+\text{SINR})}{C} > 1 \right)}{P\left(\dfrac{\log(1+\text{SINR})}{C} > 1 \right)} = 1 \qquad (3\text{-}7)$$

即 $P \leqslant P_0$ 时，能效提升概率为 1，这意味着当用户从高发射功率小区基站被迁移到低发射功率基站上时，系统能量效率一定会得到提升。

当 $\dfrac{P}{P_0} > 1$ 时，

$$P\left(\frac{\log(1+\text{SINR})}{C} > \frac{P}{P_0}, \frac{\log(1+\text{SINR})}{C} > 1 \right) = P\left(\frac{\log(1+\text{SINR})}{C} > \frac{P}{P_0} \right) \qquad (3\text{-}8)$$

则条件概率 ρ 将变换为

$$\rho = \frac{P\left(\dfrac{\log(1+\text{SINR})}{C} > \dfrac{P}{P_0}, \dfrac{\log(1+\text{SINR})}{C} > 1 \right)}{P\left(\dfrac{\log(1+\text{SINR})}{C} > 1 \right)} = \frac{P\left(\dfrac{\log(1+\text{SINR})}{C} > \dfrac{P}{P_0} \right)}{P\left(\dfrac{\log(1+\text{SINR})}{C} > 1 \right)} \qquad (3\text{-}9)$$

当 $P > P_0$ 时，能效提升概率表示为 $\dfrac{P\left(\dfrac{\log(1+\mathrm{SINR})}{C} > \dfrac{P}{P_0}\right)}{P\left(\dfrac{\log(1+\mathrm{SINR})}{C} > 1\right)}$。

3.2.3　基于拍卖理论的绿色业务迁移策略

拍卖理论是经济学中的一个重要理论，它是一种可以找到全局最优解的数学方法。拍卖理论有四种基本拍卖形式：英格兰式拍卖法，荷兰式拍卖法，第一价格密封拍卖法和第二价格密封拍卖法。其中，第二价格密封拍卖可以预测卖方和买方的收益，其中最高出价者获胜，但向卖方支付第二高出价。VCG 模型通常用于第二价格密封拍卖模型，它满足激励相容性和个体理性的条件。在拍卖过程中，买家是一个弱势主导策略，卖家和买家都可以获得预期的回报。通过 VCG 模型，用户将在迁移过程中找到最佳目标基站。

在经济学中，拍卖是确定有价值或无价值物品的价格的常用手段。目前，拍卖理论已经广泛应用于无线网络的各个研究领域，如认知网络中的动态频谱管理问题，异构密集网络中的用户接入等问题的研究。拍卖模式特别适用于解决存在信息交换和定价的问题，而逆向拍卖模式可以用于一个买家提供合理报价并从多个卖家处获得服务的情况。业务或流量迁移过程适用于反向拍卖方法，即需要被迁移的用户被视为买方，而多个候选基站则充当卖方。

在异构密集无线网络中，应用 VCG 拍卖模式研究业务迁移面临的两个主要问题是：

(1)迁移用户充当买方，从作为卖方的多候选基站中的某一个或多个基站中获得服务。候选基站通过定价以竞争为迁移用户服务的机会，并且出价竞标的目的是希望提高自身的性能指标，如吞吐量或能量效率，本章选取能量效率作为小区性能优化目标。

(2)候选小区基站提供的出价可以是它们可提供的发射功率。买方需要用反向拍卖确定的价格来获得服务，其中价格通常被定义为迁移决策的机会成本。

应用基于 VCG 的拍卖理论来解决上述挑战，其目标是优化小区基站能量效率，选择一个最佳的迁移小区基站。在优化过程中，约束条件包括保证迁移的用户速率要求。VCG 拍卖模式包括三个要素：分配函数，支付函数和收益函数。VCG 拍卖模式将满足激励相容性和个体理性，在用户迁移过程中有 j 个基站参与作为卖方，而被迁移的用户是买方。VCG 拍卖模式的基本要素介绍如下。

投标(P_j)：基站用自己的资源作为出价进行投标，如第 j 个基站可以提供给用户的发射功率 P_j，其值小于等于基站 j 的所有可用资源。

私有值(V_j)：每一个小区基站知道自己的可用资源，并且该资源信息无法被其他小区基站获知以保证投标的真实性。V_j表示第j个基站中的可用资源，其仅有第j个基站自己知道。

在基于 VCG 的拍卖过程中，当满足条件$P_j = V_j$时，拍卖过程是诚实的，此时是一个弱势主导策略。在本节中，假设所有参与投标的基站都会诚实地出价和提供可用资源。

假设$\boldsymbol{P} = \{P_1, P_2, \cdots, P_j\}$是表示 VCG 拍卖过程中分配函数的投标结果，表示候选小区基站在满足迁移用户的速率要求的条件下提供的发射功率。P_j的取值可以为 0 或任意小于等于小区基站能提供的资源值。

(1) 分配函数

本节的研究目标为在用户数据速率受限的情况下最小化网络给所有用户分配的发射功率，问题建模如下，

$$\min \sum_j P_j \tag{3-10}$$

$$\text{s.t. } C_j = \log(1 + \text{SINR}_j) \geqslant C \tag{3-11}$$

其中，C为最小的数据速率阈值，SINR_j是第j个基站对用户的信干噪比，其具体表达如式(3-12)所示，

$$\text{SINR}_j = \frac{P_j x_j^{-\alpha_j}}{\sum_i P_i x_i^{-\alpha_i} + N} \tag{3-12}$$

其中，x_j是用户到第j个基站的距离，α_j是路径损耗因子，N是白噪声。

业务迁移过程以最小化功率消耗为目标，用户速率要求为约束条件来建立优化模型，该问题由动态规划方法解决。

第j个候选基站的带宽资源由多个功率资源块组成，本小节将所提原始问题转化为背包问题，在问题转化之后，为了保障能够对任意多资源的选择，因此考虑引入二进制的转换情况。一个具有M_j个功率资源块的候选基站被分成多个功率资源块组，这些功率资源块组分别具有$1, 2, 2^2, 2^3, \cdots, M_j - 2^{k-1} + 1$个资源块。第$j$个候选基站参与 0-1 背包问题的功率资源块组的个数为$\lceil \log M_j \rceil$。

对所有功率资源块组按二进制分组后重新编号，c_x是x阶段的容量，它表示第j个基站的i功率资源块组，对应的值是v_x。

x阶段的容量是

$$c_x = \omega[i, j] = \log(1 + \text{SINR}_j^i) \tag{3-13}$$

相对应的v_x值为

$$v_x = v[i,j] = P_j^i \tag{3-14}$$

迭代方程为：

$$F[x,c] = \min\{F[x-1,c], F[x-1,c-c_x]+v_x\} \tag{3-15}$$

在式 (3-15) 中，$F[x,c]$ 是 x 阶段中发射功率的最小值，c 表示根据当前阶段的背包剩余空间，在本模型中 c 表示为基站所能提供的额外的容量。c_x 表示选择 x 阶段时能提供的容量。v_x 表示选择 x 阶段时能提供的发射功率。

初始化值如下：背包的重量是 C，即迁移用户的容量需求。初始值为 $F[0,c]=0$，$F[x,0]=0$。值得说明的是，第 j 个候选基站最多有 $\lceil \log M_j \rceil$ 个阶段。

（2）支付函数

在传统的支付函数中，如前所述，鼓励投标小区基站如实设定自己的投标发射功率。因此，与相应投标小区基站实现能量效率相同的回报，关于迁移用户吞吐量阈值 C，将 η_1 和 η_2 定义为式 (3-16) 和式 (3-17)，

$$\eta_1 = \eta_{\boldsymbol{P}\backslash\{P_j\}} \tag{3-16}$$

$$\eta_2 = \eta_{\boldsymbol{P}} - \eta_{P_j} \tag{3-17}$$

其中，η_1 表示没有候选基站 j 参与投标的情况下，最优分配解决方案下的系统能量效率。η_2 表示当前最优分配过程结果下的除了第 j 个候选基站外的系统能量效率。第 j 个候选基站的机会成本被定义为 η_1 和 η_2 的差，如下所示：

$$p_j = \eta_1 - \eta_2 = \eta_{\boldsymbol{P}\backslash\{P_j\}} - (\eta_{\boldsymbol{P}} - \eta_{P_j}) \tag{3-18}$$

（3）收益函数

$$\mathrm{EE}_j = \frac{C_j}{P_j} \tag{3-19}$$

$$\mathrm{EE}_m = \max_j(\mathrm{EE}_j) \tag{3-20}$$

获胜者是获得最高系统能量效率的基站，即当前用户通过主动拍卖过程可以获得最大的系统收益。

本节分析了所介绍的逆向拍卖模型的性质。根据基于 VCG 的逆向拍卖模型，需要证明个人理性和真实性这两个属性。

个人理性：当支付函数阶段中每个参与投标基站的效用大于零时，该算法对于每个中标人都是个人理性的。即

$$p_j = \eta_1 - \eta_2 \geqslant 0 \tag{3-21}$$

真实性：对于每个投标人而言，真实性意味着每个投标人的投标价格等于其私有值。这是一个弱势主导策略。如果基站的招标是不真实的，能量效率可能不是最大的。为了获得最大的能量效率，分配应如下所示：

$$p_i = \eta_{\boldsymbol{P}\setminus\{P_i\}} - (\eta_{\boldsymbol{P}} - \eta_{P_i}) \tag{3-22}$$

$$\begin{aligned}
\delta &= p_i - p_j \\
&= \eta_{\boldsymbol{P}\setminus\{P_i\}} - (\eta_{\boldsymbol{P}} - \eta_{P_i}) - \left[\eta_{\boldsymbol{P}\setminus\{P_j\}} - (\eta_{\boldsymbol{P}} - \eta_{P_j})\right] \\
&= \eta_{\boldsymbol{P}\setminus\{P_i\}} - \eta_{\boldsymbol{P}} + \eta_{P_i} - \eta_{\boldsymbol{P}\setminus\{P_j\}} + \eta_{\boldsymbol{P}} - \eta_{P_j} \\
&= \eta_{\boldsymbol{P}\setminus\{P_i\}} + \eta_{P_i} - \eta_{\boldsymbol{P}\setminus\{P_j\}} - \eta_{P_j} \\
&= (\eta_{\boldsymbol{P}\setminus\{P_i\}} + \eta_{P_i}) - (\eta_{\boldsymbol{P}\setminus\{P_j\}} + \eta_{P_j})
\end{aligned} \tag{3-23}$$

基于上述模型，由于 $p_i \leqslant p_j$，所以有 $\delta \leqslant 0$，即 $(\eta_{\boldsymbol{P}\setminus\{P_i\}} + \eta_{P_i}) \leqslant (\eta_{\boldsymbol{P}\setminus\{P_j\}} + \eta_{P_j})$，等号只有在 $i = j$ 时才成立，因此，为了获得最大的系统能量效率，每个候选投标基站必须真实地出价。

基于逆向拍卖的绿色业务迁移方案将在收到迁移请求时周期性地开始，对于传统的拍卖过程，通常会出现多轮招标程序，以实现最终的赢家。这一过程不可避免地会给基站等待拍卖方带来额外的时延。对于无线网络来说，用户通常具有时延的要求，这应该在迁移方案中考虑，因此，实施单轮拍卖以防止迁移用户的信息交换开销和相应的时延。所研究的用户的候选迁移基站的数目是有限的，所以由单轮拍卖过程引起的额外延迟是可以接受的，这种延迟避免机制对于采用切换的迁移方案也是可行的。

3.3　本章小结

针对系统能效提升这一重要目标，本章介绍了基于拍卖理论的用户主动绿色业务迁移策略，用于在多 5G 异构密集网络中提高系统能量效率和减轻干扰。通过拍卖理论的主动绿色业务迁移解决方案找到最合适的目标基站，在拍卖过程中应用的 VCG 模型可确保提高能量效率，主动绿色业务迁移策略使得密集部署的网络和用户之间的关系变得更加灵活。本章所介绍的相关技术的仿真评估将在第 4 章中与协作通信技术一同给出。

参 考 文 献

[1]　Xu S, Li Y, Gao Y, et al. Opportunistic coexistence of LTE and WiFi for future 5G system: Experimental performance evaluation and analysis. IEEE Access, 2017, 6: 8725-8741.

[2]　Baldemair R, Irnich T, Balachandran K, et al. Ultra-dense networks in millimeter-wave frequencies. IEEE Communications Magazine, 2015, 53(1): 202-208.

[3]　Andrews J G. Seven ways that HetNets are a cellular paradigm shift. IEEE Communications Magazine, 2013, 51(3): 136-144.

[4]　Baldemair R, Irnich T, Balachandran K, et al. Ultra-dense networks in millimeter-wave frequencies. IEEE Communications Magazine, 2015, 53(1): 202-208.

[5]　Calin D, Claussen H, Uzunalioglu H. On femto deployment architectures and macrocell offloading benefits in joint macro-femto deployments. IEEE Communications Magazine, 2010, 48(1): 26-32.

[6]　Singh S, Dhillon H S, Andrews, J G. Offloading in heterogeneous networks: Modeling, analysis, and design insights. IEEE Transactions on Wireless Communications, 2013, 12(5): 2482-2497.

[7]　Liu L, Garcia V, Tian L, et al. Joint clustering and inter-cell resource allocation for CoMP in ultra dense cellular networks//IEEE International Conference on Communications (ICC), IEEE, 2015: 1-5.

[8]　Zhuo X, Gao W, Cao G, et al. An incentive framework for cellular traffic offloading. IEEE Transactions on Mobile Computing, 2014, 13(3): 541-555.

[9]　Wang J, Liu J, Wang D, et al. Optimized fairness cell selection for 3GPP LTE-A macro-pico HetNets//2011 IEEE Vehicular Technology Conference, 2011: 1-5.

[10]　Hua S, Zhuo X, Panwar S S. A truthful auction based incentive framework for femtocell access//Wireless Communications and Networking Conference (WCNC), IEEE, 2013: 2271-2276.

[11]　Liu Q, Feng G, Qin S. Energy-efficient traffic offloading in Macro-Pico networks// Wireless and Optical Communication Conference (WOCC), IEEE, 2013: 236-241.

[12]　Jia Y, Zhao M, Wang K, et al. An incentivized offloading mechanism via truthful auction in heterogeneous networks//2014 Sixth International Conference on Wireless Communications and Signal Processing (WCSP), 2014: 1-6.

[13]　Calin D, Claussen H, Uzunalioglu H. On femto deployment architectures and macrocell offloading benefits in joint macro-femto deployments. IEEE Communications Magazine, 2010, 48(1): 26-32.

[14] Singh S, Dhillon H S, Andrews J G. Offloading in heterogeneous networks: Modeling, analysis, and design insights. IEEE Transactions on Wireless Communications, 2013, 12(5): 2484-2497.

[15] Ahmed M, Peng M, Ahmed I, et al. Stackelberg game based optimized power allocation scheme for two-tier femtocell network//Wireless Communications & Signal Processing (WCSP), IEEE, 2013: 1-6.

第 4 章　基于协作通信的业务迁移技术

从 4G 的标准化工作开始，用户与小区基站的连接关系除了用户与单个小区基站连接匹配之外，用户与多个小区同时连接的协作通信技术也成为标准，该技术可以有效解决网络中的干扰问题，并应用于 4G 及后续 5G 网络中。本章重点介绍了协作通信下的业务迁移技术，利用其减小宏小区基站和小小区基站异构密集部署下的网络干扰，提高基站的资源利用率和系统能量效率。

4.1　协　作　通　信

为了满足 5G 网络的容量需求，异构密集无线组网成为提供高数据速率的重要方法之一[1-3]。但是，异构密集网络部署下，不同类型小区基站与用户的连接匹配效率低下导致了能源效率较低和干扰严重。其中一种代表技术被称为多点协作传输与接收技术，通过多个小区基站之间的协调来提高小区边缘用户的性能并减少小区间干扰[4]。协作多点传输 (Coordinated Multiple Points Transmission，CoMP) 技术通过将干扰信号转变为有用信号来减轻小区间干扰，并通过多个基站的协调操作，以较低的发射功率满足用户需求来提高能量效率[5, 6]。随着无线网络的进一步演进并标准化，CoMP 技术也向多层基站之间、双连接、动态点选择等方向演进，为 5G 多层异构密集无线网络提供更多支持。

4.1.1　CoMP 技术

CoMP 技术最早引入到 LTE-A 系统中，主要目的是消除小区边缘处的小区间干扰，提高边缘用户的传输速率。在 LTE-A 系统中，同频组网是主要的组网方式，小区间干扰成为影响小区边缘用户性能的主要因素。CoMP 技术可以将干扰信号转化为有用的传输信号来提高边缘用户的速率。

在 CoMP 过程中，选择对用户具有较强干扰的基站作为协作基站，在提高能量效率的同时减少了干扰。在小区基站异构密集部署情况下，小区边缘用户会受到多个干扰，选出与用户接收功率相近的干扰源小区基站，将这部分干扰较大的基站作为候选的协作小区基站。将能否提高系统能量效率成为协作基站的判断依据，这样既可以减少当前用户的干扰又提高了当前用户的容量以及系统的能量效率。如果用户的接收功率与干扰功率相近，则认为这个用户是小区边缘用户，考察这样的边缘用户，并以提高能量效率为目标，将干扰功率变成 CoMP 过程的协作基站。

4.1.2　研究内容与意义

本章将协作技术与主动迁移技术结合起来。当小区边缘用户采用 CoMP 技术时，用户可获得的实际容量远大于其实际提出的请求，此时需要对这部分边缘用户进行功率控制。

为保证迁移用户性能、减轻小区间干扰，被迁移到小小区边缘区域的用户将使用 CoMP 技术进一步提高能量效率，以探索协作带来的好处。在协作传输过程中，对用户干扰较强的基站将被选为协作基站，在提高有用信号强度的同时也有效抑制了干扰。已有研究工作的仿真结果表明，CoMP 技术能够有效减少干扰，进一步提高迁移过程的能量效率。在此基础上，对基站进行功率分配，进一步抑制干扰以提高系统的能量效率。

4.2　基于协作通信的业务迁移技术

本章以提高能量效率为目标，以满足用户速率需求为限制条件，利用拍卖理论将协作传输场景下的用户迁移建模为背包问题并求解。此外，通过基于超模博弈的功率分配，进一步提高协作通信系统的系统能量效率。仿真结果评估了系统能量效率在主动迁移、协作通信和功率分配的三个阶段的性能。

4.2.1　支持 CoMP 技术的业务迁移系统模型

CoMP 技术是指多个在地理位置上分离的小区基站协作为同一个用户传输数据或者联合接收来自一个用户的数据，是解决网络中的干扰问题和提升边缘用户容量的有效手段，打破了小区边缘的限制，形成了无框架网络小区架构。参与协作的小区基站分为主服务小区基站和协作小区基站。边缘用户是指地理位置处于宏小区边缘或者小小区边缘的用户。本节重点研究边缘用户从宏小区迁移到小小区的策略。将确定将哪些用户迁移到小小区以及他们是否处于小小区边缘，并分析采用 CoMP 技术的系统能量效率。

首先利用 4.2 节中的方法选择最优的小小区进行用户迁移，且该小小区基站为用户的主要服务小区基站。之后，检测被迁移的用户是否位于小区的边缘。如果用户接收到的来自主要服务小区基站的信号功率与从干扰小区接收到的干扰信号功率相近，则该干扰基站可以成为采用 CoMP 技术的进行协作传输的候选基站。由于可能存在多个候选协作基站，将根据对系统能量效率提升的影响进行排序选择。

干扰源基站的发射功率为

$$P_I = \{P_{I1}, P_{I2}, \cdots, P_{Ii}\} \tag{4-1}$$

用户从各干扰小区接收到的功率为

$$P_I = \left\{ P_{I1} x_1^{-\alpha_1}, P_{I2} x_2^{-\alpha_2}, \cdots, P_{Ii} x_i^{-\alpha_i} \right\} \tag{4-2}$$

其中，P_{Ii} 是第 i 个干扰源基站的发射功率。x_i 是用户和第 i 个基站间的距离，α_i 是用户和第 i 个基站间的路损因子。

令 M 表示较大的 m 个干扰功率的干扰源基站集合，$P_t x^{-\alpha}$ 表示主服务小区基站到用户的接收功率，P_t 为主服务基站的发射功率。当 $\dfrac{\sum_i P_{Ii} x_i^{-\alpha_i}}{P_t x^{-\alpha}} \to 1$ 时，用户接收到有用信号强度与其收到一个或多个干扰信号相近，即用户可能位于小区边缘。此时，采用 CoMP 技术可提高用户的容量。

当采用 CoMP 技术时，主服务小区基站和协作小区基站同时为迁移用户服务。此时，用户处的信干噪比 SINR_co 可表示为

$$\text{SINR}_\text{co} = \frac{P_t x^{-\alpha_t} + \sum_i P_{Ii} x_i^{-\alpha_i}}{\sum_i P_{Ii} x_i^{-\alpha_i} - \sum_i P_{Ii} x_i^{-\alpha_i} + N} \tag{4-3}$$

其中，m 个干扰信号变成了有用信号，带来的容量提升如下：

$$C_\text{co} = \log(1 + \text{SINR}_\text{co}) \tag{4-4}$$

$$C_\text{part} = \log\left(1 + \frac{P_t x^{-\alpha_t}}{\sum_i P_{Ii} x_i^{-\alpha_i} + N}\right) \tag{4-5}$$

其中，C_co 表示协作之后用户容量，C_part 表示没有协作时的用户容量，若判断用户支持 CoMP 是否带来了网络系统的通量提升，协作发生时需要如下的限制，

$$C_\text{co} > C_\text{part}$$

CoMP 技术带来了系统容量的提升，更重要的是带来了用户本身容量的大幅提升，并超过了所需的容量。这是因为，在选择主服务小区基站的时候已经满足了其速率的要求，而将干扰转换为有用信号后会更进一步为用户带来容量的提升。在发射功率不变的情况下，容量的提升将会带来能量效率的提升。

4.2.2　基于 CoMP 技术的功率分配

在协作调度和波束协调的辅助下，协作通信为基于 CoMP 技术的多层异构密集

无线网络中的用户建立了服务基站集合[7]。对用户造成严重干扰的小区可以通过 CoMP 选择为协作小区，以减少小区间干扰。对于协作通信的研究，博弈论已被用于异构超密集网络中的功率分配过程。在文献[8]、[9]中，应用 Stackelberg 博弈模型解决功率分配过程中的干扰问题，是具有共享频谱小小区网络的宏小区的一个典型场景。文献[10]中采用基于线性凸定价的非合作博弈，用来解决 CoMP 技术应用过程中的功率控制问题。超模博弈模型也可用于调节发射功率以获得更好的网络性能，首次被 Vives 应用于经济学[11]，它不需要传统优化理论所需的凸性和可微性条件[12]。超模博弈具有纯纳什均衡策略，并且纳什均衡集也具有序列结构，构造超模博弈的效用函数只需满足两个条件：第一个条件是策略具有一定的序列结构空间；另一个条件是目标函数具有特征单调性和一定的弱连续性。

结合 CoMP 技术后，由于迁移后有多个传输链路，系统对其他使用相同频率带宽的用户将带来更多的干扰。为了进一步减少干扰，可以调整 CoMP 技术中的发射功率，进一步提高系统的能量效率，本节介绍了 CoMP 增强的主动绿色迁移（Active Green Offloading，AGO）策略。在所介绍方案中，定义收益函数和成本函数，并使用超模博弈方法来调整基于 CoMP 的迁移过程之后的发射功率。其中，超模博弈是一种非合作博弈模型，其最小均衡解是博弈的纳什均衡。

令 $l \in \{1,2,\cdots,M\}$ 表示参与博弈的小小区基站 l，即有 M 个小小区基站参与 CoMP 过程，并且基站的发射功率被表示为 p_l。N 表示用户接收的加性高斯白噪声方差值，I 表示用户受到的干扰信号的功率。

因此，使用 CoMP 技术的用户可获得的容量为

$$C = \log\left(1 + \frac{P_l x_l^{-\alpha_l} + \mathbf{P}_{-l} x_{-l}^{-\alpha_{-l}}}{I + N}\right) \tag{4-6}$$

为了方便后续表达，经过变换之后，可以得到以下表达式，

$$1 + \frac{P_l x_l^{-\alpha_l} + \mathbf{P}_{-l} x_{-l}^{-\alpha_{-l}}}{I + N} = \mathrm{e}^C \tag{4-7}$$

$$\frac{P_l x_l^{-\alpha_l}}{I + N} = \mathrm{e}^C - \frac{\mathbf{P}_{-l} x_{-l}^{-\alpha_{-l}}}{I + N} - 1 \tag{4-8}$$

基站 l 为 CoMP 用户提供的发射功率为 P_l，获得的容量为

$$f_l(P_l, \mathbf{P}_{-l}) = \log\left(1 + \frac{P_l x_l^{-\alpha_l}}{I + N}\right) = \log\left(\mathrm{e}^C - \frac{\mathbf{P}_{-l} x_{-l}^{-\alpha_{-l}}}{I + N}\right) \tag{4-9}$$

非合作功率控制超模博弈模型中有三个基本要素，分别是：

(1)参与者：主要参与者是为用户提供业务的主服务小区基站以及多个协作小区基站。

(2)策略：小区基站 l 为用户提供服务时的发射功率为 $\{P_l\}=\left\{P_l|P_l\in\left[0,P_{\max}\right]\right\}$。$P_{\max}>0$ 是该频带上的最大发射功率。

(3)效用函数：基站的效用函数为 $u_l(P_l,C_{T_l},P_{T_l}|\boldsymbol{P}_{-l})$。$C_{T_l}$ 是基站 l 可以提供的除当前 CoMP 协作用户之外的总容量。P_{T_l} 是基站 l 可以提供的除当前 CoMP 协作用户之外的总发射功率。$\boldsymbol{P}_{-l}$ 是除基站 l 之外的其他参与博弈的基站向当前用户提供的发射功率集。

这个博弈模型去除了关于效用函数的凸性假设，基站的效用函数包括收益函数和成本函数，定义为

$$u_l(P_l,C_{T_l},P_{T_l}|\boldsymbol{P}_{-l})=a_l\frac{C_{T_l}+f_l(P_l,\boldsymbol{P}_{-l})}{P_{T_l}+P_l}-b_l\sum_i P_l x_i^{-\alpha_l}$$

$$=a_l\frac{C_{T_l}+\log\left(e^C-\dfrac{\boldsymbol{P}_{-l}x_{-l}^{-\alpha_{-l}}}{I+N}\right)}{P_{T_l}+P_l}-b_l\sum_i P_l x_i^{-\alpha_l}\qquad(4\text{-}10)$$

其中，$\dfrac{C_{T_l}+f_l(P_l,\boldsymbol{P}_{-l})}{P_{Tl}+P_l}$ 是基站 l 的收益函数，表示基站 l 可以获得的能量效率。$\sum_i P_l x_i^{-\alpha_l}$ 表示惩罚函数，随着基站 l 发射功率的增加，对其他用户的干扰也会相应增加。a_l 和 b_l 是正值常数。

超模博弈过程的目标是通过功率分配实现每个基站上最大的效用：

$$\max_{0\leqslant p_l\leqslant p_{\max}} u_l(P_l,C_{T_l},P_{T_l}|\boldsymbol{P}_{-l}),\quad l=1,2,\cdots,M\qquad(4\text{-}11)$$

当定义的博弈达到纳什均衡时，假设协作基站的发射功率集为 $\boldsymbol{P}^*=(P_1^*,P_2^*,\cdots,P_N^*)$。超模博弈的存在性和唯一性证明如下。

(1)纳什均衡存在性证明

引理 1：对于任何一个参与者，存在每个常量集 $\boldsymbol{P}_{-l}$，u_l 对变量 P_l 是半连续的。如果博弈是超模博弈，那么其纯策略纳什均衡集合就不是空的。该集合具有最小的纳什均衡 $\boldsymbol{P}_S$ 和最大的纳什均衡 $\boldsymbol{P}_L$。因此，$\boldsymbol{P}_S<\boldsymbol{P}<\boldsymbol{P}_L^{[13]}$。

本章引入了完全异步算法来形成最小的纳什均衡 $\boldsymbol{P}_S$。假定基站 l 根据时间集 $T_l=\{t_1,t_2,\cdots,t_l\}$ 更新发射功率，$T=\{\tau_1,\tau_2,\cdots\}$ 表示轮流的时间点。根据如下的算法 4-1 来获得纳什均衡。

算法 4-1　基于超模博弈的功率分配

1：**While** $t = 0$,

2：初始化发射功率集值，$P = P(0)$.

3：在相同的时间点 $k=1$.

4：**for** 所有 k 和 $\tau_k \in T$

5：**for** 基站 l，$t_l \in T_l$.

6：根据 $P(\tau_{k-1})$ 的值，计算出 $P_l^* = \arg\max u_l(P_l, C_{T_l}, P_{T_l} | P_{-l})$

7：**if** $\gamma_l^* \geqslant \gamma_l^{\text{threshold}}$

8：$P(t_l) = \min(P_l^*, P_{\max})$

9：**else**

10：移除基站 l

11：在下一次迭代计算中继续计算

可以通过算法 4-1 来从策略集的两个边界值(最小值或最大值)获得纳什均衡，最小的均衡将是超模博弈的纳什均衡，即超模博弈中存在纳什均衡解。

(2)纳什均衡唯一性证明

定理 1：如果 P_x，P_y 是博弈的两个纳什均衡解，且 $P_x \geqslant P_y$，对于所有 l，$u_l(P_x) \leqslant u_l(P_y)$，最小的均衡将是超模博弈的纳什均衡。

证明：

对于参与者 l，当 P_l 是固定常数时，每个参与者都会随着 P_{-l} 的增长而减少效用函数值 $u_l(P_l, C_{T_l}, P_{T_l} | P_{-l}) = a_l \dfrac{C_{T_l} + \log\left(e^C - \dfrac{P_{-l} x_{-l}^{-\alpha_{-l}}}{I + N} \right)}{P_{T_l} + P_l} - b_l \sum_i P_i x_i^{-\alpha_l}$。

当 P_x 是固定值并且 $P_{-x} \geqslant P_{-y}$ 时，

$$u_l(P_x, C_{T_l}, P_{T_l} | P_{-x}) \leqslant u_l(P_x, C_{T_l}, P_{T_l} | P_{-y}) \tag{4-12}$$

P_y 也是一个纳什均衡解，所以有

$$u_l(P_x, C_{T_l}, P_{T_l} | P_{-y}) \leqslant u_l(P_y, C_{T_l}, P_{T_l} | P_{-y}) \tag{4-13}$$

因此

$$u_l(P_x) \leqslant u_l(P_y) \tag{4-14}$$

即证明纳什均衡的解唯一存在。

4.3　性　能　评　估

本节对异构协作场景下介绍的 AGO 方案进行系统级仿真评估。首先介绍仿真参数和对比算法。然后，通过对仿真结果证明本章介绍方法的有效性。

4.3.1　仿真环境及参数

仿真环境由 19 个蜂窝宏小区构成，其中每个宏小区基站有 3 个扇区[14]。每个扇区都部署一个小小区基站簇，小小区基站簇由多个小小区基站组成。假设有 2/3 的用户分布在小小区基站集群的覆盖范围内，其余 1/3 的用户均匀分布在宏小区基站的剩余区域。每个用户根据下行参考信号接收功率(RSRP)选择服务基站。小小区基站和宏小区基站同频部署，基站的频率复用因子为 1。此外，资源块(RB)是仿真中的基本资源粒度。本章的仿真参数来自 3GPP 标准[15-17]，具体如表 4-1 所示。

表 4-1　系统仿真参数

系统参数名	系统参数值
载波频率	2GHz
系统带宽	10MHz
宏小区基站总的发射功率	46dBm
小小区基站总的发射功率	30dBm
每簇中小小区基站的个数	4~10
每个宏小区基站中小小区基站簇的个数	3
每个宏小区基站中用户数	60
热噪声的功率谱密度	−174dBm/Hz

根据所介绍的 AGO 方案，选择最合适的服务基站以最大化系统能量效率。在本章中，将所介绍方案的能量效率与 TOFFR 算法[18]和激励方案[19]进行比较。如前所述，TOFFR 算法根据用户在基站总负载约束下，基于 RSRP 选择业务迁移的最优目标基站。为了进一步提高系统能量效率和小区边缘用户的吞吐量，TOFFR 算法将流量迁移与频率复用相结合，使小区边缘用户的吞吐量得到了改善。

4.3.2　仿真结果及分析

1. 小小区基站的数量对系统能量效率的影响

在图 4.1 中，显示了不同方案的系统能量效率与小小区簇中小小区基站密度之间的关系。根据 3GPP 标准,簇中小小区基站的数量设置为 4 个到 10 个不等。从图 4.1

可知，随着每个簇中小小区基站数量的增加，系统的能量效率也在提升。小小区基站可以提供比宏小区基站更高的能量效率。当宏小区基站中存在更多小小区基站时，可以将更多用业务迁移到小小区基站，从而实现系统能量效率的提升。当小小区基站的数量增加到很大时，系统能量效率的增长变慢。这是因为当密集的小小区基站部署加剧了小区间的同频干扰，影响了系统的能效。

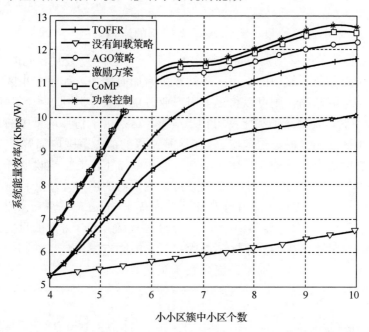

图 4.1　系统能量效率随每个簇中的小小区基站的数量变化的表现与评估

由图 4.1 可知，不管每个簇部署的小小区基站密度如何，所介绍的 AGO 方案都优于 TOFFR 算法和激励方案。当采用迁移技术时，更多原来属于宏小区的流量负载被主动迁移到小小区基站上，此时 AGO、TOFFR 算法和激励方案均实现了系统能量效率的提升。

在 TOFFR 算法中，采用部分频率复用仅能提高小区边缘的用户的能量效率，无法提高位于小区中心区域的用户的能量效率。因此，所介绍的 AGO 方案比 TOFFR 算法具有更好的性能，也更广泛地适用于网络中所有用户。在激励方案中，迁移目标基站的选择部分取决于小小区基站所有者的定价规则，仅考虑个体小小区基站的利益，并不考虑整个系统的收益。从提高系统的能量效率表现来看，AGO 方案优于激励方案。

主动迁移完成之后，采用 CoMP 技术和基于超模博弈的功率分配技术后，系统能量效率得到了进一步的提高。

2. 小小区基站数量对迁移比例的影响

本小节将评估迁移流量的比例对提高能量效率的影响。式(4-15)给出了迁移比例 γ 的定义：

$$\gamma = \frac{\tau_{\text{offloading}}}{\tau_{\text{total}}} \tag{4-15}$$

其中，$\tau_{\text{offloading}}$ 表示迁移流量，τ_{total} 表示系统总的流量。

图 4.2 中显示了迁移比例与每个簇中的不同小小区基站数量之间的关系。图 4.2 表明迁移比例随着每个簇中的小小区基站数量增加而增加。如果宏小区基站覆盖区域中有很多小小区基站，则可以将更多用户业务量负载分流到小小区基站。当迁移比例达到 62％ 时，其继续增加将变得相当缓慢。这是由于仿真场景中的某些特定用户超出了小小区基站簇的覆盖范围。小小区基站簇的覆盖范围内部署了 2/3 的用户，仿真结果也表明所有算法的迁移比例限制只能达到 2/3 左右。这说明迁移限制是由用户分布决定的，只有位于小小区基站簇覆盖范围内的用户才能迁移。仿真结果进一步表明，所介绍的 AGO 方案在迁移比例方面优于 TOFFR 算法和激励方案。这是因为 TOFFR 算法中迁移主要集中在小区边缘用户，而 AGO 方案的目的是最大化系统能量效率，包括小区中心和小区边缘用户。在激励方案中，迁移部分取决于小小区基站所有者的定价规则，而不是提高系统能量效率。

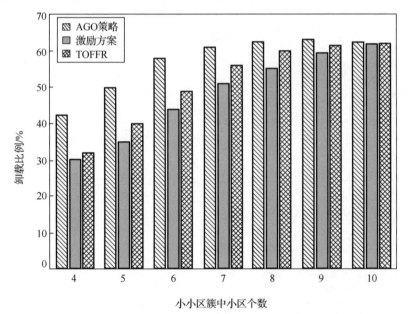

图 4.2　迁移比例与每个小小区簇中小区数量的关系

3. 小小区基站数量对小小区基站簇吞吐量的影响

图 4.3 显示了每个簇的不同小小区基站数量对吞吐量的影响。由图 4.3 可知, 吞吐量随着每个簇中小小区基站数量的增加而增加。当每簇的小小区基站数量很大时, 吞吐量的增长变得缓慢。这是因为当每个簇中的小小区基站数量很大时, 小小区基站簇内的干扰变得严重。图 4.3 中的结果证明了所介绍的 AGO 方案在小小区基站簇吞吐量方面优于 TOFFR 算法和激励方案。正如之前提到的, TOFFR 只涉及小区边缘用户, 而小区边缘用户比其他用户具有更大的路径损耗。激励方案只关注最大限度地提高无线网络运营商的利益。

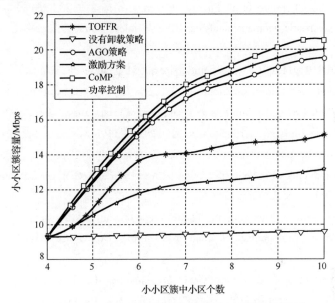

图 4.3　小小区基站簇的容量和簇中小区数量的关系

最后, 图 4.3 的结果还证明了由于干扰被转换成了有用信号, 采用 CoMP 技术可以进一步提高小小区基站簇的吞吐量。采用功率分配技术使得网络吞吐量略有下降, 但由于总发射功率下降, 系统能量效率依然能得到提高。

4.4　本　章　小　结

本章介绍了基于协作通信和功率分配基础上的用户主动绿色业务迁移策略, 用在多层异构密集网络中提高系统能量效率和减轻干扰。协作通信技术通过将干扰转化为有用信号来提高处于小小区边缘的迁移用户的性能。为了进一步提高能量效率, 介绍了基于超模博弈的功率分配方案。仿真结果表明所介绍的用户主动绿色业务迁移方案在提升系统容量和网络能效方面具有明显优势。

参 考 文 献

[1] Liu Y, Zhang Y, Yu R, et al. Integrated energy and spectrum harvesting for 5G wireless communications. Network IEEE, 2015, 29(3): 75-81.

[2] López-Pérez D, Ding M, Claussen H, et al. Towards 1 Gbps/UE in cellular systems: Understanding ultra-dense small cell deployments. IEEE Communications Surveys & Tutorials, 2015, 17(4): 2078-2101.

[3] Zhang T K, Zhao J, Lu A, et al. Energy efficiency of base station deployment in ultra dense HetNets: A stochastic geometry analysis. IEEE Wireless Communications Letters, 2016, 5(2): 184-187.

[4] 3GPP TR 36.819(v11.0.0), 3rd generation partnership project; Technical specification group radio access network; Coordinated multi-point operation for LTE physical layer aspects, 2011.

[5] Davydov A, Morozov G, Bolotin I, et al. Evaluation of joint transmission CoMP in C-RAN based LTE-A HetNets with large coordination areas//Globecom Workshops, IEEE, 2013: 801-806.

[6] Peng S, Zhang L, You M, et al. Performance of uplink joint reception CoMP with antenna selection for reducing complexity in LTE-A systems//Wireless Communications and Networking Conference (WCNC), IEEE, 2015: 1-6.

[7] Su L, Yang C, Han S. The value of channel prediction in CoMP systems with large backhaul latency//Wireless Communications and Networking Conference (WCNC), IEEE, 2012: 1076-1081.

[8] Ahmed M, Peng M, Ahmed I, et al. Stackelberg game based optimized power allocation scheme for two-tier femtocell network//Wireless Communications & Signal Processing (WCSP), IEEE, 2013: 1-6.

[9] Varma V S, Mhiri S, Treust M L, et al. On the benefits of repeated game models for green cross-layer power control in small cells//Communications and Networking (BlackSeaCom), 2013 First International Black Sea Conference on IEEE, 2013: 137-141.

[10] Li W, Zheng W, Su T, et al. Distributed power control and pricing for two-tier OFMDA femtocell networks using fictitious game//Wireless Communications and Networking Conference (WCNC), IEEE, 2013: 470-475.

[11] Vives X. Nash equilibrium with strategic complementarities. Journal of Mathematical Economics, 1990, 19(3): 305-321.

[12] Altman E, Altman Z. S-modular games and power control in wireless networks. IEEE Transactions on Automatic Control, 2003, 48(5): 839-842.

[13] Saraydar C U, Mandayam N B, Goodman D J. Efficient power control via pricing in wireless data

networks. IEEE Transactions on Communications, 2002, 50(2): 291-303.

[14] 3GPP-TR36.814 (v11.1.0), Evolved Universal Terrestrial Radio Access (E-UTRA); Further advancements for E-UTRA physical layer aspects, 2013.

[15] 3GPP, Small cell enhancements for E-UTRA and EUTRAN; physical layer aspects, (release 12), 3GPP TR 36.872, 2013.

[16] 3GPP, Study on small cell enhancements for EUTRA and EUTRAN; higher layer aspects, 3GPP TR 36.842 (v12.0.0), 2013.

[17] 3GPP TS 36.300, Technical specification group radio access network; evolved universal terrestrial radio access (EUTRA) and evolved universal terrestrial radio access network (EUTRAN); overall description; Stage 2 (Release 12), 2014.

[18] Zhuo X, Gao W, Cao G, et al. An incentive framework for cellular traffic offloading. IEEE Transactions on Mobile Computing, 2013, 13(3): 541-555.

[19] Wang J, Liu J, Wang D, et al. Optimized fairness cell selection for 3GPP LTE-A Macro-Pico HetNets// Vehicular Technology Conference, IEEE, 2011, (16): 1-5.

第5章 基于小区动态扩展的业务迁移技术

针对 5G 异构密集网络中不断提升的业务流量和能量效率需求,本章研究了基于小区动态扩展的业务迁移技术,提出了自适应小区缩放与休眠技术。小区动态扩展可以充分发挥不同小区间协同合作与相互竞争的能力,进而可以获得最优的系统能量效率,并满足覆盖范围内用户的业务需求。本章介绍了基于小区动态扩展的业务迁移技术,给出了基于单位面积功耗的自适应小区缩放和基于能量效率的小小区休眠策略,优化了业务迁移技术,对所提方案进行了系统级仿真,给出了性能评估结果。

5.1 小区动态扩展技术

5.1.1 小区缩放与休眠技术

在 5G 网络结构中,随着小小区基站的部署越来越密集,无线网络还面临着许多新挑战。一方面,小区基站的随机部署方式打破了原有的六边形覆盖范围,无法确定小区边界,也很难准确判断所覆盖区域内实际需要的小区基站数,缺少对复杂的小区基站部署的管理方法。另一方面,尽管小小区基站可以节省发射功率,但由于部署的小小区基站越来越多,基站电路和硬件功率消耗大幅增加。在区域内部署的小小区基站通常有助于数据速率要求高的用户获得高质量的服务,但考虑到时间变化和流量波动,一些小小区基站在某些情况下只能服务于较少的用户,这使得能源利用效率较低。因此,为了提升 5G 网络的能效,5G 网络中的小小区基站部署与管理需要在保证业务服务质量和轻负载小小区基站休眠机制之间实现平衡。

在 5G 网络特别是增强移动宽带场景中,网络采用控制平面和用户平面分离的模型,作为控制节点的宏小区基站覆盖并控制多个小小区基站,这些密集部署的小小区基站能缓解宏小区基站的业务流量压力,并且能提高用户的数据速率。密集部署场景针对的是密集的用户需求,因此,小区基站的部署以及休眠情况与用户密度也有很大的关系。本小节考虑在宏小区基站控制下的多个小小区基站组成业务基站,研究业务基站的小区缩放以及小小区休眠策略,根据用户量对基站的服务能力做出改变,以达到绿色通信的目的。在小区缩放及休眠过程中,控制平面的覆盖范围保持不变,而业务基站则可以进行覆盖范围调整或关闭。对小区基站的分类采用控制小区基站和业务小区基站的方法，摒弃了基于基站功率不同进行区分的方法。基于随机几何理论，5G 异构密集网络部署中的小区基站位置可以用泊松点过程模型来模拟。根据小区基站的中断概率和覆盖概率的性能分析，可以精确地描述真实网络的部署情况，因此该模型被广泛应用于随机部署的无线网络场景，而且所建立的模型是一个易处理的分析模型，可以获得网络覆盖性能以及用户连接到最近基站的连接准则。

在小区的缩放与休眠过程中，会伴随着小区选择、用户与基站重新匹配以及业务迁移过程，在增强移动带宽场景中，这几个过程会发生在同层小区内、不同层小区间甚至不同运营商的网络间。作为具有较大覆盖范围的宏小区基站，一旦进入休眠状态，会带来大量用户失去连接并且其原本的覆盖范围需要被多个其他的基站接管。由于覆盖范围较大，容易造成调度与管理困难，宏小区基站的业务可迁移到小小区基站而其业务范围缩小，但需要保持宏小区基站对一定区域的控制信令覆盖。作为解决热点覆盖问题的小小区基站，即使进入休眠状态，由于其处于宏小区基站的覆盖范围内，其服务的用户数较少，休眠后会有较多其他小小区基站或宏小区基站接管失去连接的用户。因此，该研究首先需要区分宏小区基站和小小区基站的差别，并研究以能量效率提升为目标的宏小区服务范围可缩放技术及小小区基站可缩放可休眠技术。

为了降低功率消耗和提高网络能量效率，本章介绍了基于单位面积功耗的自适应小区缩放优化分析，并利用定义的小区缩放因子来分析最优小区覆盖，介绍了基于单位面积功率消耗的自适应小区缩放策略。基于小区缩放结果，考虑基站的发射功率和硬件电路功率，分析得出小小区基站的休眠概率及限制条件。

5.1.2　小区动态扩展技术研究现状及内容

小区的缩放与休眠管理策略可以充分发挥不同小区基站间协同合作与相互竞争的能力，尽可能地获得最优的系统能量效率，并为覆盖范围内的用户提供高速率、低时延、高可靠的业务服务。小区基站的休眠在减少不必要发射功率的同时进一步减少了大量的硬件设备和电路的功率消耗。

在文献[1]中，作者研究了在由同类型小区基站组成的无线网络中，休眠小区基站的最优密度问题，在保持一定的覆盖范围，并在为其范围内的用户提供连接的限制条件下，尽量减少功率消耗。文献[2]、[3]研究了异构无线网络中基于能量效率的最佳休眠小区密度问题，即在满足所有用户需求的条件下获得最优的能量效率。在文献[4]中，作者考虑了用户与基站连接准则和信道调度机制，研究了小区休眠系统的覆盖范围和频谱效率。文献[5]研究了两种小区休眠机制，在没有用户的情况下进入休眠，在一定时间后检测是否有用户连接，并且统计等待用户数达到一定阈值后重新进入服务状态。文献[6]考虑了突发性的业务需求，热点区域由于网络部署密集从而为基站带来更多的休眠机会，有助于降低系统功率消耗提升能量效率。文献[7]将业务小区基站及业务空间分布建模为齐次泊松点过程（Homogeneous Poisson Point Process，HPPP），控制基站与业务基站分别承担不同速率的业务，控制基站更多地用来分流高速率业务，并得出了控制基站与业务基站的最优基站密度。

在文献[8]中，作者对用户关联方案进行了研究，通过调整相应的小区覆盖范围来实现小区基站协作，该方案使得某些小区基站由于其服务的用户或业务负载较少而进入休眠状态。在文献[7]中，作者基于随机几何理论推导出了基站密度的最佳配置，将业务从小小区基站分流到宏小区基站，关闭轻负载条件下的小小区基站以达到节省功耗的目的。文献[9]的作者分析了能源效率和业务延迟之间的权衡关系。与按照均匀业务流量考虑小区基站部署，以及匹配用户与基站关系相比，突发业务可以为基站带来更多的休眠机会，这也有助于减少基站的能源消耗。文献[10]中的作者提出了一种每次休眠一个基站的算法，以最大限度地减少基站休眠对网络产生的影响，提出了三种启发式休眠方案，将对网络的影响值作为评估指标。绿色蜂窝无线网络的基于 QoS 的基站开关和小区缩放算法在文献[11]中被提出，通过将每个小区基站划分成分区，提出了满足用户 QoS 需求的高效切换机制。

上述研究工作通过小区缩放或小区休眠机制来研究网络性能。但是所考虑的指标中没有单位面积功耗，而这项指标在密集部署的多层异构密集无线网络中尤为重要。为了降低功率消耗和提高网络能量效率，本章提出了考虑单位面积功耗的自适应小区缩放优化分析，并利用定义的小区缩放因子来分析最优小区覆盖，提出了基于单位面积功率消耗的自适应小区缩放策略。基于小区缩放结果，考虑基站的发射功率和统计硬件及电路功率，分析小小区基站的休眠概率及限制条件。

本章介绍的主要内容包括：

(1)定义了小区缩放因子来描述小区基站的覆盖范围情况，小区缩放因子等于 1 时则表示小区基站没有缩放过程，而当其大于 1 时或小于 1 时，则分别表示小区基站的服务范围扩大或缩小，均存在小区缩放过程。用户及小区基站根据泊松点过程模型部署，推导出用户与基站的连接概率，这个概率与小区发射功率和小区覆盖范围相关，即与小区缩放因子有关。

(2)推导出小小区基站小区缩放因子和宏小区基站小区缩放因子之间的闭合表达式。以博弈论为数学工具，得出无线网络的多个小区基站之间的覆盖范围是一种此消彼长的关系，将网络系统内的所有小区基站作为博弈参与者，优化各小区基站覆盖范围内的单位面积功率消耗。结果显示，所提出的小小区缩放技术可以降低发射功率消耗，进而提高系统能量效率。

(3)应用小小区基站休眠策略可以进一步提高网络能量效率。如果在小小区基站覆盖范围内的用户数太少，开启此小小区基站的硬件和电路消耗远大于其提供服务所能带来的系统增益，故考虑将该小小区基站转入休眠状态。将休眠小小区基站上的连接用户迁移到宏小区基站上，确定小小区基站的休眠阈值以获得其休眠概率，而该休眠概率与宏小区基站的接收用户的能力有关，宏小区基站的接收用户的能力越大，其小小区基站的休眠概率就越大。

5.2　基于单位面积功耗的自适应小区缩放技术

5.2.1　网络模型

在 5G 多层异构密集无线网络的网络模型中，基站分为宏小区基站和小小区基站。网络传输架构分为控制平面和用户平面[12]，控制平面主要由宏小区基站接管，而小小区基站主要负责用户平面。对于控制平面，宏小区基站负责控制管理宏小区覆盖范围内的多个小小区基站和移动用户。宏小区基站既可以为用户业务提供调度服务，也可以作为业务小区来为用户提供业务服务。但是，其对用户的业务覆盖范围会受到其控制范围的限制，即宏小区基站的业务范围小于等于其信令控制范围。控制平面的覆盖范围由多个宏小区基站的全部覆盖区域构成，短期内不会改变，故不受用户移动的潮汐现象影响。但是业务小区的覆盖范围则可以根据不同的用户业务需求自适应地放大或缩小。

业务小区包括按照泊松点过程模型部署的宏小区基站和小小区基站。业务小区的覆盖范围根据服务用户数的变化而进行缩放，但是只有小小区可以切换到休眠模式。近来，单位面积功率消耗备受关注[13]，旨在提高区域能量效率，即在业务小区覆盖范围变化的过程中，应该尽可能地节省发射功率。对于休眠的小小区基站，基站的硬件以及电路功率消耗也被考虑在内。当小小区基站处于休眠模式时，用户将被迁移到覆盖的宏小区基站，小小区基站只消耗较低的休眠时功率。

如图 5.1 所示，宏小区基站(由图 5.1 中的方块点表示)负责控制平面，其可以提供广泛的控制平面覆盖范围(由图 5.1 中的虚线表示)。实线圆环表示的是小小区基站(图 5.1 中由三角点表示)提供的具有缩放能力的业务覆盖范围。虚线圆环表示缩放后基站的覆盖范围，描述了宏小区基站 M1 和小小区基站 S1 在缩放之后的覆盖范围，以及扩展的小小区基站如 S2，S3，S4 和 S5 的覆盖范围。业务小区将为其覆盖区域内的用户提供服务，并且业务小区覆盖范围可随服务用户的需求波动而自适应地放大或缩小。

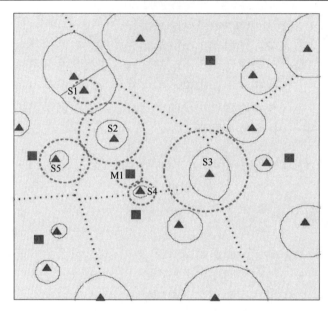

图 5.1　多层异构密集无线网络中的小区部署及缩放示意图（见彩图）

5.2.2　用户连接策略

　　用户与基站的匹配连接关系是无线网络中最重要的关系之一，以用户为中心的连接方式首先候选基站要能满足用户需求。本章所用的用户关联策略是用户将由提供最强参考信号接收功率的基站服务。为了调整控制基站与用户的连接关系，在用户接收功率处增加了一个偏差值，$P_{0,j}$ 为用户接入基站 j 的阈值：

$$P_{i,j}^* + \text{bias} > P_{0,j} \tag{5-1}$$

其中，$P_{i,j}^*$ 表示从小区基站 j 到用户 i 的接收功率，bias 表示功率偏差值。小区基站与用户采用泊松点过程的部署模式，以随机性描述小区基站与用户，根据随机几何理论，基站和用户的部署可以通过一个泊松点过程模型进行建模。基站部署的密度是 λ，用户部署的密度是 λ_u。基站和用户的部署区域面积是 A。对用户接收功率增加一个偏差值会带来小区缩放的效果，那么用户 i 到缩放后的基站 j 的接收功率 $P_{i,j}$ 的表达式如下：

$$P_{i,j} = P_j \left(\frac{x_{i,j}}{r_j} \right)^{-\alpha_j} \tag{5-2}$$

其中，P_j 表示基站 j 的发射功率，$x_{i,j}$ 是用户 i 到基站 j 的距离，r_j 是基站 j 的缩放因子，α_j 是路损因子，上式的物理含义是在距离为 $x_{i,j}$ 能接入小区基站 j 的用户 i 在经过小区缩放后，效果等同于在 $\dfrac{x_{i,j}}{r_j}$ 处接入基站。

$$P_{i,j} = P_{i,j}^* + \text{bias} = P_j \left(\frac{x_{i,j}}{r_j} \right)^{-\alpha_j} \tag{5-3}$$

式 (5-3) 表示添加偏差值与小区缩放的效果一致，因此，可得 bias 表达式如式 (5-4) 所示，

$$\text{bias} = P_j \left(\frac{x_{i,j}}{r_j} \right)^{-\alpha_j} - P_j x_{i,j}^{-\alpha_j} = P_j x_{i,j}^{-\alpha_j} \left(r_j^{\alpha_j} - 1 \right) \tag{5-4}$$

当 $r_j = 1$ 时，bias 值为零，表示缩放后的接收功率与缩放前的接收功率相同，即小区基站没有缩放。

当 $r_j > 1$ 时，bias 的值大于 0，表示缩放后用户接收功率比缩放前的接收功率大。小区基站 j 的覆盖面积扩大，更多的用户被覆盖并连接到小区基站 j 上。

当 $r_j < 1$ 时，bias 的值小于 0，表示缩放后用户接收功率比缩放前的接收功率小。小区基站 j 的覆盖面积会缩小，连接的用户数也会随之越来越少。在一定的目标及限制条件下，小区基站有机会进入休眠状态以节省更多的功率。

5.2.3　自适应小区缩放下的用户连接概率

在一般情况下，假定一个用户由业务小区基站 k 提供服务，本节推导出该用户连接到小区基站 k 的概率。

一个用户在存在诸多候选可接入小区基站的情况下选择接入小区基站 k，仅仅从接收功率上看，这意味着这个用户从基站 k 接收的功率大于从任何其他候选小区基站接收的功率。$P_{i,k}$ 和 $P_{i,j}$ 分别表示用户 i 从可缩放业务小区基站 k 和 j 接收到的功率，假设用户 i 与业务基站 k 相关联，即用户 i 从可缩放业务小区基站 k 上接收的功率大于从可缩放业务小区 j 上接收到的功率，可以由式 (5-5) 表述：

$$P_{i,k} > P_{i,j} \tag{5-5}$$

用户关联是基于下行链路接收参考信号强度 (DownLink-Reference Signal Receiving Power, DL-RSRP)[14]，在 DL-RSRP 建模中考虑基于距离的路径损耗。缩放后的接收功率可以表示为

$$P_k \left(\frac{x_{i,k}}{r_k} \right)^{-\alpha_k} > P_j \left(\frac{x_{i,j}}{r_j} \right)^{-\alpha_j} \tag{5-6}$$

式 (5-6) 经过变换，可以得到用户 i 与可缩放业务小区基站 k 的距离必须大于一个值，这个值与其他候选小区基站的参数以及用户 i 与其他候选小区基站的距离有关系，具体由式 (5-7) 表示，

$$x_{i,j} > \left(\frac{P_j}{P_k}\right)^{\frac{1}{\alpha_j}} \left(\frac{r_j}{r_k^{\frac{\alpha_k}{\alpha_j}}}\right) x_{i,k}^{\frac{\alpha_k}{\alpha_j}} \tag{5-7}$$

整个区域内的用户都有连接到可缩放小区基站 k 的可能，即在距离是未知的情况下，本小节探究一个用户与可缩放小区基站 k 之间的连接情况。令 $P_{ro}(n=k)$ 表示用户接入第 k 个基站的概率，x_k 是一个数学标记，其连接概率的具体表达如下：

$$P_{ro}(n=k) = E_{x_k}\left[P\left[P_{i,k} > \max_{j, j \neq k} P_{i,j} \right] \right]$$

$$= E_{x_k}\left[\prod_{j, j \neq k} P\left[P_{i,k} > P_{i,j} \right] \right]$$

$$= E_{x_k}\left[\prod_{j, j \neq k} P\left[x_{i,j} > \left(\frac{P_j}{P_k}\right)^{\frac{1}{\alpha_j}} \left(\frac{r_j}{r_k^{\frac{\alpha_k}{\alpha_j}}}\right) x_{i,k}^{\frac{\alpha_k}{\alpha_j}} \right] \right]$$

$$= \int_0^\infty \prod_{j, j \neq k} P\left[x_{i,j} > \left(\frac{P_j}{P_k}\right)^{\frac{1}{\alpha_j}} \left(\frac{r_j}{r_k^{\frac{\alpha_k}{\alpha_j}}}\right) x_{i,k}^{\frac{\alpha_k}{\alpha_j}} \right] f_{x_k}(l) \mathrm{d}l \tag{5-8}$$

用户接入第 k 个距离未知的基站的概率与所有候选基站都有关系，并且与距离的概率密度函数相关。在二维泊松过程中，有如文献 [15] 中的结论，

$$P[\text{NO Cell Close than } l] = \mathrm{e}^{-\pi\lambda l^2}. \tag{5-9}$$

且传输距离服从瑞利分布，具体表达如下，

$$f_{xk}(l) = \frac{1 - P[\text{NO Cell Close than } l]}{\mathrm{d}l} = 2\pi\lambda l \mathrm{e}^{-\pi\lambda l^2} \tag{5-10}$$

上述式 (5-9) 和式 (5-10) 描述了在二维泊松点过程中距离的概率密度函数，将上述公式代入到式 (5-8) 的 $\prod_{j, j \neq k} P\left[x_{i,j} > \left(\frac{P_j}{P_k}\right)^{\frac{1}{\alpha_j}} \left(\frac{r_j}{r_k^{\frac{\alpha_k}{\alpha_j}}}\right) x_{i,k}^{\frac{\alpha_k}{\alpha_j}} \right]$ 部分中，可以得到，

$$\prod_{j,j\neq k} P\left[x_{i,j} > \left(\frac{P_j}{P_k}\right)^{\frac{1}{\alpha_j}}\left(\frac{r_j}{r_k^{\frac{\alpha_k}{\alpha_j}}}\right)x_{i,k}^{\frac{\alpha_k}{\alpha_j}}\right] = \prod_{j,j\neq k} P[\text{NO BS Close than BS } k]$$

$$= \prod_{j,j\neq k} e^{-\pi\lambda\left[\left(\frac{P_j}{P_k}\right)^{\frac{1}{\alpha_j}}\left(\frac{r_j}{r_k^{\frac{\alpha_k}{\alpha_j}}}\right)x_{i,k}^{\frac{\alpha_k}{\alpha_j}}\right]^2} = e^{-\pi\lambda\sum_{j,j\neq k}\left[\left(\frac{P_j}{P_k}\right)^{\frac{1}{\alpha_j}}\left(\frac{r_j}{r_k^{\frac{\alpha_k}{\alpha_j}}}\right)x_{i,k}^{\frac{\alpha_k}{\alpha_j}}\right]^2} \tag{5-11}$$

然后，将式(5-11)完整地代入式(5-8)中，得到连接概率如下式，

$$P_{ro}(n=k) = \int_0^{\infty} e^{-\pi\lambda\sum_{j,j\neq k}\left[\left(\frac{P_j}{P_k}\right)^{\frac{1}{\alpha_j}}\left(\frac{r_j}{r_k^{\frac{\alpha_k}{\alpha_j}}}\right)l^{\frac{\alpha_k}{\alpha_j}}\right]^2} 2\pi\lambda l e^{-\pi\lambda l^2}\mathrm{d}l$$

$$= 2\pi\lambda\int_0^{\infty} l e^{-\pi\lambda\left[\sum_{j,j\neq k}\left[\left(\frac{P_j}{P_k}\right)^{\frac{1}{\alpha_j}}\left(\frac{r_j}{r_k^{\frac{\alpha_k}{\alpha_j}}}\right)l^{\frac{\alpha_k}{\alpha_j}}\right]^2\right]l^2}\mathrm{d}l \tag{5-12}$$

$$= \pi\lambda\int_0^{\infty} e^{-\pi\lambda\left[\sum_{j,j\neq k}\left[\left(\frac{P_j}{P_k}\right)^{\frac{1}{\alpha_j}}\left(\frac{r_j}{r_k^{\frac{\alpha_k}{\alpha_j}}}\right)\right]^2 L^{\frac{\alpha_k}{\alpha_j}}+L\right]}\mathrm{d}L$$

在 5G 多层异构密集无线网络区域内，用户连接的候选小区基站有多种类型，包括宏小区基站和小小区基站，这些基站的部分参数虽然存在一定的差异，但是也有部分参数相似，为了简化上述概率公式，考虑将相近参数取相同的值。

根据 WINNER 模型[16]和 3GPP 标准[17]，导致路径损耗的主要因素包括载波频率、传播环境和天线高度。在 3GPP 标准[17]中，对于室外场景，路径传播损耗模型设置如下：

(1)宏小区基站到用户的路径传播损耗模型：

$$L = 128.1 + 37.6\log(d) \tag{5-13}$$

(2)小小区基站到用户的路径传播损耗模型：

$$L = 140.7 + 36.7\log(d) \tag{5-14}$$

其中，d 表示小区基站到用户的距离，从上述公式可以看出，宏小区基站路径损耗指数为 3.76，小小区基站路径损耗指数为 3.67。在上述概率公式表达式中使用的路径损耗指数的比率是：$3.67/3.76 \approx 0.98$，这对于简化相同路径损耗指数的影响有限。

根据小小区基站和宏小区基站的路径损耗指数几乎相等的近似值进行下面的分析，即 $\alpha_k = \alpha_j = \alpha$，且假设 $L = l^2$。这种近似已经被证实对性能的影响非常有限[18]。所以，主要区别在于部署位置和小区缩放因子。R_k 表示基站 k 的标准覆盖半径。

$$
\begin{aligned}
P_{ro}(n=k) &= \pi\lambda \int_0^\infty e^{-\pi\lambda\left[\sum\limits_{j,j\neq k}\left[\left(\frac{P_j}{P_k}\right)^{\frac{1}{\alpha}}\left(\frac{r_j}{r_k}\right)\right]^2 L + L\right]} \mathrm{d}L \\[2mm]
&= \pi\lambda \int_0^\infty e^{-\pi\lambda L\left[\sum\limits_{j,j\neq k}\left[\left(\frac{P_j}{P_k}\right)^{\frac{1}{\alpha}}\left(\frac{r_j}{r_k}\right)\right]^2 + 1\right]} \mathrm{d}L \\[2mm]
&= \int_0^\infty e^{-\pi\lambda L\left[\sum\limits_{j,j\neq k}\left[\left(\frac{P_j}{P_k}\right)^{\frac{1}{\alpha}}\left(\frac{r_j}{r_k}\right)\right]^2 + 1\right]} \mathrm{d}\pi\lambda L \\[2mm]
&= \frac{1}{\sum\limits_{j,j\neq k}\left[\left(\frac{P_j}{P_k}\right)^{\frac{1}{\alpha}}\left(\frac{r_j}{r_k}\right)\right]^2 + 1} = \frac{1}{\sum\limits_{j}\left[\left(\frac{P_j}{P_k}\right)^{\frac{1}{\alpha}}\left(\frac{r_j}{r_k}\right)\right]^2} \\[2mm]
&= \frac{\left(P_k^{\frac{1}{\alpha}}r_k\right)^2}{\sum\limits_{j}\left(P_j^{\frac{1}{\alpha}}r_j\right)^2}
\end{aligned}
\tag{5-15}
$$

上述推导得到的连接概率是一个闭式表达式，揭示了用户与业务基站 k 相连接的概率与所有小区缩放因子之间的关系，连接概率不仅与业务基站 k 的小区缩放因子相关，还与所有其他候选小区基站的小区缩放因子相关。事实上，业务小区的小区缩放因子与小区覆盖范围有关，所以连接概率同时反映了发送功率和小区覆盖能力。

5.2.4 单位面积功率消耗

用户与基站的连接关系如式(5-15)所示。在下一代无线网络的性能评价指标中，单位面积功率消耗和单位面积能量效率是评估网络性能的重要指标。并且在满足用户速率要求的基础上，最大化单位面积能量效率等同于最小化单位面积功率消耗，单位面积功耗优化还可以通过合理调整用户关联关系。

假设部署的小小区基站的数量是 M，用户总的数量是 $N = A\lambda_u$。由业务小区 k 服务的用户数量是 N_k：

$$N_k = \sum_N P_{ro}(n=k) = NP_{ro}(n=k) = A\lambda_u \frac{\left(P_k^{\frac{1}{\alpha}} r_k\right)^2}{\sum_j \left(P_j^{\frac{1}{\alpha}} r_j\right)^2} \tag{5-16}$$

在多层异构密集无线网络部署场景中，小区覆盖区域由长期平均偏置 DL-RSRP 边界 (ESB)[19] 定界。也就是说，当用户处于 ESB 边界时，用户从宏小区基站和小小区基站接收到的参考信号功率相同。当小小区和宏小区具有相同的路径损耗指数时，可以将小区覆盖简化为圆形。因此，基站 k 的覆盖面积为 A_k，具体表达如下，

$$A_k = \pi(R_k r_k)^2 \tag{5-17}$$

与小区基站 k 连接的所有用户的消耗功率和为 P_k^*，表示如下，

$$p_k^* = \sum_{N_k} P_{k,i} = N_k P_k = A\lambda_u \frac{\left(P_k^{\frac{1}{\alpha}} r_k\right)^2}{\sum_j \left(P_j^{\frac{1}{\alpha}} r_j\right)^2} P_k = \frac{A\lambda_u P_k^{\frac{2+\alpha}{\alpha}} r_k^2}{\sum_j P_j^{\frac{2}{\alpha}} r_j^2} \tag{5-18}$$

单位面积功率消耗 P_k^* 是小区基站 k 满足业务需求的每单位面积内的功率消耗，即，

$$\overline{p_k^*} = \frac{P_k^*}{A_k} = \frac{\dfrac{A\lambda_u P_k^{\frac{2+\alpha}{\alpha}} r_k^2}{\sum_j P_j^{\frac{2}{\alpha}} r_j^2}}{\pi(R_k r_k)^2} = \frac{A\lambda_u P_k^{\frac{2+\alpha}{\alpha}}}{\pi R_k^2 \sum_j P_j^{\frac{2}{\alpha}} r_j^2} \tag{5-19}$$

本章的目标是最小化单位面积功率消耗 $\overline{P_k^*}$，可以转化为最大化 $-\overline{P_k^*}$ 的值。

5.2.5　基于博弈论的最优小区缩放

博弈论[20]是经济学中的重要概念，是研究竞争性问题的重要数学工具，被广泛应用于解决各种资源的配置问题中。小区基站 k 的单位面积功率消耗与小区缩放因子有关，小区基站之间为了获得自身的最优单位面积功率消耗而处在一种竞争的关系中。因此，本节介绍基于博弈论的最优业务小区基站缩放策略，其优化目标是

最小化单位面积功率消耗，并采用博弈论方法解决该优化问题。博弈论应用于最大化收益函数，需要使用保凸函数对优化公式进行转化。因此，最小化 $\overline{P_k^*}$ 被修改为最大化 $-\overline{P_k^*}$，其中 $-\overline{P_k^*}$ 为收益函数。

非合作博弈模型有三个基本要素：

(1) 参与者：多层异构密集无线网络中能够为用户提供连接服务的一组参与博弈的候选小区基站 k，$k \in \{1, 2, \cdots, M\}$。

(2) 策略：候选小区之间需要通过竞争来确定自身的最优选择，除了候选小区基站的发射功率等参数外，候选小区基站的小区缩放因子是未知的变量，是需要在博弈过程中确定的未知数，小区基站 k 的小区缩放因子为 $\{r_k\} = \{r_k | r_k \in [0, r_{\max}]\}$。

(3) 效用函数：基站 k 的效用函数是 $u(r_k, \boldsymbol{r}_{-k})$。基站的效用函数包括收益函数和惩罚函数，定义为

$$u(r_k, \boldsymbol{r}_{-k}) = -\overline{P_k^*} - b\pi(R_k r_k)^2 = -\frac{A\lambda_u P_k^{\frac{2+\alpha}{\alpha}}}{\pi R_k^2 \sum\limits_j P_j^{\frac{2}{\alpha}} r_j^2} - b\pi(R_k r_k)^2 \tag{5-20}$$

其中，b 是一个实数参数，收益函数和惩罚函数将随小区缩放因子 r 值的增加而增加。收益函数的物理意义是单位面积功率消耗。惩罚函数的物理意义在于，如果小区的面积扩大，代价也将会增加。

博弈的目标是最大化每个参与者的效用函数，其表达如下：

$$\max u(r_k, \boldsymbol{r}_{-k}), \quad k = \{1, 2, 3, \cdots, M\} \tag{5-21}$$

(1) 纳什均衡存在性证明

效用函数 $u(r_k, \boldsymbol{r}_{-k})$ 的一阶偏导数如下：

$$\frac{\mathrm{d}u(r_k, \boldsymbol{r}_{-k})}{\mathrm{d}r_k} = \frac{2A\lambda_u P_k^{\frac{4+\alpha}{\alpha}} r_k}{\pi R_k^2 \left(\sum\limits_j P_j^{\frac{2}{\alpha}} r_j^2\right)^2} - 2b\pi R_k^2 r_k \tag{5-22}$$

效用函数 $u(r_k, \boldsymbol{r}_{-k})$ 的二阶偏导数如下：

$$\frac{\mathrm{d}^2 u(r_k, \boldsymbol{r}_{-k})}{\mathrm{d}r_k^2} = \frac{2A\lambda_u P_k^{\frac{4+\alpha}{\alpha}}}{\pi R_k^2} \cdot \frac{\left(\sum\limits_j P_j^{\frac{2}{\alpha}} r_j^2\right)^2 - 4P_k^{\frac{2}{\alpha}} r_k^2 \left(\sum\limits_j P_j^{\frac{2}{\alpha}} r_j^2\right)}{\left(\sum\limits_j P_j^{\frac{2}{\alpha}} r_j^2\right)^4} - 2b\pi R_k^2$$

$$= \frac{2A\lambda_u P_k^{\frac{4+\alpha}{\alpha}}}{\pi R_k^2} \cdot \frac{\sum\limits_j P_j^{\frac{2}{\alpha}} r_j^2 - 4P_k^{\frac{2}{\alpha}} r_k^2}{\left(\sum\limits_j P_j^{\frac{2}{\alpha}} r_j^2\right)^3} - 2b\pi R_k^2 \tag{5-23}$$

当 $\sum\limits_j P_j^{\frac{2}{\alpha}} r_j^2 - 4P_k^{\frac{2}{\alpha}} r_k^2 \le 0$ 时，可以得到 $r_k^2 \ge \frac{1}{3} P_k^{-\frac{2}{\alpha}} \sum\limits_{j,j\ne k} P_j^{\frac{2}{\alpha}} r_j^2$，并且有 $\frac{\mathrm{d}^2 u(r_k, r_{-k})}{\mathrm{d} r_k^2} \le 0$。所以 $u(r_k, r_{-k})$ 是一个凹函数，故证明博弈过程的纳什均衡是存在的。

(2)纳什均衡的唯一性证明

令 $\frac{\mathrm{d}u(r_k)}{\mathrm{d}r_k} = 0$，可以得到

$$\frac{2A\lambda_u P_k^{\frac{4+\alpha}{\alpha}} r_k}{\pi R_k^2 \left(\sum\limits_j P_j^{\frac{2}{\alpha}} r_j^2\right)^2} - 2b\pi R_k^2 r_k = 0 \tag{5-24}$$

假设参数值为非零，可以推导式(5-24)如下，

$$r_k = \sqrt{\frac{\sqrt{A\lambda_u P_k}}{b\pi R_k^2} - P_k^{-\frac{2}{\alpha}} \sum\limits_{j,j\ne k} P_j^{\frac{2}{\alpha}} r_j^2} \tag{5-25}$$

基于上述推导过程，得出该问题中的纳什均衡具有唯一性。

在一个独立控制区域中存在一个宏小区基站和 M 个小小区基站，假设宏小区和小小区的小区缩放因子分别是 r_m 和 r_s，则小小区基站的小区缩放因子可以推导如下：

$$r_s = \sqrt{\frac{1}{M}\left(\frac{\sqrt{A\lambda_u P_m}}{b\pi R_m^2} - r_m^2\right)\left(\frac{P_m}{P_s}\right)^{\frac{2}{\alpha}}} \tag{5-26}$$

小小区基站的小区缩放因子与当前存在的小小区基站个数、小小区基站的发射力率以及存在的用户数相关，也和与之存在竞争关系的宏小区基站相关，单位面积力率消耗随着小区缩放因子 r_m 和 r_s 的变化而变化，如图 5.2 所示。

图 5.2 表明存在一个单位面积功率消耗最小值点。当宏小区基站的小区缩放因子 r_m 减小，而小小区基站的小区缩放因子 r_s 增加时，单位面积功率消耗在逐渐减小，单位面积能量效率相应提高，此时宏小区基站覆盖范围有下降的趋势。另一方面，小小区基站的覆盖范围有扩大的趋势，用户将被迁移到小小区基站上，即在以获取

最小单位面积消耗功率的目标时，用户尽可能地与小小区基站连接是较好的选择。但并非所有用户都要与小小区基站连接，宏小区依然能为用户提供比小小区基站更高速的服务，这也是 r_m 不等于 0 的重要原因之一。

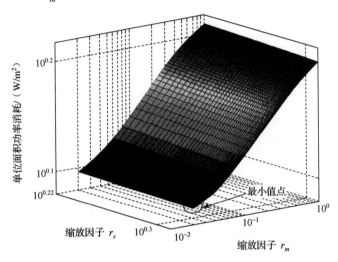

图 5.2　单位面积功率消耗

5.2.6　自适应小区缩放性能评估

1. 仿真环境及参数

在仿真环境中，小区基站和用户都是根据泊松点过程模型进行的随机部署，每个用户根据最大的下行链路参考信号接收功率选择要连接的业务小区基站。此外，小小区基站和宏小区基站部署在同一个频段，宏小区基站的频率复用因子为 1。资源块(Resource Block，RB)是仿真中的基本资源粒度。详细的仿真参数也符合 3GPP LTE-Advanced 标准中小小区异构网络的评估方法[21]。具体系统仿真参数见表 5-1。

表 5-1　系统仿真参数

系统参数名	系统参数值
载波频率	2GHz
系统带宽	10MHz
宏小区基站总的发射功率	46 dBm
小小区基站总的发射功率	30 dBm
宏小区基站的传播半径	500m
每个宏小区基站中小小区基站簇的个数	3
每个小小区基站簇中的小小区基站个数	8

2．性能评估及仿真分析

本小节主要仿真比较了小区缩放过程中小小区基站和宏小区基站的小区缩放因子之间的关系，以及小区缩放前后，用户速率、信干噪比（SINR）、小区连接的用户数等各项指标的影响与变化。

小小区基站的小区缩放因子 r_s 和宏小区基站的小区缩放因子 r_m 之间的关系如图 5.3 所示。本章假设用户的部署密度是 $\lambda_u = 0.05 / m^2$。由图 5.2 所示，为了提高单位面积能量效率，降低发射功率，用户在满足业务需求的情况下有迁移到小小区基站上的趋势。因此，在缩小宏小区基站覆盖范围的基础上观察小小区基站的覆盖范围变化，当宏小区基站的小区缩放因子增加时，小小区基站覆盖范围减小并且小小区服务的用户数量减少。为了让用户优先连接小小区基站，宏小区基站服务覆盖范围有降低的趋势。直到随着信道开始恶化，用户不选择与小小区基站连接。此外，如果信道持续恶化下去，宏小区基站和小小区基站的覆盖范围都将缩小，通过这种方式，一些用户将被从服务范围中移除。

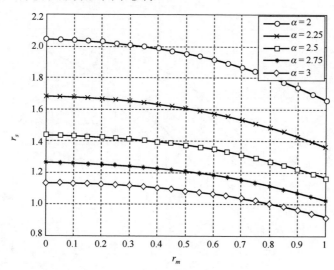

图 5.3　小区缩放因子 r_m 和 r_s 的变化关系

图 5.4 和图 5.5 中的仿真结果显示的是分别在有小区缩放和没有小区缩放时的用户吞吐量累积分布函数（Cumulative Distribution Function，CDF）。比较图 5.4 和图 5.5，宏小区基站在低数据速率区域丢失了部分用户，其吞吐量 CDF 在相同容量下仅约为没有小区缩放时的 60%，因为在所提出的方案下，这些宏小区用户会被迁移到小小区。同时，小小区吞吐量增加了 16%。所有用户吞吐量 CDF 的曲线在图 5.4 和图 5.5 中几乎相同，这意味着不管在有没有小区缩放的情况下，所有用户的需求都可以被保证。

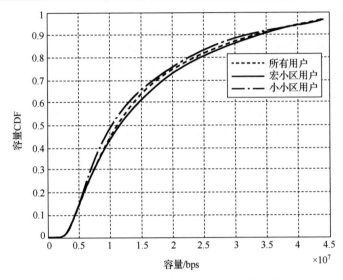

图 5.4　没有小区缩放时用户容量的 CDF 曲线

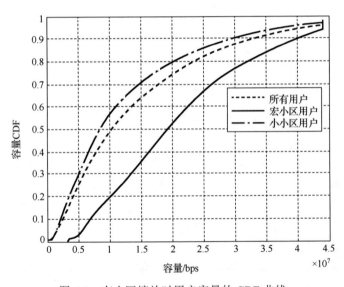

图 5.5　有小区缩放时用户容量的 CDF 曲线

　　图 5.6 和图 5.7 中的仿真结果显示的是在有小区缩放和没有小区缩放时的用户 SINR 的 CDF 曲线。图 5.6 表明，在最大 RSRP 策略下，三条曲线几乎相似。比较图 5.6 和图 5.7，通过小区缩放，宏小区用户的 SINR 得到显著改善，这是因为通过所提出的方案将较低的 SINR 用户迁移到小小区上。小小区用户 SINR 也有所不同，但范围要小得多。这意味着小小区可以在它们的能力范围内接收更多的用户。所有用户的总的 SINR CDF 的曲线在图 5.6 和图 5.7 中几乎相同，可以保证所有用户的需求。

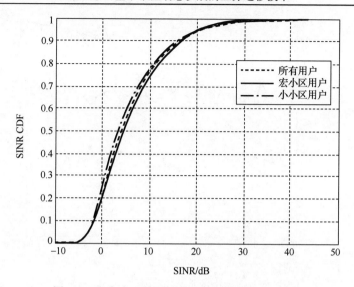

图 5.6　没有小区缩放时用户 SINR 的 CDF 曲线

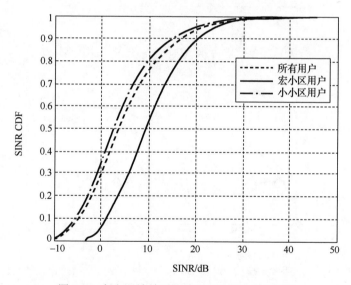

图 5.7　有小区缩放时用户 SINR 的 CDF 曲线

　　图 5.8 和图 5.9 中的仿真结果显示了宏小区基站用户和小小区基站用户的比例。横轴表示的是模拟仿真的次数。图 5.8 中，在没有小区缩放的情况下，小小区基站用户的比例在 60%～70% 之间变化，宏小区基站用户的百分比在 30%～40% 内变化。与图 5.8 相比，图 5.9 显示小小区基站用户的比例在 72%～89% 内变化。宏小区基站用户的百分比在 11%～28% 内变化。比较图 5.8 和图 5.9，宏小区基站用户的比例减少，而小小区基站用户在缩放过程后明显增加。

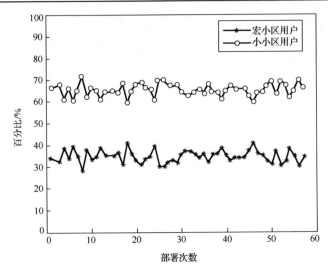

图 5.8　没有小区缩放时宏小区基站用户数和小小区基站用户数的比例

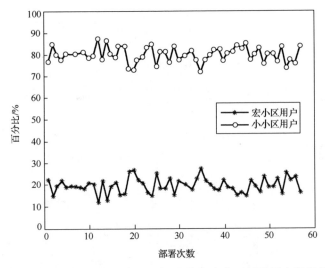

图 5.9　有小区缩放时宏小区基站用户数和小小区基站用户数的比例

　　如图 5.10 所示，可以看出，在宏小区基站覆盖范围缩小后，宏小区基站集中服务于少量的高数据速率用户，而其他用户则由小小区基站服务。在这个缩放过程中

减少的功率消耗由式 $1-\dfrac{\sum\limits_{k}N_k^*P_k}{\sum\limits_{k}N_kP_k}N_k$ 表示，其中 N_k^* 和 N_k 分别表示在有小区缩放和没

有小区缩放情况下的与小区连接的用户数量。P_k 是小区 k 的发射功率。节约的能量效率百分比如图 5.10 所示，平均节约能量约为 41%。

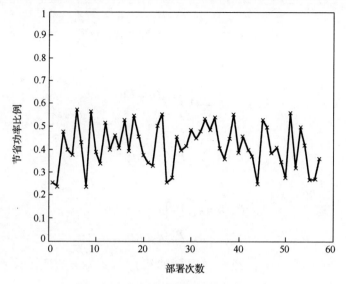

图 5.10　有小区缩放时功率节省比例

5.3　基于能量效率的小小区休眠及业务迁移策略

5.3.1　小小区休眠及业务迁移策略

在多层异构密集无线网络中，调整小区缩放因子，小小区基站服务的用户数有可能增加或减少，宏小区的用户被迁移到小小区上，小小区基站的用户数也减少，这将会影响系统的效益。小小区基站 k 的功率消耗包含静态电路功率消耗和发射功率消耗两部分[22]。为了进一步节约能源，考虑业务量负载或用户连接数较小的小小区基站可以切换到休眠状态，并将用户迁移到宏小区基站。P_k^t 表示小小区基站 k 总的消耗功率。

$$P_k^t = \begin{cases} P_k^o + P_k^*, & N_k > N_t \\ P_k^s, & N_k \leq N_t \end{cases} \tag{5-27}$$

其中，P_k^o 表示当小小区基站 k 工作时的电路功率，P_k^* 表示小小区基站 k 在工作时的发射功率，P_k^s 表示休眠时的小小区基站 k 的电路功率。N_t 是休眠阈值，表示为了保持小小区基站 k 处于工作状态，至少有 N_t 个用户连接在小小区基站上。当这些小小区基站进入休眠状态，可以将与其连接的用户迁移到宏小区基站。

小小区基站的休眠与阈值的选择有很大的关系，而小小区的休眠又会带来效益的提升，因此，阈值的选取也会给能量效率带来影响，小小区基站 k 的休眠概率推导如下：

$$p_s = p(N_k \leqslant N_t) = \sum_i^{N_t} p(N_k = i)$$

$$= \sum_i^{N_t} \prod_1^i \boldsymbol{P}_{ro}(n=k)$$

$$= \sum_i^{N_t} \left[\boldsymbol{P}_{ro}(n=k) \right]^i$$

$$= \frac{\boldsymbol{P}_{ro}(n=k)\left[1 - \left[\boldsymbol{P}_{ro}(n=k)\right]^{N_t}\right]}{1 - \boldsymbol{P}_{ro}(n=k)} \tag{5-28}$$

其中，$\boldsymbol{P}_{ro}(n=k)$ 是上文中已经推导得到的用户与基站 k 的匹配连接概率，则将式 (5-15) 代入式 (5-28) 可得，

$$p_s = \frac{\dfrac{\left(P_k^{\frac{1}{\alpha}} r_k\right)^2}{\sum_j \left(P_j^{\frac{1}{\alpha}} r_j\right)^2}\left[1 - \left[\dfrac{\left(P_k^{\frac{1}{\alpha}} r_k\right)^2}{\sum_j \left(P_j^{\frac{1}{\alpha}} r_j\right)^2}\right]^{N_t}\right]}{1 - \dfrac{\left(P_k^{\frac{1}{\alpha}} r_k\right)^2}{\sum_j \left(P_j^{\frac{1}{\alpha}} r_j\right)^2}}$$

$$= \frac{\left(P_k^{\frac{1}{\alpha}} r_k\right)^2\left[\sum_j \left(P_j^{\frac{1}{\alpha}} r_j\right)^2\right]^{N_t} - \left(P_k^{\frac{1}{\alpha}} r_k\right)^{2(N_t+1)}}{\left[\sum_j \left(P_j^{\frac{1}{\alpha}} r_j\right)^2\right]^{N_t} \sum_{j, j\neq k} \left(P_j^{\frac{1}{\alpha}} r_j\right)^2} \tag{5-29}$$

假设小小区基站在相同带宽条件下有相同的发射功率，并且不同的小小区基站具有不同的小区缩放因子，小小区的休眠概率可以简化如下：

$$p_s = \frac{\left(P_k^{\frac{1}{\alpha}} r_k\right)^2\left[\sum_j \left(P_j^{\frac{1}{\alpha}} r_j\right)^2\right]^{N_t} - \left(P_k^{\frac{1}{\alpha}} r_k\right)^{2(N_t+1)}}{\left[\sum_j \left(P_j^{\frac{1}{\alpha}} r_j\right)^2\right]^{N_t} \sum_{j, j\neq k} \left(P_j^{\frac{1}{\alpha}} r_j\right)^2}$$

$$= \frac{r_k^2 \left(\sum_j r_j^2 \right)^{N_t} - r_k^{2(N_t+1)}}{\left(\sum_j r_j^2 \right)^{N_t} \sum_{j, j \neq k} r_j^2} \tag{5-30}$$

每个小小区基站都有机会进入休眠状态，当小小区基站以一定的概率进入休眠状态时，小小区基站 k 的总功率消耗平均值为 $\overline{P_k^t}$ ：

$$\overline{P_k^t} = P_k^s \cdot p_s + (P_k^o + P_k^*) \cdot (1 - p_s) \tag{5-31}$$

其中，小小区基站以概率 p_s 进入休眠时，消耗的电路功率 P_k^s ，以概率 $1 - p_s$ 在工作状态时，消耗的功率包括发射功率和电路功率。则小小区基站 k 存在休眠可能时的期望获得的功率消耗将降低 $P_k^o + P_k^* - \overline{P_k^t}$ 。

$$P_k^o + P_k^* - \overline{P_k^t} = (P_k^o + P_k^*) - P_k^s \cdot p_s - (P_k^o + P_k^*) \cdot (1 - p_s) = p_s(P_k^o + P_k^* - P_k^s) \tag{5-32}$$

其中， $P_k^o + P_k^* - P_k^s$ 是小小区基站 k 工作时的总功率消耗和休眠时的总功率消耗之差，是一个固定值，式(5-32)说明期望平均减少的功率消耗与休眠概率呈线性关系。因此，为了节省更多的功率消耗，希望最大化休眠概率，其数学化表达如下，

$$\max p_s \tag{5-33}$$

p_s 不是一个凸函数，因此，需要松弛 p_s ，并得到一个近似的凸函数。首先，定义 p_s 的下界，如下式所示：

$$p_s = \frac{r_k^2 \left(\sum_j r_j^2 \right)^{N_t} - r_k^{2(N_t+1)}}{\left(\sum_j r_j^2 \right)^{N_t} \sum_{j, j \neq k} r_j^2}$$

$$= \frac{r_k^2}{\sum_{j, j \neq k} r_j^2} - \frac{r_k^{2(N_t+1)}}{\left(\sum_j r_j^2 \right)^{N_t} \sum_{j, j \neq k} r_j^2}$$

$$> \frac{r_k^2}{\sum_{j, j \neq k} r_j^2} - \frac{r_k^{2(N_t+1)}}{\left(\sum_{j, j \neq k} r_j^2 \right)^{N_t+1}}$$

$$= \frac{r_k^2}{\sum_{j, j \neq k} r_j^2 \sum} \left[1 - \left(\frac{r_k^2}{\sum_{j, j \neq k} r_j^2} \right)^{N_t} \right] \tag{5-34}$$

存在 $1 - \left(\dfrac{r_k^2}{\sum\limits_{j,j \neq k} r_j^2} \right)^{N_t} > 0$ ，即 $0 < \tau = \dfrac{r_k^2}{\sum\limits_{j,j \neq k} r_j^2} < 1$，$N_t \in \{1, 2, \cdots, N\}$。 p_s 的表达式不是

凸函数或凹函数，所以考虑寻找 p_s 的最大下界，可以化简 p_s 如下式所示，

$$p_s \approx \frac{r_k^2}{\sum\limits_{j,j \neq k} r_j^2} \left[1 - \left(\frac{r_k^2}{\sum\limits_{j,j \neq k} r_j^2} \right)^{N_t} \right] = \tau \left(1 - \tau^{N_t} \right) \tag{5-35}$$

上面的公式显示小小区基站休眠阈值 N_t 对于优化目标 p_s 来说是未知变量，由于 $0 < \tau < 1$，所以 p_s 随 N_t 增大而增大，最大化 N_t 可以获得最大的 p_s 值。在异构密集网络中，当小小区基站休眠时，与之连接的少数用户会被迁移到宏小区基站上，因为宏小区基站可能没有能力接收所有用户。因此，宏小区基站的能力会对 N_t 值有所限制，是优化 N_t 的限制条件。故最大化 p_s 问题转化为最大化 N_t 问题，其数学表达如下，

$$\max N_t \tag{5-36}$$

其限制条件为

$$\sum_i^{Mp_s N_t + N_m} B_i < W_m \tag{5-37}$$

其中，N_m 是在小小区基站切换到休眠状态之前与宏小区基站连接的用户数，B_i 表示宏小区基站中用于服务用户 i 的带宽，W_m 是宏小区的总带宽，令 $B = B_i$，得到 KKT 条件如下：

$$(Mp_s N_t + N_m)B - W_m = 0 \tag{5-38}$$

最大休眠阈值 N_t 可表示为

$$N_t = \frac{1}{Mp_s} \left(\frac{W_m}{B} - N_m \right) \tag{5-39}$$

由此可以得出，小小区基站休眠阈值 N_t 与宏小区基站的能力有关，当然也与小小区休眠概率相关。

5.3.2　小小区休眠性能评估

在图 5.11 中，当 N_t 是定值时，小小区休眠概率存在一个最大值，且最大休眠概率随着 N_t 增加而增加，但 N_t 不会是无限制增加的。由于休眠小小区的用户会被迁移到宏小区上，但宏小区接收到迁移用户后不能超过其容量。图 5.12 表明，随着接收功率阈值增加，小小区休眠的概率越来越大，越来越多的小小区进入休眠状态，

信道质量越来越差，宏小区用户的接收功率越来越小。这是因为越来越多的用户被转移到宏小区，但宏小区的服务能力有限，导致其服务性能下降。因此，在宏小区基站能力受限的情况下，N_t 的值存在一个最大值。在此值下，宏小区不能超过其服务容量，因此，小小区具有一个最大休眠概率。

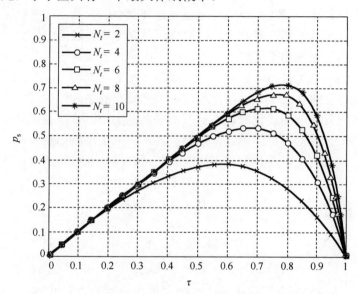

图 5.11　小小区基站的休眠概率

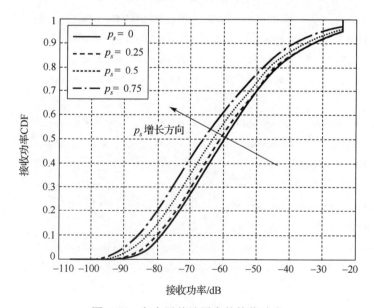

图 5.12　宏小区基站用户的接收功率

5.4　本 章 小 结

为了满足用户业务需求，进一步提高 5G 多层异构密集无线网络的能量效率，本章在第 3 章基础上，进一步介绍了可以通过调整小区覆盖范围来优化用户连接基站的自适应小区缩放业务迁移方案。其中小区休眠方案通过关闭轻量级负载小小区基站，达到了网络的绿色节能目的。小区缩放因子被定义为小区覆盖率，可以推导出与一个小区的用户连接概率，并且这个概率与发射功率和小区覆盖范围有关。本章引入博弈论方法来优化基于单位面积功率消耗减小的小区缩放因子，仿真结果证明该方法能够取得有效的优化解。本研究所提出的小小区休眠方案可以进一步提高业务迁移的性能，并对网络能量效率进行提高，其中小小区休眠阈值可以通过最大化的节能性能进行优化，而休眠的小小区基站用户及其业务将通过业务迁移技术迁移到宏小区基站上。基于小区动态扩展的业务迁移技术，不仅满足了 5G 增强移动带宽场景下的业务需求，也进一步提升了系统能效。

参 考 文 献

[1] Tsilimantos D, Gorce J M, Altman E. Stochastic analysis of energy savings with sleep mode in OFDMA wireless networks//INFOCOM, 2013 Proceedings IEEE, 2013: 1097-1105.

[2] Soh S S, Quek T Q S, Kountouris M, et al. Energy efficient heterogeneous cellular networks. IEEE Journal on Selected Areas in Communications, 2013, 31(5): 840-850.

[3] Cao D, Zhou S, Niu Z. Optimal combination of base station densities for energy-efficient two-tier heterogeneous cellular networks. IEEE Transactions on Wireless Communications, 2013, 12(9): 4350-4362.

[4] Tabassum H, Siddique U, Hossain E, et al. Downlink performance of cellular systems with base station sleeping, user association, and scheduling. IEEE Transactions on Wireless Communications, 2014, 13(10): 5752-5767.

[5] Wu J, Zhou S, Niu Z. Traffic-aware base station sleeping control and power matching for energy-delay tradeoffs in green cellular networks. IEEE Transactions on Wireless Communications, 2013, 12(8): 4196-4209.

[6] Wu J, Bao Y, Miao G, et al. Base-station sleeping control and power matching for energy-delay tradeoffs with bursty traffic. IEEE Transactions on Vehicular Technology, 2016, 65(5): 3657-3675.

[7] Zhang S, Gong J, Zhou S, et al. How many small cells can be turned off via vertical offloading under a separation architecture?. IEEE Transactions on Wireless Communications, 2015, 14(10):

5440-5453.

[8] Niu Z, Wu Y, Gong J, et al. Cell zooming for cost-efficient green cellular networks. IEEE Communications Magazine, 2010, 48(11): 74-79.

[9] Wu J, Bao Y, Miao G, et al. Base station sleeping control and power matching for energy-delay tradeoffs with bursty traffic. IEEE Transactions on Vehicular Technology, 2016, 65(5): 3657-3675.

[10] Oh E, Son K, Krishnamachari B. Dynamic base station switching-on/off strategies for green cellular networks. IEEE Transactions on Wireless Communications, 2013, 12(5): 2126-2136.

[11] Le L B. QoS-aware BS switching and cell zooming design for OFDMA green cellular networks//Global Communications Conference (GLOBECOM), IEEE, 2012: 1545-1549.

[12] Wang Z, Zhang W. A Separation architecture for achieving energy-efficient cellular networking. IEEE Transactions on Wireless Communications, 2014, 13(6): 3113-3123.

[13] Xin Y, Wang D, Li J, et al. Area spectral efficiency and area energy efficiency of massive MIMO cellular systems. IEEE Transactions on Vehicular Technology, 2015, 65(5): 3243-3254.

[14] Xu X, Zhang Y, Sun Z, et al. Analytical modeling of mode selection for moving D2D-enabled cellular networks. IEEE Communications Letters, 2016, 20(6): 1203-1206.

[15] Jo H, Sang Y, Xia P, et al. Heterogeneous cellular networks with flexible cell association: A comprehensive downlink SINR analysis. IEEE Transactions on Wireless Communications, 2011, 11(10): 3485-3495.

[16] Meinil J, Kysti P, Jms T, et al. WINNER II Channel Models. New York : John Wiley & Sons, 2009.

[17] 3GPP 36.814, Further advancements for E-UTRA physical layer aspects, March, 2017.

[18] Hong Y, Xu X, Tao M, et al. Cross-tier handover analyses in small cell networks: A stochastic geometry approach//2015 IEEE International Conference on Communications, 2015: 3429-3434.

[19] Lopez-Perez D, Chu X, Guvenc I. On the expanded region of picocells in heterogeneous networks. IEEE Journal of Selected Topics in Signal Processing, 2012, 6(3): 281-294.

[20] Li W, Zheng W, Su T, et al. Distributed power control and pricing for two-tier OFMDA femtocell networks using fictitious game//2013 IEEE Wireless Communications and Networking Conference (WCNC), 2013: 470-475.

[21] 3GPP TR 36.872, Small Cell Enhancements for E-UTRA and EUTRAN; Physical Layer Aspects, (Release 12), 2013.

[22] Auer G, Giannini V, Desset C, et al. How much energy is needed to run a wireless network?. IEEE Wireless Communications, 2011, 18(5): 40-49.

第 6 章　基于小区动态开关的业务迁移技术

第 5 章介绍了可以通过小区范围动态扩展辅助实现业务迁移技术，进而可以实现网络能效的提高。但是 5G 异构密集网络中部署的大量小小区基站会导致大量的能量消耗。考虑到 5G 增强移动宽带场景下的数据业务存在着时间和空间上的较大差异，在这种情况下，部署的基站如果在负载很低的情况下仍然保持激活状态，将导致大量能量的损耗。为了进一步降低 5G 异构密集网络中的系统能耗，本章介绍了一种基于小区动态开关的业务迁移技术。与第 5 章相比，本章介绍的技术是通过采用基站休眠策略，将部分基站关闭而使其进入休眠状态，在降低基站能耗的同时，把属于原休眠基站的用户业务迁移到其他基站进行服务，从而进一步改善系统网络能效。利用基于小区动态开关的业务迁移技术，本章针对静态和动态移动两种不同网络部署场景分别介绍优化的用户附着和基站开关策略，并对其网络能效提高的情况给出性能评估。

6.1　小区动态开关技术

在 5G 网络中，通信业务变化浮动比较大，且具有潮汐效应。举例说明，白天上班时间，通信业务主要集中在公司和商业地带，此时住宅区的业务量较低；在晚上下班以后，通信业务主要集中在住宅区域，此时公司和商业地带的业务量较低。针对这种业务量在时间和空间上的差异，可以在适当的时候关闭非必要的基站，使其进入休眠模式，从而大幅度地降低基站能耗和系统网络能耗。由此，本小节介绍一种基于小区动态开关的业务迁移技术来解决网络能效问题。

当用户业务量较低时，基于小区动态开关的业务迁移技术通过采用一定的基站休眠策略可以将非必要基站关闭或者置于休眠模式，使其保持一定的硬件工作功率而关闭发射功率，以降低基站能耗，同时把属于该休眠基站的少量用户业务迁移到相邻的基站上去。而当流量增大时，基于小区动态开关的业务迁移技术再将处于关闭或休眠状态的基站启动，使这些基站在低负载时不需要保持高功率工作模式，即低负载时基站功率也随之降低，从而节省了大量能量。

当前，人们针对基于小区动态开关的业务迁移技术的研究主要分为三个方向：一是基站动态开关策略设计，通过分析优化目标、网络的能耗模型以及基站的负载情况，构建目标函数并采取方案求出优化解，得出具体的基站动态开关策略。二是将基站动态开关技术与小区扩展技术相结合，通过设计系统的某方面门限来扩展或缩小小区，并以此制定基站的开关策略。三是将基站动态开关技术与新型绿色能源技术相结合，综合考虑基站业务量负载的波动性和新型绿色能源的随机特性，设计联合的基站动态开关和功率控制方案以降低系统能耗。除此之外，还有针对基站休眠模式的研究分析，比如基站自身的控制、核心网控制信号控制和用户唤醒信号控制等方式。将基站休眠与功率控制相结合也是基站休眠的研究方向之一。

在本章接下来的内容中，我们将重点介绍基于小区动态开关的业务迁移技术，针对静态和动态移动两种不同的网络部署场景分别介绍了优化的用户附着和基站开关策略来提高网络能效，包括用于控制平面/用户平面分离的高能效用户附着与基站开关策略，以及针对移动场景的高能效动态用户附着技术与基站开关策略。

6.2　基于控制平面/用户平面分离的高能效用户附着与基站开关策略

6.2.1　网络部署场景分析

在 5G 异构密集网络中，为了能够保证用户日益增长的数据速率需求和通话质量要求，小小区的部署密度将远超当前数倍，甚至可以达到活跃用户数与通信站点数量 1∶1 的现象。在超密集网络架构下，一方面，小小区的部署较为密集，频谱效率大幅度提高；另一方面，用户与站点之间的距离大大缩短，传播损耗降低，系统的网络能效上升。除此之外，网络的覆盖范围和系统的容量也有着显著的提升，业务在不同接入技术和各种网络覆盖层次间的被服务的灵活性也得到了增强。

然而，密集的小小区部署也带来了大量的能耗。据统计，近年来信息与通信技术行业因为能源消耗所支出的费用占全世界每年电费总和的 3%，并且每年以 15%～20% 的速度增长。为了响应绿色通信的号召，网络能效的优化是一个亟待解决的问题。此外，由于网络部署越来越密集，站点之间的距离不断缩短，网络的拓扑结构将变得异常复杂。同时，密集部署的小小区之间功率差别较小，多个干扰源之间相互作用使得干扰情况恶化以及干扰管理变得异常复杂，进而限制了网络容量的提升。

为了能够有效地提升网络能效，本章主要从两方面入手开展业务迁移技术研究。一是基站休眠技术。对于蜂窝网络来说，基站消耗了总能耗的 60%～80%，所以基站的能耗研究一直是构建绿色通信网络的重要研究方向之一。基站休眠技术，即在负载较低时关闭基站的发射功率并保持少量的硬件功耗，是减少基站能耗最有效、最常见的技术手段。二是控制平面与用户平面分离技术。宏小区提供控制信道和数据信道，小小区只提供数据信道，由于用户在移动过程中一直由覆盖范围较大的宏小区提供控制信令，可以减少因为频繁切换带来的信令开销，进而提高网络容量，并降低由信令开销导致的能耗。

6.2.2　系统模型

1. 网络模型

5G 异构密集网络中可以有三种部署场景：场景 1：宏小区与小小区同频部署；场景 2：宏小区与小小区异频部署；场景 3：不部署宏小区且小小区同频或者异频部署。一方面，由于场景 1 中宏小区和小小区工作在相同频段，而宏小区功率又远大于小小区，会对小小区产生强烈的干扰。另一方面，场景 3 在实际网络中的部署较为少见。考虑以上因素，本节针对的异构密集网络部署采用场景 2。

这里考虑下行信道的异频部署场景，基站和用户随机分布。假设在区域 R 中，部署的基站集合表示为 B= $\{e_1, e_2, \cdots, e_M\}$。该集合可分为宏基站 MBS= $\{e_1, e_2, \cdots, e_m\}$ 和微基站 SBS= $\{e_{m+1}, e_{m+2}, \cdots, e_M\}$。区域内的用户集合用 U 表示，用户的数目为 N。任意用户 $i(i=1,2,3,\cdots,N)$ 的最小用户速率需求为 R_i。考虑到基站休眠机制，当部分基站进入休眠状态时，剩余处于激活状态的基站集合表示为 B_{on}。

同时，本节考虑了控制平面与用户平面分离的场景，该场景参照 3GPP 标准，用户的控制平面信息由宏基站 MBS 负责，而用户平面的数据信息可同时从宏基站 MBS 和微基站 SBS 获得。宏基站 MBS 会收集用户信息，并且对处于其覆盖范围内的微基站 SBS 有控制平面的控制权。基于该场景，基站 BS 的开关策略具有一定的限制因素，即如果宏基站 MBS 控制面覆盖下的微基站 SBS 未被全部关闭进入休眠模式，则宏基站本身无法被关闭进入休眠模式。

2. 信道模型与用户模型

在网络接入过程中，接收信号的质量是非常重要的一个因素，而信噪比则是能反映信道质量的具体指标。信噪比的计算所需的接收信号功率值是由基站发射功率和信道传播过程中的损耗共同决定的，其中传播损耗与信道模型是密切相关的。在不同场景下，信道模型存在或多或少的差异，而且还要考虑阴影衰落、快衰落、路径损耗等因素对信道质量的影响。对于从基站到用户的链路损耗，其具体计算方式可以表示如下：

$$L = L_{path} + L_{shadow} + L_{fast} - A_{antenna} \tag{6-1}$$

其中，L_{path} 为路径损耗，L_{shadow} 为阴影衰落，L_{fast} 为快衰落，$A_{antenna}$ 为天线增益，对于不同的场景，各参数取值不同，具体参数见后边章节的仿真参数。

根据基站发射功率和链路损耗，可以求出用户 i 与基站 j 的信干噪比，其公式计算如下所示：

$$\mathrm{SINR}_{i,j} = \frac{P_j g_{i,j}}{\displaystyle\sum_{j' \in MBS \bigcap B_{on}, j' \neq j} P_{j'} g_{i,j'} + N_0} \qquad (6\text{-}2)$$

其中，P_j 表示基站 j 的发射功率，$g_{i,j}$ 表示用户 i 与基站 j 之间的信道增益，与链路损耗有关，N_0 代表高斯白噪声功率。

根据香农公式可计算信道的容量，基站 j 的单位资源块 RB 能够为用户 i 提供的速率可计算如下：

$$r_{i,j} = \mathrm{BW}_{\mathrm{RB}} \log_2(1 + \mathrm{SINR}_{i,j}) \qquad (6\text{-}3)$$

其中，$\mathrm{BW}_{\mathrm{RB}}$ 表示资源块 RB 的带宽，设置为 180kHz。

根据用户 i 的最小速率要求 R_i，可以求出为了满足用户服务质量，基站 j 所要提供给用户 i 的资源块数目，如下式所示：

$$\alpha_{i,j} = \left\lceil \frac{R_i}{\mathrm{BW}_{\mathrm{RB}} \log_2(1 + \mathrm{SINR}_{i,j})} \right\rceil \qquad (6\text{-}4)$$

其中，$\alpha_{i,j}$ 表示消耗的资源块数目，式(6-4)采用了向上取整函数确保数目为整数。

基站 j 的资源块总数为 M_j，将公式转化为百分比形式，具体表示如下：

$$\partial_{i,j} = \frac{\alpha_{i,j}}{M_j} \qquad (6\text{-}5)$$

此外，用户的附着情况用矩阵 $X = \left[x_{i,j} \right]_{M \times N}$ 表示，其中，元素 $x_{i,j}$ 取值 1 时表示用户 i 连接到基站 j 上，反之亦然。

6.2.3　用户附着与基站开关策略

根据前文对于网络模型的介绍，网络能效的物理意义为单位能量消耗所取得的网络容量，具体表示为：

$$\mathrm{EE}_{\mathrm{system}} = \frac{\displaystyle\sum_{j=1}^{M} \sum_{i=1}^{N} M_j \partial_{i,j} r_{i,j} x_{i,j}}{\displaystyle\sum_{j \in B_{on}} (P_j^0 + \delta_j y_j P_j) + \sum_{j \in B \setminus B_{on}} P_j^s} \qquad (6\text{-}6)$$

该效用函数是比值形式，整体地求出式(6-6)的最优解将十分复杂。因此，接下来将通过对系统吞吐量和能耗的分步优化来求解上式。

1. 系统吞吐量与用户附着

在基站运行情况、激活基站的集合给定的情况下，系统吞吐量的优化分为两个步骤：①以最小的资源开销满足用户最小速率需求；②将剩余的信道资源分配给信道条件最好的用户。在这个过程中，基站的发射功率处于最大值。为了尽可能地节省资源，本书仅考虑在基站最大发射功率下的第一个步骤，用户的附着问题可以归结为

$$\max \sum_{j=1}^{M}\sum_{i=1}^{N} v_{i,j}x_{i,j} \tag{6-7a}$$

$$\text{s.t.} \quad \sum_{i=1}^{N}\partial_{i,j}x_{i,j} \leqslant 1, \quad \forall j \in \{1,2,\cdots,M\} \tag{6-7b}$$

$$\sum_{j=1}^{M}x_{i,j}=1, \quad \forall i \in \{1,2,\cdots,N\} \tag{6-7c}$$

$$x_{i,j} \in \{0,1\} \tag{6-7d}$$

其中，$v_{i,j}=M_j\partial_{i,j}r_{i,j}$ 表示用户接收到的数据速率。式(6-7b)表示基站分配给用户的资源不能超过其资源数上限，式(6-7c)表示每个用户只能连接到一个基站，式(6-7d)表示用户与基站的连接变量为二值变量，即只能取 1 或 0。

用户的附着问题可以转化为一个多目标背包(Multiple-objective knapsack)函数模型，是 0-1 背包问题的一个特例。背包问题是 1978 年由 Merkel 和 Hellman 共同提出的，该问题描述可以描述为：给定一定数目的背包和物品，每种物品都有自己的重量和价格，每个背包都有一定的负重上限，如何选择最合适的物品放置在给定的背包中，从而在不超过背包负重上限的前提下，获取最大的价值。背包问题是大家熟知的 NP 难问题，也是组合优化问题。因为它可以作为许多组合优化问题的子问题，所以得到了研究者的关注，而常见的几种背包问题如表 6-1 所示：

表 6-1　各类背包问题的区别

	背包数	物品是否可重复选择	约束条件个数
0-1 背包问题	一个	可重复	一个
多选择背包问题	一个	可重复但选择次数有限	一个
多(重)背包问题	多个	不可重复	一个且每个背包不同
多目标背包问题	多个	不可重复	一个
多维背包问题	一个	不可重复	多个

在多目标背包函数模型中，给定 m 个背包和 n 个物品，背包的容量表示为

$C = [c_1, c_2, \cdots, c_m]$，当把物品 j 放入背包 i 时，所产生的利润价值表示为 $v_{i,j}$，所需的容量为 $w_{i,j}$。该模型的目的是在一定限制因素下，通过将物品放入合适的背包来获得最大或者最小的利润。

在该问题中，激活的基站被当作背包，用户被当作待放入的物品。为了保持网络的干扰相对稳定，求解过程采用逐步关闭非必要基站的方式，逐步迭代直至无法继续关闭基站，且在每一轮的迭代过程中，采用贪心算法以降低算法复杂度。

2. 能耗优化与基站开关

在系统初始状态时，所有的基站均处于激活状态。为了尽可能节省能耗，基站分配给用户的信道资源仅仅能够满足用户最小速率需求。如果基站分配给用户的资源块 RB 数目可以取小数，则系统吞吐量可计算为：$C = \sum_{i=1}^{N} R_i$，R_i 表示用户的最小速率需求，其取值固定。考虑到实际因素，资源块 RB 数目只能取整，则系统吞吐量略大于所有用户的最小速率需求之和并且浮动范围较小。因此，在优化能耗的过程中，可以将系统吞吐量当作一个定值，能耗优化问题转化为基站的开关问题。对于给定的基站数量 M，需要经历 2^M 次穷尽遍历过程才能找到最优解。时间复杂度过高使得该算法不适用于实时业务，因此本书介绍一种新的启发式算法解决此问题。

不同于先前许多文献工作中忽略干扰计算的方法，本小节考虑了干扰情况。为了避免一次性关闭太多基站对网络干扰和通信信道的影响，采用逐步关闭多余基站的方法，并且定义了一个设备级别的能效指标函数来决定待关闭基站，基站 j 的能效指标如下式所示：

$$B_{j-EE} = \frac{\sum_{i=1}^{N} M_j \partial_{i,j} r_{i,j} x_{i,j}}{(P_j^0 + \delta_j y_{i,j} P_j)} \tag{6-8}$$

在相同的信道条件下，负载越低，基站能效 B_{j-EE} 越低。相同的负载情况下，信道条件越差，基站能效 B_{j-EE} 越低。除此之外，根据前文所述的系统场景模型，如果宏基站 MBS 控制面覆盖下的微基站 SBS 没有被全部关闭，则宏基站 MBS 本身不能被关闭，关闭候选基站 M_s 的限制条件表示如下：

$$M_s \in \text{SBS or } M_s \in \text{MBS \&\& } B_{M_s-c} = \phi \tag{6-9}$$

其中，B_{M_s-c} 表示宏基站 S 控制面覆盖下的微基站集合。

3. 控制平面的无缝覆盖

宏基站 MBS 负责所有用户的控制平面，因此需要确保无缝的控制平面覆盖，本小节引入泰森多边形（Voronoi Diagram）方法来确定宏基站 MBS 的覆盖范围。当平面上存在分散的点时，两个相邻点之间的直线存在一条垂直平分线，而多个这种垂直平分线则构成了泰森多边形，是对空间平面的一种划分。在泰森多边形中，某多边形内部的任意点距离该多边形的样点距离是最短的，离相邻多边形的样点距离最长，且每个多边形的内部有且只有一个样点。而在通信网络中，基站与用户之间通信链路的能量损耗和它们之间的距离成正比，因此可以用泰森多边形划分通信网络，获得能量损耗最小的区域。

图 6.1 表示在一块区域 R 内的宏基站分布图以及控制平面的泰森多边形结构，本书将泰森多边形理论与无线通信模型相结合，并且用路径损耗代替欧几里得距离。此外，划分目标区域形成多个不同的网格，将每个网格的中心点当作采样点，网格的中心在一定程度上代表整个网格内的所有点。通过计算评估覆盖这些采样点所需要的功率，调整宏基站的发射功率，使控制平面能够达到无缝覆盖。

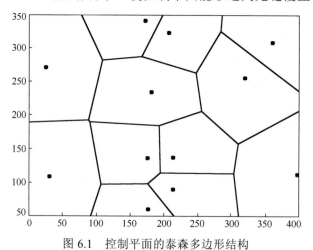

图 6.1　控制平面的泰森多边形结构

采样点的集合用 $P=\{p_1, p_2 \ldots, p_n\}$ 表示，宏基站 e_i 与采样点 P_k 之间的路径损耗用 $d(e_i, p_k)$ 表示，则整个区域 R 上的泰森多边形划分如下：

$$V(e_i) = \{p_k \mid \forall j \neq i, 1 \leq k \leq n, d(e_i, p_k) < d(e_j, p_k)\} \tag{6-10}$$

$$VI = \bigcup_{1 \leq i \leq m} V(e_i) \tag{6-11}$$

一方面，为了能够构建一个无缝覆盖的控制面，宏基站的发射功率需要能够覆盖其构造的泰森多边形边界上的用户，本节用 $P_{i,1}$ 表示满足这一条件的最小功率。另一方面，当基站的负载过高甚至饱和时，业务会被迁移到相邻基站。此时对于这个相邻基站，它覆盖了一些并不属于自身泰森多边形范围内的用户，其覆盖功率表示为 $P_{i,2}$。如果只考虑 $P_{i,1}$，当基站负载过高时一些用户无法成功连接到基站；如果只

考虑 $P_{i,2}$，当基站负载过低时无法保证控制平面的无缝覆盖，因此宏基站 i 控制平面的发射功率如下所示：

$$P_i = \max\{P_{i,1}, P_{i,2}\} \qquad (6\text{-}12)$$

根据 3GPP 定义，控制信道和用户数据信道分隔在不同的时隙，因此控制平面的功率计算并不会影响到用户平面的计算。

6.2.4　性能评估与仿真结果

1. 仿真场景

仿真场景采用正六边形网络对网络覆盖进行建模，是由 7 个宏小区组成的地理区域，每个宏小区又分为 3 个扇区，每个扇区中有 1 个小小区。在这 7 个宏小区的基础上向 6 个方向作扩展小区。这里选取中心相邻的 4 个宏基站及其覆盖范围下的微基站进行研究分析，宏基站与微基站工作在不同的频段上且每个宏基站负责其覆盖范围下微基站的控制平面，仿真的参数如表 6-2 所示。

表 6-2　仿真参数

系统参数	数值
单个基站的资源块数目	50
宏基站 MBS 的最大发射功率	43dBm
微基站 SBS 的最大发射功率	37dBm
宏基站 MBS 的路径损耗	PL=128.1+37.6 $\log_{10}d$, d(km)
微基站 SBS 的路径损耗	PL=131.1+42.8 $\log_{10}d$, d(km)
宏基站 MBS 的天线增益	17dBi
微基站 SBS 的天线增益	5dBi
用户模型	Full Buffer
噪声功率谱密度	−174dBm/Hz
宏基站 MBS 激活/休眠下的硬件功耗	130W/75W
微基站 SBS 激活/休眠下的硬件功耗	56W/39W
宏基站 MBS/微基站 SBS 的功放系数	4.7/2.6

2. 对比算法

将本小节中介绍的基于控制平面和用户平面分离下的高能效用户附着和基站开关策略与以下三种方案进行对比。

对比方案一：传统接入算法

参考信号接收功率（Reference Signal Receiving Power，RSRP）是 LTE 网络中可以代表无线信号强度的关键参数，在传统的接入算法中，用户根据测量的 RSRP 信号大小选择接入基站。该算法仅考虑接收参考信号强度，没有任何针对能效优化的处理方法，因此这种算法的能效是最低的。本书将这种传统接入算法当作基准 (Baseline)进行对比，其算法复杂度为 $O(1)$。

对比方案二：穷尽搜索算法

在穷尽搜索算法(Exhaust Search)中，用户和基站的所有连接情况都被计算比较，最终得出最优解。该算法的结果最为精确，但时间复杂度过高。本书将穷尽搜索算法当作上限进行对比，其算法复杂度为 $O(2^M)$。

对比方案三：遗传算法

在此类优化问题的启发式算法中，遗传算法是用途广泛且效果较好的一种算法。文献[1]中的遗传算法用于求解网络能耗优化问题，本书选择遗传算法作为对比算法之一，其算法复杂度为 $O(M^2)$。

3. 仿真结果

(1)用户数量对系统网络能效的影响

图 6.2 表示四种算法在不同用户数量下，系统能效变化的比较。从图中可以看出，随着用户数量的增加，四种算法的能效都在逐渐上升。这是因为当基站负载较低时，基站的硬件电路功耗会占据总能耗的很大比例，当用户数量上升时，基站的发射功耗增长速度比硬件电路功耗快，占据总能耗的比例也在增大，因此系统的能效逐渐上升。另外，当用户数量较少时，这四种算法的差异比较大，然而随着用户数量的增加，差异在逐渐缩小。这种现象的原因是，当用户数量越来越多，基站负载趋于饱和时，所有的基站都被开启，基站的总能耗接近其峰值，而系统的吞吐量差异较小。从图 6.2 中可以看出，本书所介绍的启发式算法 DSUA 的性能优于遗传算法 GA，差于穷尽搜索算法。但是相比于穷尽搜索算法的复杂度 $O(2^M)$ 及 DSUA 算法的复杂度 $O(M^2)$，本书所介绍的启发式算法 DSUA 有效降低了复杂度，更加适用于实际场景。

(2)用户数量对于总能耗的影响

能效的优化和能耗的优化存在着一些差异，能效最大化并不意味着能耗最低。考虑到系统模型中系统吞吐量的浮动不大，因此能耗问题也在一定程度上得到优化。仿真结果如图 6.2 和图 6.3 所示。

如图 6.3 所示，考虑了四种方案中，随着用户数据量的增加，能量消耗的变化情况。从图 6.3 中可以看出 DSUA 算法的性能优于 RSRP 准则的基线算法和遗传算法。当用户数量较少和系统负载较低时，不同算法的系统能耗差异较大，其中 DSUA 算法比基准算法节省 20%能耗，比穷尽搜索算法(穷搜算法)多 8%左右的能耗。因为本书中基站关闭后进入休眠模式而不是彻底关闭，例如对于宏基站来说，硬件电路功耗在激活和休眠模式下分别为 130W 和 75W，基站进入休眠模式后节省了 55W

而硬件电路功耗为 75W，所以，算法之间的能耗差距跟电路功耗对比相对较小，四种算法的曲线增长趋势原因同图 6.2。从仿真结果可以看出，虽然 DSUA 算法的目标是系统能效的优化，但能耗在这个过程中也得到了一定的优化。

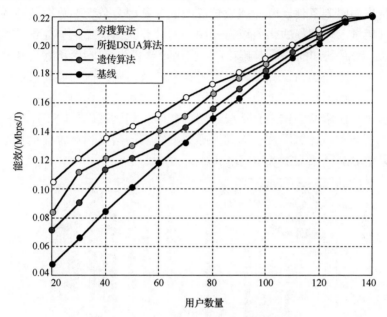

图 6.2　不同用户数量下的系统能效比较

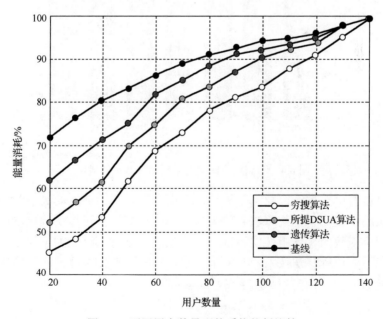

图 6.3　不同用户数量下的系统能耗比较

(3) 用户数量对激活基站数量的影响

从图 6.4 中可以看出四种算法在不同用户数量下的激活基站数量对比，因为该结果是大量实验取平均值，所以激活基站数量可能是小数。考虑到控制平面和用户平面分离带来的限制条件，一些能效较低的宏基站因为负责部分微基站的控制平面而不能被关闭进入休眠模式，所以仿真图中四种算法的增长趋势并不是线性的。对于基线算法，激活基站的数量增长较快，当用户数量为 80 时，所有的基站基本已经进入激活状态，这是因为该算法并没有考虑到能效问题。而在遗传算法中，干扰作为遗传环境的一部分被当作定值，但实际上每一次遗传迭代的过程中，干扰是不断变化的，这对算法求解的结果会造成一定的影响。相比之下，DSUA 算法在每一轮迭代过程中都会重新计算干扰，因此所提方案得到的结果相对来说更加准确，这也是仿真结果中 DSUA 算法性能优于遗传算法的原因。

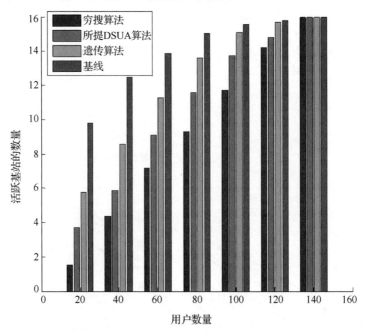

图 6.4　不同用户数量下激活基站数量的对比

综上可以看出，本章介绍的基于控制平面与用户平面分离的高能效用户附着和基站开关策略，相比于传统算法和较为常用的遗传算法，可以实现更好的业务迁移效果，在网络能效的优化上性能更好。在算法的复杂度上，DSUA 算法和遗传算法均为 $O(M^2)$，而传统算法接入算法复杂度最小。虽然 DSUA 算法在网络能效性能上差于穷尽搜索算法，但是穷尽搜索算法复杂度 $O(2^M)$ 过高而不能应用于实时业务，而 DSUA 算法有效降低了时间复杂度。

6.3　针对移动场景的高能效动态用户附着技术与基站开关策略

6.3.1　场景分析

在 5G 异构密集网络中，小小区基站因为其规模较小、灵活部署等特点，能给用户提供更好的数据速率和更大的覆盖范围，而密集部署的小小区基站也使得网络的能耗急剧上升。文献[2]中，作者采用遗传算法求出用户附着的最优解，同时指出干扰变化。文献[3]中，作者将用户附着和基站开关问题转化成一个线性规划问题，并提出一个博弈竞价模型求解该问题。然而，前期大部分工作都是基于静态瞬时结果来得出能效最优化的基站开关策略，考虑网络是静态不变的。若该类算法应用于较长一段时间范围内，则会导致基站工作模式的反复变化，考虑到实际系统中的阻塞率、设备寿命和基站开关过程中造成的瞬间能耗，这种静态方案难以应用于动态移动性的网络部署场景。

在动态移动性的网络部署场景中，用户具有移动性，拥有一定的速度和方向。在较长的一段时间内由于用户的不断移动会令其位置发生较大变化，进而导致用户的附着和小小区基站工作模式的不断变化，不断影响着网络的能效。为了能够有效规避在较长时间范围内基站针对瞬时结果带来的反复开关情况，我们将基于移动网络动态部署场景，对一段连续时间内的网络能效进行分析。不同于之前的方案，在这一小节中，我们考虑了用户的移动以及位置变化带来的基站开关的调整。首先，对于给定的系统网络，选取一段连续时间并将该时间段划分为若干时隙并设置观察时刻点。然后建立马尔可夫模型，并通过模糊逻辑和模糊矩阵的计算分析，得出权重因子，选取目标效用函数，得出每个马尔可夫状态点。最后，将问题转化为最短路径的求解问题，通过采用 Dijkstra 算法思想求解最短路径问题，可以得出能效最优的路径，从该路径上的节点可以得出各个观察点处的用户附着和基站开关结果。

6.3.2　系统模型

同第 6.2 节中的工作相比，在本节中，信道模型和功耗模型未发生变化。但是不同于上一节中对系统模型的建模方法，本小节主要关注的是在移动部署场景下的用户移动模型以及马尔可夫模型。

1. 用户移动模型

为了研究移动场景下的能效问题，选取合适的移动模型显然是最基础的一步，根据调研，首先介绍以下三种常用的用户移动模型。

(1) 液体流程模型

液体流程模型是一种简单直观的模型[4]，用户在连续移动的过程中速度和方向基本不会发生变化或者变化很小，适用于在交通公路上行进的交通工具，但无法描述运动规律不定的步行者。

(2) 随机路点运动模型

随机路点运动模型 (Random Way Point Model, RWPM) 是应用非常广泛的一种移动性模型。在该模型中，用户的移动路线被划分为多个片段，在每个移动片段中，选取起始点和目标点[5]。该模型的假设比较理想化，在理论上，问题比较容易处理，但是与用户真实路径之间存在偏差。

在该模型中，每个移动片段内的用户移动状态假定保持不变，对于第 n 个移动片段的用户状态可以通过一个元素组 $\{L_{n-1}, L_n, V_n, S_n\}$ 表示，其中 L_{n-1} 表示第 n 个移动片段中的起始位置，L_n 表示该段时间内的目标点位置，V_n 表示移动速度，S_n 表示用户到达目标点以后的停留时间，用户路径点的生成通过泊松点过程建模。

(3) 支持突发事件影响的移动模型

考虑到移动用户的移动是以目的地为目标进行的，在实际物理条件的制约下，移动速度和方向的变化是有限的，且用户前后移动之间很可能具有一定关系。在该模型[6]中，用矢量 (x, y) 表示用户位置，x 和 y 一直处于变化中，建立相关系数如下式所示，

$$\xi = \exp(-\Delta t \cdot \omega \cdot \phi) \tag{6-13}$$

其中，Δt 是两个连续抽样时间之间的间隔，ω 决定移动性模式的记忆程度，是一个经验的系数。ϕ 是设计的突发事件影响因子，描述用户移动性模式的突变。

相关联的用户位置 x 和 y 坐标是服从非相关的正态高斯过程，把用户移动速度分为 V_x 和 V_y，则用户的移动路线表示为

$$V_x(n) = V_x(n-1) \cdot \xi + \sqrt{1-\xi^2} \cdot V_{\text{avg}} \cdot \chi \tag{6-14}$$

$$V_y(n) = V_y(n-1) \cdot \xi + \sqrt{1-\xi^2} \cdot V_{\text{avg}} \cdot \chi \tag{6-15}$$

其中，V_{avg} 表示平均速度，χ 是一个均值为 0，方差为 1 的非相关正态高斯过程。

通过调整 ξ 值和 χ 的分布，可以将用户移动模式分为低、中、高三种不同模式。

低速模式中用户一般处于繁华的商业地带或者城市中心，受交通、地理位置和现实活动的影响，运动速度低、随机性大。中速模式中用户一般处于城市公路的车辆中，交通堵塞，用户速度适中，方向基本不变，具有一定规律。高速移动模式中用户处于高速公路或者类似情况下的高速行进的车辆中，速度很快，方向不能随意改变，用户前后运动之间记忆性非常大。

在本节中，考虑到理论分析与仿真的复杂性，本章选取第二种移动模型，且假设用户移动过程中速度大小和方向基本保持不变。

2. 马尔可夫模型

马尔可夫决策过程[7-9](Markov Decision Process, MDP)是一种应用广泛的数学工具，能够有效地解决无线通信中的决策问题，提供了对于离散时间的随机决策动态规划问题的解决方案。马尔可夫模型中用矩阵表示状态之间的转移概率和代价成本。将时间序列看作一个随机过程，通过计算分析状态转移的概率，来预估和预测事物的发展和变化趋势，进而得出更加可信的决策结果。该决策过程中包括 5 个元素，结合本节研究内容，其概述如下：

(1) 决策时刻

决策时刻是指决策做出并采取行动的时间点，对于移动场景下的用户，本书选取一段连续时间来研究该场景下的用户运动情况以及能效变化情况，通过将这段连续时间分为若干部分并设置观察点，分析用户与基站间的连接情况。

(2) 系统状态集合

系统状态是指在系统需要做出决策的时间点，对决策结果能产生影响的多种环境参数，而本书的系统状态为某时刻的信道状态和基站的发射功率状态。

(3) 行动集合

行动是指在任一决策时间点，系统做出的决策以及相应的改变行动，是一种输入。在本书中，每隔一定时间，用户根据移动后的位置重新选择合适的基站进行接入。

(4) 收益或成本函数

收益或成本函数是基于系统状态，采取行动所付出的代价以及相应的回报和收益，是系统的输出。当用户与基站连接关系确定后，系统所获得的吞吐量、能耗和能效等便是收益和成本函数。

(5) 状态之间的转移概率

转移概率是在已知前一时刻和当前时刻的系统状态和行动时，下一时刻系统某种变化和转移的可能性，在本书中，转移的概率是根据用户连接到基站的多个决策因子计算决定的。

这 5 个元素结合到本文研究内容具体体现为：在每个观察点，用户根据一定的策略选择连接到某基站上。当连接关系确定后，由系统的能效、能耗等状态来决定下一时刻用户与基站的连接关系。该决策的目标就是要寻找最优的策略，来最大化这段连续时间内的网络能效。

按照决策时间的长度，可分为有限马尔可夫决策过程[10-12]和无限马尔可夫决策过程[13-15]。有限马尔可夫决策过程存在决策终点，而无限马尔可夫决策过程将一直持续进行，决策时间长度被认为是无限的。本节对于一段时间内的能效策略研究看作有限马尔可夫决策过程，该问题定义为：

$$\max_{\{a_1,a_2,\cdots,a_n,\cdots,a_N\}\in\Pi} E\left\{\sum_{n=1}^{N} r_n(X_n,a_n)\right\} \tag{6-16}$$

其中，X_n 表示系统状态空间，a_n 表示系统行动策略，$r_n(X_n,a_n)$ 表示系统回报函数。

6.3.3　高能效动态用户附着与基站开关策略

基于高移动性场景，本节介绍了一种基于能效优化的用户附着和基站开关算法，简称 UAWM（User Association With Mobility）算法，该算法共分为三部分：首先，结合用户与基站连接的实际问题，选择合适的马尔可夫模型。其次，基于模糊矩阵计算用户选择接入基站的决策因子，得出马尔可夫状态点。最后，将优化问题转化为一个最短路径问题并求解。为了进一步减少能耗，本节暂不考虑一个用户同时连接到多个基站的情况。

1. 马尔可夫决策和确定性动态规划

基于前文所述场景，在用户与基站的连接过程中，用户根据一定的策略连接到对应基站上，而不会存在连接到多个不同基站的情况。针对该特性，本书将用户与基站的选择连接问题转化为确定性动态规划问题。

确定性动态规划是指当系统采取确定的某种行动后，系统状态将转移到下一个确定的状态，不存在转移到其他状态的可能性。该问题也是有限马尔可夫决策问题的一个重要研究方向，可以将其转移函数表示为

$$s_n(x_i,a_n)=x_j \tag{6-17}$$

其中，x_i 为当前时刻系统状态，x_j 为下一时刻系统状态。转移公式可表示如下：

$$\begin{cases} p(X_{n+1}|X_n,a_n)=1, & \text{if } s_n(X_n,a_n)=X_{n+1} \\ p(X_{n+1}|X_n,a_n)=0, & \text{if } s_n(X_n,a_n)\neq X_{n+1} \end{cases} \tag{6-18}$$

对于任意 $a_n\in A$ 上式均成立。

在本章中，最大化系统的网络能效是优化的目标。在仅以网络能效为目标效用函数的前提下，可以得出每个观察点能效最优的用户与基站连接结果。但是每个观察点时刻的最优并不能代表长时间过程中的结果最优，尤其在考虑了基站的实际工作情况，从开到关或者从关到开的过程中，会产生瞬时能耗 E_{sw}。为了能够取得整体时间内系统的网络能效最优，应该在局部能效最优与瞬时能耗 E_{sw} 之间找到一个平衡点，在一定程度上降低长时间内的基站的频繁开关次数。本书将这个确定性动态规划问题转化为一个最短路径问题，综合考虑多种判决属性，得出不同的状态结果，然后从初始时刻到终点时刻找出一条最短路径，所提最短路径问题可表示为

$$\max_{\{a_1,a_2,\cdots,a_n,\cdots,a_N\}\in\Pi}\left\{\sum_{n=1}^{N}C_n(X_n,a_n)\right\} \tag{6-19}$$

其中，回报函数可以看作是系统的网络能效，其具体表达式为

$$C_n=\frac{\sum R_i \cdot T_n}{P_{BS}\cdot T_n+\sum E_{sw}} \tag{6-20}$$

其中，$\sum R_i$ 表示用户接收速率之和，T_n 是时刻 $n-1$ 和时刻 n 之间的时间差，P_{BS} 是基站消耗的功率，其包括发射功率和硬件电路功耗，E_{sw} 是基站模式切换过程中开关瞬间造成的能耗。

2. 基于模糊矩阵计算决策因子权重

在求解最短路径问题之前，需要知道各条路径的具体长度。对于每一个系统状态，用户在考虑不同的判决因素基础上，选用不同的算法则会连接到不同的基站，这些结果可看作最短路径问题上的节点。

目前已有大量的文献[16]～[21]针对多种判决因素提出接入判决算法。其中基于 SINR 和层次分析法(Analytical Hierarchy Process，AHP)的简单加性加权(SINR and AHP based Simple Additive Weighting, SASAW)算法是一种较为通用的多属性判决方法，该算法可以针对不同的业务类型，调整判决因素的权重。但是 AHP 算法具有一定缺陷，在求解判决属性权重的过程中，判决矩阵需要具有一致性。否则，该算法为了能够达到数学上的一致性会对矩阵中元素不断调整，使得最终求出的结果偏离决策者的判断。此外，AHP 算法是根据当前的系统状态参数来决定基站与用户之间的连接关系，在高速移动场景下，系统状态参数变化非常快，从而对判决产生一定的影响，从系统方面来看，该算法产生的乒乓效应较为严重，使得系统资源利用率较低；从用户方面来看，用户设备会消耗更多的能量，通话中断的风险增大，用户满意度降低。

考虑上述方面，本书采用基于模糊层次分析法(Fuzzy Analytic Hierarchy Process, FAHP)的多属性判决算法来求解判决因子的权重值。FAHP 算法在 AHP 算法的基础上做出了两方面改进：一是 FAHP 算法建立的是模糊判断矩阵，该矩阵的各元素不是通过比值来确定相互关系，而是通过相对重要程度来确定，且有着严格的一致性检验方法；二是在求解权重的过程中，采取具有指导性的调整方法，对于求解结果的权重值进一步调整，使得结果并不严格单一，求解过程简便易行。

本书综合考虑系统的网络能效、基站负载和信道质量 SINR 建立判决矩阵，确定判决因子权重，构建目标效用函数为用户选取合适的基站进行接入，方案具体分为三步：

(1)第一步：选取决策因子并进行归一化处理

本节选取三种决策因子，分别为系统的网络能效、基站的负载状况以及信道质量 SINR。由于每个判决因素的性质、数值和单位都不同，综合考虑这些因素来决定用户与基站的连接比较困难。为了方便利用不同决策因子的数值来为用户选择最合适的基站，我们首先对这三种决策因子的样本数值进行归一化处理消除其差异性。归一化的方法[22]如下所示：

$$n_i = \frac{N_i - (N_i)_{\min}}{(N_i)_{\max} - (N_i)_{\min}} \tag{6-21}$$

其中，N_i 为决策因子原值，$(N_i)_{\max}$ 为所有结果中判决因子的最大值，$(N_i)_{\min}$ 为所有结果中判决因子的最小值，n_i 为归一化后的结果。

对于三种决策因子，其计算方式沿用 6.2.2 小节中的信道模型和用户模型。

(2) 第二步：建立模糊矩阵

在建立模糊矩阵之前，先要比较元素之间的相对重要程度。在本书中，我们用 a_i、a_j 表示决策因子，用 $r_{i,j}$ 表示决策因子 a_i 相对于 a_j 的重要性，其中 $r_{i,j}$ 满足：

$$r_{i,j} + r_{j,i} = 1, \quad r_{i,j} \in (0,1) \tag{6-22}$$

其中，$r_{i,j}$ 越大表明决策因子 a_i 相对于 a_j 越重要，例如当 $r_{i,j}$=0.1 时，表明两元素相比，a_i 相对 a_j 极端不重要；当 $r_{i,j}$=0.9 时，表明两元素相比，a_i 相对 a_j 极端重要。假设系统的网络能效为决策因子 a_1，基站负载为决策因子 a_2，信道质量 SINR 为 a_3。则对应的模糊矩阵如下所示：

$$\boldsymbol{R} = \begin{bmatrix} r_{1,1} & r_{1,2} & r_{1,3} \\ r_{2,1} & r_{2,2} & r_{2,3} \\ r_{3,1} & r_{3,2} & r_{3,3} \end{bmatrix} \tag{6-23}$$

建立了模糊矩阵以后，需要求解决策因子的权重系数，本书中用 w_1、w_2 和 w_3 表示三种决策因子的权重系数。在 AHP 中，采用最小二乘法求解各元素的权重值，但是结果仅为一组数值，而采用 FAHP 求出的权重值是由多种结果共同组成的集合，研究人员可以根据实际情况需求，选择其中最适合的一种参数组合值。

模糊矩阵元素 $r_{i,j}$ 和权重系数 w_i 存在以下关系：

$$r_{i,j} = 0.5 + \mu(w_i - w_j) \tag{6-24}$$

其中，μ 是一个变量，取值区间为 $(0,0.5)$。若判决目标的数量较大或者区分程度比较显著，μ 值偏大；反之，μ 值偏小。在本书中，可以通过增大或减小 μ 值，来计算得到很多组不同加权矢量，从而构成多条路径，形成最短路径问题。

(3) 第三步：构建目标效用函数

用户与基站连接的效用函数定义为

$$F = w_1 \text{EE}_{\text{system}} + w_2 \text{Load}_{\text{BS}} + w_3 \text{SINR} \tag{6-25}$$

在每个观察点，用户将根据目标效用函数选择 F 值最大的基站进行接入。

3. 最短路径问题及求解

根据多组不同权重矢量求出多个马尔可夫状态点，组成一个最短路径问题，如图 6.5 所示。

在图 6.5 中，N_1、N_2、N_3、$\cdots$、N_{n-1} 和 N_n 表示观察点（决策时刻点），且观察点 N_{s-1} 和 N_s 之间的时间间隔为 T_s。X_0 表示系统初始状态，$X_{s,1}$、$X_{s,2}$、$X_{s,3}$ 表示在同一个观察点，由于权重系数不同而得出的不同状态结果；$X_{1,t}$、$X_{2,t}$、$X_{3,t}$、$\cdots$、$X_{n-1,t}$ 和 $X_{n,t}$ 表示针对第 t 种权重系数组，不同时刻下的状态结果。

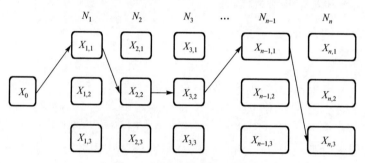

图 6.5　最短路径图示意图

从状态 X_0 到状态 $X_{1,1}$ 的过程中，用户由于移动导致其位置发生了变化，位置改变以后用户从原先基站上接收的信号也发生了变化，部分用户为了保持通信状态需要重新连接到其他基站，因此基站整体的状态发生了变化，包括基站运行模式（激活或休眠）和基站发射功率。同时，考虑到基站在从开启到关闭或者从关闭到开启的过程中，会产生一个瞬间的能量消耗 E_{sw}，所以基站运行模式的频繁改变也会带来很大一部分能耗。

假设在观察区域 R 内存在 M 个用户，N 个基站；对于状态 $X_{i,j}$，用户与基站的连接关系用矩阵 $W_{M \times N}$ 表示。对于状态 $X_{i',j-1}$ 与状态 $X_{i,j}$，其时间间隔为 T_j。在这段时间间隔内，系统的吞吐量以及系统能耗 E_j 分别表示为

$$\text{Throughput}_{i' \to i,j} = C \cdot T_j \tag{6-26}$$

$$E_{i' \to i,j} = P_{\text{BS}} \cdot T_j + E_{\text{sw}} \cdot N_i \tag{6-27}$$

其中，C 指单位时间内用户接收到的数据速率总和，P_{BS} 指基站功耗，包括发射功率和硬件电路功耗。N_i 表示从状态 $X_{i',j-1}$ 到状态 $X_{i,j}$ 过程中，基站运行模式发生变化的基站数量。

本节定义一个路径长度 L，从状态 $X_{i',j-1}$ 到状态 $X_{i,j}$ 的路径长度为

$$L_{i'\to i,j} = \frac{E_{i'\to i,j}}{\mathrm{Throughput}_{i'\to i,j}} \tag{6-28}$$

该段时间内的网络能效越高，则路径长度 $L_{i'\to i,j}$ 越短。

在求解的过程中，本节采用最短路径 Dijkstra 算法：以起始点为中心向外层扩展，直到扩展到终点为止。在已知初始状态 X_0 的情况下，不断向下一时刻状态点扩展并更新最短路径及其数值，通过不断利用上一时刻得出的最短路径 $X_0 \to X_{i-1}$ 来递推 $X_0 \to X_i$ 中各个状态的最短路径，最后得出 $X_0 \to X_N$ 各条路线的最短路径。从这多条路径中选取一条最短路径并记录其轨迹点，则可得出该连续时间段内基于能效优化的用户附着和基站开关策略。

6.3.4　性能评估与仿真结果

(1) 仿真场景

仿真场景采用正六边形网络对网络覆盖进行建模，是由 7 个宏小区组成的地理区域，每个宏小区又分为 3 个扇区，每个扇区中有 1 个小小区。在这 7 个宏小区的基础上向 6 个方向做小区扩展。不同于 6.2 节，本节考虑到用户移动特性，选用更大的范围进行研究分析，用户随机分布在该区域内并且创建用户的同时随机生成速度和方向，如图 6.6 所示。其中，"*"表示宏小区位置，红点表示小小区位置，黄点表示随机生成的用户。图中圆圈内的部分是仿真所观察的部分，此外，仿真参数如表 6-3 所示。

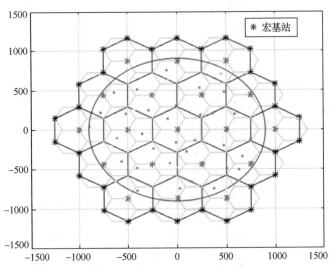

图 6.6　仿真场景中的小区和用户(见彩图)

表 6-3 仿真参数

系统参数	数值
单个基站的资源块数目	50
宏基站 MBS 的最大发射功率	43dBm
微基站 SBS 的最大发射功率	37dBm
宏基站 MBS 的路径损耗	PL=128.1+37.6 $\log_{10} d$, d(km)
微基站 SBS 的路径损耗	PL=131.1+42.8 $\log_{10} d$, d(km)
宏基站 MBS 的天线增益	17dBi
微基站 SBS 的天线增益	5dBi
用户模型	Full Buffer
噪声功率谱密度 N_0	−174dBm/Hz
宏基站 MBS 激活/休眠下的硬件功耗	130W/75W
微基站 SBS 激活/休眠下的硬件功耗	56W/39W
宏基站 MBS/微基站 SBS 的功放系数	4.7/2.6
微基站 SBS 切换能耗 E_{sw}	10J
用户移动速度，方向	0～120km/h，随机方向

(2) 对比算法

本章介绍的 UABSWM 算法与其他三个算法进行性能对比。

对比算法一：以 RSRP 为接入准则且不考虑能效的基准算法(仿真中表示为基□)，其算法复杂度为 $O(1)$；

对比算法二：传统算法，在用户接入基站后根据负载状况关闭低于一定负载门□的基站(仿真中表示为传统切换)，其算法复杂度为 $O(M)$；

对比算法三：穷尽搜索算法，遍历所有结果从而得出最优解(仿真中表示为穷搜□法)，其算法复杂度为 $O(2^M)$。

对于本书的 UABSWM 算法，其算法复杂度为 $O(M^2)$。通过采用不同的 μ 值，□以得到不同的权重向量，进而得出多条路径选择以便寻找最短路径。设 μ=0.3，□根据式(10-15)，可得出对应的模糊矩阵为

$$\boldsymbol{R} = \begin{bmatrix} 0.5 & 0.6 & 0.6 \\ 0.4 & 0.5 & 0.5 \\ 0.4 & 0.5 & 0.5 \end{bmatrix}$$

进一步得出对应的权重向量为 $\boldsymbol{W}_1 = [0.5556, 0.2222, 0.2222]^T$。同理，当 μ=0.1 时，

可得到其权重向量为 $W_1=[1,0,0]^T$；当 μ=0.2 时，可得到其权重向量为 W_1=[0.6666, 0.1667,0.1667]^T；当 μ=0.4 时，可得到其权重向量为 $W_1=[0.5,0.25,0.25]^T$；当 μ=0.5 时，可得到其权重向量为 $W_1=[0.4666,0.2667,0.2667]^T$。

（3）仿真结果

图 6.7 和图 6.8 分别表示了在不同用户数量情况下，系统的网络能效随着用户的最低速率需求的变化。从两幅图中可以看出，随着用户最低速率需求的升高，系统的网络能效也呈现出稳步上升的趋势，这是因为随着用户速率需求的提升，基站的资源会被更多地分配给用户以满足其需求，基站负载上升使得其发射功率部分有所升高。当基站的发射功率上升时，网络能耗中的发射功耗比例提高，有用功耗比例提高从而使得网络能效上升。在这四种算法中，基线算法不考虑能效优化问题所以取得的能效最低，而穷尽搜索算法遍历所有可能的结果找到最优解所以取得的能效最高，但是这种算法的能效是以大量的时间复杂度为代价获得的。相比之下，本章介绍的 UABSWM 算法性能优于传统算法，仅次于穷尽搜索算法，但是时间复杂度从 $O(2^M)$ 降低到 $O(M^2)$。图 6.7 和图 6.8 中的用户数目有所不同，两幅图中的对比算法之间的差异略有不同。当网络中的用户数目逐渐增大时，基站负载也渐渐加重，当用户数目超过一定门限时，为了保证所有用户的通话质量，越来越多的基站需要全程保持激活状态，从而减少了因基站模式切换带来的能耗。在极限情况下，所有基站全程均保持激活状态时，不会发生基站模式切换，此时

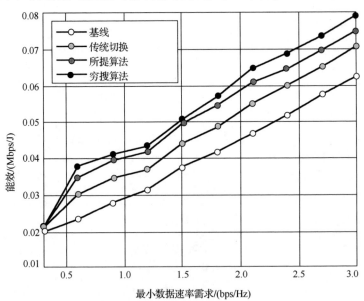

图 6.7　低用户数时网络能效随用户最低速率需求的变化

基站模式切换带来的能耗为 0。因此，在图 6.8 中，因为有着更多的用户、更高的负载状况，算法之间的差异相比于图 6.7 中的曲线要略小，且算法的能效值要略高一些。

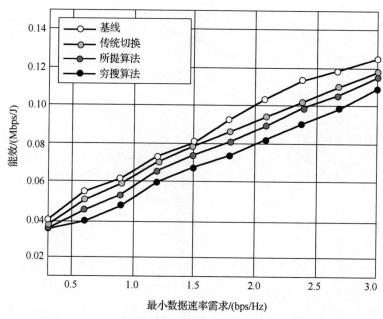

图 6.8　高用户数时网络能效随用户最低速率需求的变化

图 6.9 中显示当微基站 SBS 模式切换带来的瞬间能耗值发生改变时，系统的网络能耗总和随之变化的趋势。从图中可以看出基线算法的值保持不变，因为该算法不考虑能效问题，不关闭基站，所以基站模式切换带来的能耗对系统网络能耗没有影响。传统算法对应的"传统切换"曲线，随着微基站模式切换带来的能耗值超过一定门限时，其系统网络能耗最差，这是因为该算法在开关基站的过程中未考虑微基站模式切换带来的能耗，仅考虑关闭基站负载较低的基站，从而在较长一段时间内造成大量微基站模式频繁切换，导致大量能耗产生。而本小节介绍的算法和穷尽搜索算法虽然曲线处于增长趋势但不会超过基线算法，因为这两种算法考虑到微基站模式切换的能耗问题并采取策略进行改善。考虑到算法复杂度方面，基准算法复杂度为 $O(1)$，传统切换算法复杂度为 $O(M)$，UAWM 算法复杂度为 $O(M^2)$，穷尽搜索算法复杂度为 $O(2^M)$。虽然 UAWM 算法复杂度大于基准算法和传统切换算法，但是其性能改善较为明显。而 UAWM 算法和穷尽搜索算法之间，穷尽搜索算法的性能虽略优一些，但其算法复杂度从 $O(M^2)$ 上升到 $O(2^M)$ 很难应用于实时业务。

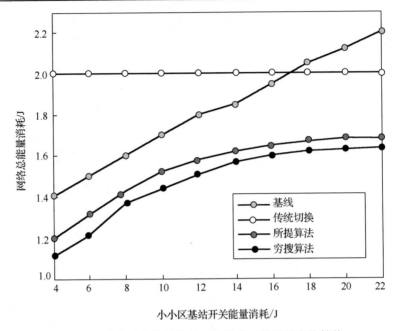

图 6.9　系统网络能耗随微基站模式切换能耗变化趋势

6.4　本 章 小 结

在第 5 章的基础上，本章进一步介绍了基于小区动态开关的业务迁移技术。首先介绍了基于小区动态开关技术的概念与研究现状，在此基础上介绍了如何应用基于小区动态开关的业务迁移技术，分别给出了在静态和动态移动两种不同的网络部署场景下优化的用户附着与小区开关策略。并对所提的方案给出了仿真结果及性能分析。结果表明，基于小区动态开关的业务迁移技术能够有效地降低系统能耗，进而提高网络能效。

参 考 文 献

[1]　Fehske A J, Richter F, Fettweis G P. Energy efficiency improvements through micro sites cellular mobile radio networks// 2009 IEEE Globecom Workshops, 2009: 1-5.

[2]　Chandhar P, Das S S. Energy saving in OFDMA cellular networks with multi-objective optimization//2014 IEEE International Conference on Communications, 2014: 3951-3956.

[3]　Feng M, Mao S, Jiang T. BOOST: Base station on-off switching strategy for energy efficie massive MIMO HetNets//2009 IEEE Global Telecommunications Conference, 2016: 1-9.

[4] Xie H, Tabbane S, Goodman D J. Dynamic location area management and performance nanlysis//Proceedings of 43rd IEEE Vehicular Technology Conference, Secaucus NJ, 1993: 536-539.

[5] Hossain M S, Atiquzzaman M. Stochastic properties and application of city section mobility model //Global Telecommunications Conference, IEEE, 2009: 1-6.

[6] 张翼德, 冯钢, 薛飞. 无线通信网中的新型移动性模型. 电子科技大学学报, 2009, 38(3): 333-337.

[7] Adlakha S, Lall S, Goldsmith A. Networked Markov decision processed with delays. IEEE Transactions on Automatic Control, 2012, 57(4): 1013-1018.

[8] Gast N, Gaujal B, Boudec J L. Mean field for Markov decision processed: From discrete to continuous optimization. IEEE Transactions on Automatic Control, 2012, 57(9): 2266-2280.

[9] Jia Q. On state aggregation to approximate complex value functions in large-scale Markov decision processed. IEEE Transactions on Automatic Control, 2011, 56(2): 333-344.

[10] Guo X P, Song X Y. Mean-variance criteria for finite continuous-time Markov decision process. IEEE Transactions on Automatic Control, 2009, 54(9): 2151-2157.

[11] Coraluppi S P, Marcus S I. Mixed risk-neutral/minimax control of discrete-time finite-state Markov decision processed. IEEE Transactions on Automatic Control, 2000, 45(3): 528-532.

[12] Courcoubetis C, Yannakakis M. Markov decision processes and regular events. IEEE Transactions on Automatic Control, 1998, 43(10): 1399-1418.

[13] Li B, Si J. Robust optimality for discounted infinite-horizon Markov decision processes with uncertain transition matrices. IEEE Transactions on Automatic Control, 2008, 53(9): 2112-2116.

[14] Li B, Si J. Belief function model for reliable optimal set estimation of transition matrices in discounted infinite-horizon Markov decision processes//The 2011 international Joint Conference on Neural Networks, 2011: 1214-1221.

[15] Li B, Si J. Approxiamate robust policy iteration using multilayer perceptron neural networks for discounted infinite-horizon Markov decision processed with uncertain correlated transition matrices. IEEE Transactions on Neural Networks, 2010, 21(8): 1270-1280.

[16] Kassar M, Kervella B, Pujolle G. An overview of vertical handover decision strategies in heterogeneous wireless networks. Computer Communications, 2008, 31(10): 2607-2620.

[17] Yang K, Gondal I, Bin Q. Multi-dimensional adaptive SINR based vertical handoff for heterogeneous wireless networks. IEEE Communications Letters, 2008, 12(6): 438-440.

[18] Yang K, Gondal I, Qiu B, et al. Combined SINR based vertical handoff algorithm for next generation heterogeneous wireless networks//IEEE Global Telecommunications Conference, 2007: 4483-4487.

[19]　Yan X, Ahmet S Y, Narayanan S. A survey of vertical handover decision algorithms in fourth generation heterogeneous wireless networks. Computer Networks, 2010, 54: 1848-1863.

[20]　刘胜美，孟庆民，潘甦，等. 异构无线网络中基于 SINR 和层次分析法的 SAW 垂直切换算法研究. 电子与信息学报, 2011, 33(1): 235-239.

[21]　张吉军. 模糊层次分析法(FAHP). 模糊系统与数学, 2000, 14(2): 80-88.

[22]　柯希. 针对异构分散式移动网络的移动性管理策略研究. 北京：北京邮电大学，2015.

第7章 基于时延感知的业务迁移技术

随着 5G 网络接入的用户数和用户类型的增加,以及数据业务量的爆炸性增长,在 5G 组网策略中需要考虑的用户需求相比 4G 也越来越多。为了同时支持共享信道上的多业务混合场景,本章基于有效容量,提出了多业务时延感知的资源分配策略,并将传输时间和功率分配过程相结合,通过所提出的策略来实现系统频谱效率和能量效率之间的折中。为了保证不同的业务需求,定义了用户满意度的度量,并设计了相应的基于拍卖理论的多业务调度算法。基于时延感知的业务迁移技术,实现了网络资源的优化分配,提高了系统的能量效率。

7.1 基于有效容量的业务与资源匹配技术

7.1.1 业务与资源匹配概述

不同种类的用户以及丰富多样的业务和制式不同的网络技术正在推动 5G 异构网络成为高性能和高效的无线网络系统,业务从单一的语音或者上网需求正变得越来越丰富多彩。这就需要在分配网络资源时针对具体业务进行具体分析,在满足业务 QoS 需求的同时可以节省能源消耗。多用户与异构网络的场景下,基站的多样性是一个很重要的网络特征。并且由于控制平面与用户平面的分离,控制平面在一个较大的范围内提供用户和基站匹配连接,用户平面则为覆盖下的用户提供数据传输服务。

5G 网络有三大主要应用场景,包括增强移动宽带、海量机器类通信和超高可靠低时延通信,每个场景下都有严格的关键性能指标。增强移动宽带的主要关键性能指标包括高数据速率、高用户设备密度、高用户移动性以及大动态数据速率、部署和覆盖范围。高数据速率是视频、音乐等流媒体服务、增强现实 (Augmented Reality, AR) 等交互式服务中最重要以及最严格的性能要求之一,这些服务在要求高用户体验数据速率之外,还有较严格的时延要求。同时,不同的用户体验速率具有大动态范围,室内热点场景中需要的上下行速率可达到 500Mbps 和 1Gbps,而非密集的广大农村地区的上下行速率则仅仅为 25Mbps 和 50Mbps。

超高可靠低时延通信场景中包括了时延和可靠性两个要求,并且满足这两个要求的同时需要更高的定位精度,这些关键性能指标受到商业和公共安全服务的重视。在商业方面的应用主要有工业控制、工业自动化、无人机控制和增强现实,对于触觉交互而言时延需要低至 0.5ms。在安全方面，如车联网的应用，需要极低的时延与极高的网络可靠性。

海量机器类通信与以往的用户之间的通信有很大区别，主要侧重用人与物、物与物的信息交互，连接密度可高达百万个设备每平方公里。大量连接入网的机器终端对核心网、接入网、发射设备、用户以及其他系统组件中的资源和能量效率有较高的要求。传感器、可穿戴设备会成为海量机器类通信的关注重点，智能家居和城市、智能公用事业和电子健康都是重要的应用场景。

与 4G 及之前的无线网络系统不同，5G 无线网络被设计成能为不同的场景、不同的业务和不同的用户提供网络服务支持。接入网和核心网中引入了大量革命性新技术以提高网络的灵活性，并且以能量效率、频谱效率和成本作为性能指标进行网络优化。空口的增强功能、网络分层功能、网络缓存功能和托管服务功能都使网络能力的提供者更加接近用户，为用户带来更好的服务体验。

3GPP 标准化组织提出将核心网部分与软件定义网络融合演进，采用网络功能模块化，在一个网络中构造多个不同的虚拟网络，同一个小区基站的资源可以被不同的虚拟网络功能占用。每一个虚拟网络作为实体网络的一个切片来满足特殊的业务的需求。网络不仅能够满足用户的多业务需求，而且能够感知到服务的业务类型，更好地匹配业务与无线网络资源，达到无线网络资源的优化利用。用户提出多个业务需求并且由不同的网络切片提供服务时，这些网络切片将共享同一个小区基站的资源，每种业务占据的信道资源如何分配将是研究的重点。

传统业务场景中，用户提出速率要求，然后建立用户与网络的连接，在分配资源过程中并不过多考虑业务特性的影响[1]。在向下一代无线网络的演进过程中，影响业务 QoS 的参数不仅仅包括数据速率还包括业务的时延等特性。在多业务场景下，用户可以同时提出多个业务请求，且不同业务之间的差异性可能较为明显。此时，不仅需要考虑用户与基站之间的匹配，还需要考虑业务与网络资源之间的关系，业务迁移技术的应用面临更为复杂的挑战。不同业务之间的差异主要体现在不同的 QoS 上，QoS 主要与速率、时延以及误比特率三个要素相关。随着业务种类的不断增多，用户可以同时请求多个业务服务，需要根据多个不同速率和时延容忍需求使得业务合理分配传输所需的时间与功率资源。因此，考虑时延对业务与网络资源匹配的影响是一个重要问题。

鉴于数据传输信道在 5G 无线网络中共享，资源分配和调度策略是保证共享资源上混合多业务的不同 QoS 需求的关键。资源分配的目的是通过合理地为用户分配无线网络资源以最大化网络容量、网络能效或是用户服务质量等指标。无线网络资源是指频率带宽、发射功率、时间、码字和空间资源等[2-4]。特别地，对于混合多业务场景，共享信道上的不同业务的时延容忍是一个需要考虑的关键指标。由于时延与业务在信道中的传输时间有紧密的关系，所以时延容忍特性在资源分配过程中需要被合理考虑，以实现更高的系统利用率。如果某些时延容忍度较高的业务和应急服务同时存在，系统可以更高效地分配信道和资源，从而获得更好的系统效益。为了充分利用网络资源有效支持多业务，本章基于有效容量研究了业务与资源匹配的多业务时延感知资源分配策略。与当前的资源分配工作不同，多个共存业务的时延容忍被视为有效容量[5]概念下可以分配的新维度资源。

因此，考虑将不同业务的时延容忍作为新的"资源维度"，并且在资源分配过程中采用有效容量来描述无线信道的特征。通过利用混合业务调度的时延容忍，基于有效的业务迁移技术，可以实现更高的频谱效率和能量效率。进一步，为了实现频谱效率和能量效率之间的平衡，介绍了采用柯布-道格拉斯生产函数的构建方法来描述它们之间的关系，并采用次梯度法得到最优解。定义了每个服务的用户满意度，介绍 VCG 拍卖理论进行多业务调度分析。分别从优化系统收益和业务收益出发，基于拍卖模型设计资源调度方案。

7.1.2　业务与资源匹配研究现状

当前，已有一些关注在多业务场景下资源分配的工作。在文献[6]中，通过博弈论研究用户对无线网络运营商的选择以及多层异构无线网络中的带宽分配，分析了非合作带宽分配博弈的纳什均衡的存在性和唯一性。在文献[7]中，提出了一种基于李雅普诺夫优化的具有 D2D 延迟感知的动态波束形成设计算法。文献[8]考虑了分组数据和视频业务共存的多业务场景，利用二维离散时间马尔可夫链模拟了用户数量，联合优化物理层和数据链路层参数，实现吞吐量的提升。在文献[9]中，提出了一种异构网络中的分布式多业务资源分配算法。文献[10]针对 LTE 系统中考虑多业务多用户的场景，通过预编码和功率分配提出一种跨层调度策略以确保资源分配和QoS 之间的权衡。

目前，瞬时资源分配方案主要关注带宽和功率分配。然而，服务提供过程需要一定的传输时间，端到端的服务时延会影响无线网络的资源分配结果。因此，引入有效容量（Effective Capacity，EC）的概念描述业务传输时延和数据速率的统计关系。文献[11]介绍了有效容量的概念，即将有线网络的有效带宽（Effective Bandwidth）扩展到无线网络中形成了有效容量的概念，从而建立了时变信道中 QoS 指数与有效容量之间的关系。在文献[12]中，介绍了有效容量的一些应用实例，并研究了如何在独立同分布的块衰落（Block Fading）信道下评估其性能。文献[13]研究了基于有效容量的功率分配策略。

综上所述，对于多业务的资源分配场景，针对不同业务在传输时间和端到端时延受限的情况下资源如何分配的问题，本章节提出的解决方案是在具有延迟感知的信道上同时支持多种业务，基于有效容量研究传输时间以及功率分配问题，以及对用户满意度的影响。

7.1.3　基于有效容量的业务与资源匹配方案

在本章节中，针对不同业务在传输时间和端到端时延受限的情况下资源如何分配的问题，提出了一种在具有延迟感知的信道上同时支持多种业务的解决方案，基于有效容量研究传输时间以及功率的分配问题。同时，研究了其对用户满意度的影响，并用于多业务调度算法的改进。

多业务的信道资源分配如图 7.1 所示。在按照单一业务 QoS(速率需求)需求完成用户与小区匹配后，基站将为用户分配信道资源。如图 7.1 所示，用户有视频、语音和互联网三种业务请求，不同的业务不仅有不同的数据速率需求，还有不同的时延要求，在资源分配过程中，需要分别考虑不同业务的不同需求。在图 7.1 中，椭圆形部分分别表示分配给视频应用、语音和互联网服务的功率和时延。

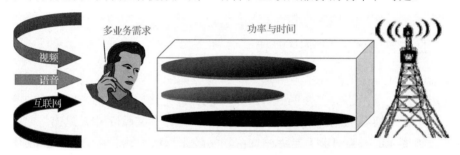

图 7.1　多业务下时延感知的功率和时间资源分配(见彩图)

QoS 指数是表征无线信道能力的重要指标，一般情况下，数据速率是描述信道性能的重要参数。但由于业务类型的多样性，时延和误码率等参数逐渐成为被认可的 QoS 指标之一，这些参数和数据速率一样对无线信道的建模非常重要。然而在现有的信道模型中，时延等指标没有被明确地体现出来，因此需要估计信道模型的参数，然后从模型中提取 QoS 度量。这种方法不仅复杂而且不太准确(如从模型中提取 QoS 度量的近似而导致结果不准确)。为了解决这个问题，基于有效容量和排队理论建立了链路层信道模型。如图 7.2 所示，在信道中添加了时延控制，对流量来说增加了一个缓存机制。

假设用户业务 k 的源数据流的速率为 λ_k 和最大的时延界限 $D_{\max,k}$，并且时延违反概率不大于某个值 ε_k，$D(\infty)$ 是流量的稳态延迟，则存在，

$$P\{D(\infty) > D_{\max,k}\} \leq \varepsilon_k \tag{7-1}$$

用户对业务 k 的统计意义上的 QoS 指数由三元素 $(\lambda_k, D_{\max,k}, \varepsilon_k)$ 决定。采用有效容量来描述信道时间与功率资源和数据速率之间的关系，有效容量 $\alpha(\theta_k)$ 的公式可表示为[14]

$$\alpha(\theta_k) = -\frac{1}{\theta_k T_k} \log E\left[e^{-\theta_k \int_0^t r(\tau)d\tau}\right] \tag{7-2}$$

其中，$\lambda_k = \alpha(\theta_k)$ 表示信道能为业务 k 提供的端到端的数据速率（即信道容量），$r(t)$ 表示业务 k 的信道速率，T_k 表示业务 k 的业务服务的持续时间，t 表示业务 k 的信道服务持续时间，θ 表示业务特性对速率的影响，即 QoS 指数。

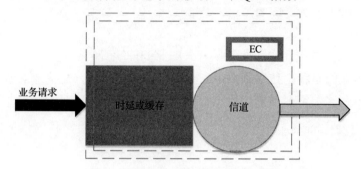

图 7.2　有效容量下的系统流量传输图

时延违反概率由式(7-3)给出，

$$P\{D(\infty) > D_{\max,k}\} \approx e^{-\theta_k \lambda_k D_{\max,k}} \tag{7-3}$$

结合式(7-1)，可以得到

$$e^{-\theta_k \lambda_k D_{\max,k}} \leqslant \varepsilon_k \tag{7-4}$$

则业务 k 的最小统计 QoS 指数为

$$\theta_{k,\min} = \frac{-\log \varepsilon_k}{\lambda_k D_{\max,k}} \tag{7-5}$$

式(7-5)建立了业务 k 的统计 QoS 与业务特性之间的关系，包括速率、时延和时延违反概率，时延违反概率也被称为误码率（BER）[15]。

当信道随时间变化时，分配给用户的功率资源也随着时间变化。为了便于分析，假设信道建模为块衰落信道模型，数据速率在每个传输时间间隔内是恒定的。在每个服务时间内，发射功率保持稳定，高速缓存延迟的影响可以被视为信道时延的一部分。因此，有效容量公式被简化为

$$\alpha_k = \alpha(\theta_k)$$

$$= -\frac{1}{\theta_k T_k} \log E\left[e^{-\theta_k \int_0^t r(\tau)d\tau}\right]$$

$$= -\frac{1}{\theta_k T_k} \log E[e^{-\theta_k r_k \times t_k}]$$

$$= -\frac{-\theta_k r_k \times t_k}{\theta_k T_k} = \frac{r_k \times t_k}{T_k} \qquad (7\text{-}6)$$

其中，α_k 表示业务 k 的需求数据速率，r_k 表示业务 k 的信道速率，t_k 表示业务 k 的传输时间。式 (7-6) 表明，在某些条件下，业务数据速率与传输时间成正比。因此，信道容量随着业务传输时间的增长而增加，业务 k 的时延 D_k 是业务在信道中的实际传输时间与源数据流的时间的差值

$$D_k = t_k - T_k \qquad (7\text{-}7)$$

也就是说，T_k 是与数据速率和业务量有关的业务持续时间。

图 7.3 描述的是稳定信道状态下，业务容忍时延时被分配信道的流程。可以看出，需求速率会比信道速率大，但由于容忍时延的存在，依然能满足业务需求。信道瞬时速率通过 Shannon 公式计算，即 $s(p) = \log\left(1 + \dfrac{ph}{\sigma^2}\right)$。稳定信道的有效容量 $\alpha_k(t_k, p_k)$ 为

$$\alpha_k(t_k, p_k) = \frac{t_k}{T_k} \log\left(1 + \frac{p_k h}{\sigma^2}\right) \qquad (7\text{-}8)$$

其中，p_k 表示业务 k 的发射功率，h 表示信道增益，σ^2 表示噪声功率。

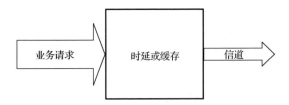

图 7.3　稳定信道下的系统数据传输图

业务消耗的功率是整个传输时间内分配的功率，业务 k 的总功耗表示为

$$P_k(t_k, p_k) = t_k \times p_k \qquad (7\text{-}9)$$

系统能量效率定义为所有服务中系统容量与总功耗之比，

$$E(t, p) = \frac{\displaystyle\sum_{k=1}^{N}\left[\alpha_k(t_k, p_k) \times T_k\right]}{\displaystyle\sum_{k=1}^{N} P_k(t_k, p_k)} \qquad (7\text{-}10)$$

其中，N 表示业务的种类数量。

7.2　多业务时延感知的资源分配策略

5G 异构密集无线网络中包含了多种类型的移动业务，也就意味着更多样的 QoS

需求，其中 QoS 参数包括数据速率、时延、误码率等。在 5G 网络的超可靠低延迟通信场景中，时延是一个重要的性能指标。而对于增强型移动宽带和大规模机器类型通信场景，如前所述，时延容忍可以被当作一个可分配的资源维度。

7.2.1　多业务时延感知的资源分配

在 5G 之前的移动网络中，资源分配策略主要集中在资源块和功率分配上，传输时间通常在分配过程中被忽略。在本章中，业务的时延容忍被认为是一维可分配的无线网络资源，等同于时间和功率资源，在多业务时延感知的资源分配策略中被分配。资源分配过程一般有两个主要目标，优化频谱效率和优化能量效率，其具体表达分别如下式所示，

$$\text{目标 1: } \max \sum_{k=1}^{N} \left[\alpha_k(t_k, p_k) \times T_k \right] \tag{7-11}$$

$$\text{目标 2: } \max E(t, p) \tag{7-12}$$

其中，(t_k, p_k) 是多业务场景下可分配的资源。

本章所提策略的目标是实现系统频谱效率和能量效率之间的平衡与折中。为了在系统的两个目标之间取得平衡，两个目标分别被视为劳动和资本，类似经济学中的柯布-道格拉斯生产函数[5]。可以得到生产输出模型：

$$O(t, p) = \left[\sum_{k=1}^{N} \left[\alpha_k(t_k, p_k) \times T_k \right] \right]^{\omega} \times \left[\frac{\sum_{k=1}^{N} \left[\alpha_k(t_k, p_k) \times T_k \right]}{\sum_{k=1}^{N} P_k(t_k, p_k)} \right]^{1-\omega} \tag{7-13}$$

其中，$\omega \in [0,1]$ 表示对频谱效率的偏好，相应地，$1-\omega \in [0,1]$ 表示对能量效率的偏好。为了便于计算，将 $O(t, p)$ 公式转换为指数形式。因此，生产函数可以写成

$$\log O(t, p) = \omega \log \sum_{k=1}^{N} \left[\alpha_k(t_k, p_k) \times T_k \right] + (1-\omega) \log \frac{\sum_{k=1}^{N} \left[\alpha_k(t_k, p_k) \times T_k \right]}{\sum_{k=1}^{N} P_k(t_k, p_k)} \tag{7-14}$$

目标生产函数可以变换成如下公式：

$$\log O(t, p) = \omega \log \sum_{k=1}^{N} \left[t_k \log \left(1 + \frac{p_k h}{\sigma^2} \right) \right]$$

$$+ (1-\omega) \log \sum_{k=1}^{N} \left[t_k \log \left(1 + \frac{p_k h}{\sigma^2} \right) \right] - (1-\omega) \log \sum_{k=1}^{N} (t_k p_k)$$

$$= \log \sum_{k=1}^{N} \left[t_k \log\left(1 + \frac{p_k h}{\sigma^2}\right) \right] - (1-\omega)\log \sum_{k=1}^{N} (t_k p_k) \tag{7-15}$$

那么，对于系统中的全部 N 种业务，最大化产出以获得资源的最优分配可表述如下：

$$\max \log O(t, p) \tag{7-16}$$

$$\text{s.t.}$$

$$\alpha_k(t_k, p_k) \geqslant \lambda_k, k = 1, 2, \cdots, N \tag{7-17}$$

$$0 \leqslant D_k = t_k - T_k \leqslant D_{\max,k}, k = 1, 2, \cdots, N \tag{7-18}$$

$$\sum_{k=1}^{N} p_k \leqslant p_t \tag{7-19}$$

式(7-17)确保有效容量在资源分配后比业务要求的数据速率高，式(7-18)表示信道的实际传输时间长于业务的服务持续时间，式(7-19)保证信道上的总发射功率受限。

上面的问题是一个非凸的问题，为了解决这个问题，引入拉格朗日函数将原问题转化为对偶问题，然后采用次梯度法求解。$L(t, p, \boldsymbol{\alpha}, \boldsymbol{\beta}, \gamma)$ 是原始问题的拉格朗日函数。

$$\begin{aligned} L(t, p, \boldsymbol{\alpha}, \boldsymbol{\beta}, \gamma) &= \log \sum_{k=1}^{N} \left[t_k \log\left(1 + \frac{p_k h}{\sigma^2}\right) \right] - (1-\omega)\log \sum_{k=1}^{N} (t_k p_k) \\ &+ \sum_{k=1}^{N} \alpha_k \left[\frac{t_k}{T_k} \log\left(1 + \frac{p_k h}{\sigma^2}\right) - \lambda_k \right] + \sum_{k=1}^{N} \beta_k (D_{\max,k} - t_k + T_k) \\ &+ \gamma \left[p_t - \sum_{k=1}^{N} p_k \right] \end{aligned} \tag{7-20}$$

其中，$\alpha_k, \beta_k, \gamma$ 是拉格朗日乘子，且有 $\alpha_k \geqslant 0$，$\beta_k \geqslant 0$，$\gamma \geqslant 0$，$k = 1, 2, \cdots, N$，并满足 $\alpha_k \left[\dfrac{t_k}{T_k} \log\left(1 + \dfrac{p_k h}{\sigma^2}\right) - \lambda_k \right] \geqslant 0$，$\beta_k(D_{\max,k} - t_k + T_k) \geqslant 0$，$p_t - \sum\limits_{k=1}^{N} p_k \geqslant 0$。

因此，目标函数为

$$\log O(t, p) = \min_{\alpha, \beta} L(t, p, \boldsymbol{\alpha}, \boldsymbol{\beta}, \gamma) \tag{7-21}$$

原始问题是

$$\max_{t,p} \log O(t, p) = \max_{t,p} \min_{\alpha, \beta} L(t, p, \boldsymbol{\alpha}, \boldsymbol{\beta}, \gamma) \tag{7-22}$$

对偶问题是

$$d(\boldsymbol{\alpha}, \boldsymbol{\beta}, \gamma) = \max_{t,p} L(t, p, \boldsymbol{\alpha}, \boldsymbol{\beta}, \gamma) \tag{7-23}$$

等价的对偶问题是

$$\min_{\boldsymbol{\alpha},\boldsymbol{\beta}} d(\boldsymbol{\alpha},\boldsymbol{\beta},\gamma) = \min_{\boldsymbol{\alpha},\boldsymbol{\beta}} \max_{t,p} L(t,p,\boldsymbol{\alpha},\boldsymbol{\beta},\gamma) \tag{7-24}$$

引入次梯度优化方法解决上述对偶问题来近似求解原问题。拉格朗日乘子 $\boldsymbol{u}=(\boldsymbol{\alpha},\boldsymbol{\beta},\gamma)^{\mathrm{T}}$ 在每次迭代中更新如下:

$$\boldsymbol{u}^{(j+1)} = \boldsymbol{u}^{(j)} + s^{(j)}\boldsymbol{g}^{(j)} \tag{7-25}$$

这里，$s^{(j)} > 0$ 是迭代步长，$\boldsymbol{g}^{(j)}$ 是第 j 次迭代中 $L^{(j)}$ 的次梯度，是迭代的下降方向。拉格朗日乘子的 $2N+1$ 个分量都是可微的。因此，它具有 $2N+1$ 维的次梯度向量:

$$\boldsymbol{g} = \begin{bmatrix} \dfrac{\partial L(t,p,\boldsymbol{\alpha},\boldsymbol{\beta},\gamma)}{\partial \boldsymbol{\alpha}} \\[2mm] \dfrac{\partial L(t,p,\boldsymbol{\alpha},\boldsymbol{\beta},\gamma)}{\partial \boldsymbol{\beta}} \\[2mm] \dfrac{\partial L(t,p,\boldsymbol{\alpha},\boldsymbol{\beta},\gamma)}{\partial \gamma} \end{bmatrix} = \begin{bmatrix} \left[\dfrac{t_k \log\left(1+\dfrac{p_k h}{\sigma^2}\right) - \lambda_k}{T_k} \right]^{\mathrm{T}} \\[4mm] \left[D_{\max,k} - t_k + T_k \right]^{\mathrm{T}} \\[4mm] \left[p_t - \displaystyle\sum_{k=1}^{N} p_k \right]^{\mathrm{T}} \end{bmatrix} \quad k=1,2,\cdots,N \tag{7-26}$$

具体的解法步骤如算法 7-1 所示。

算法 7-1　次梯度法求解

1: 设置初始值 $(t,p,\boldsymbol{\alpha},\boldsymbol{\beta},\gamma)$ 。

2: 计算次梯度 $\boldsymbol{g}^{(j)}$ 。

3: 将 $\boldsymbol{\alpha}^{(j)}$ ，$\boldsymbol{\beta}^{(j)}$ ，$\gamma^{(j)}$ 代入拉格朗日公式 L ，然后计算

$$\begin{bmatrix} \dfrac{\partial L(t,p,\boldsymbol{\alpha},\boldsymbol{\beta},\gamma)}{\partial t} \\[2mm] \dfrac{\partial L(t,p,\boldsymbol{\alpha},\boldsymbol{\beta},\gamma)}{\partial p} \end{bmatrix} = \begin{bmatrix} \dfrac{\log\left(1+\dfrac{p_i h}{\sigma^2}\right)}{\displaystyle\sum_{k=1}^{N}\left[t_k \log\left(1+\dfrac{p_k h}{\sigma^2}\right)\right]} - (1-\omega)\dfrac{p_i}{\displaystyle\sum_{k=2}^{N}(t_k p_k)} + \alpha_i \dfrac{1}{T_i}\log\left(1+\dfrac{p_i h}{\sigma^2}\right) - \beta_i \\[6mm] \dfrac{t_i\left(\dfrac{h}{\sigma^2}\right)\Big/\left(1+\dfrac{p_i h}{\sigma^2}\right)}{\displaystyle\sum_{k=1}^{N}\left[t_k \log\left(1+\dfrac{p_k h}{\sigma^2}\right)\right]} - (1-\omega)\dfrac{t_i}{\displaystyle\sum_{k=2}^{N}(t_k p_k)} + \dfrac{\alpha_i \dfrac{t_i}{T_i}\left(\dfrac{h}{\sigma^2}\right)}{\left(1+\dfrac{p_i h}{\sigma^2}\right)} - \gamma \end{bmatrix}^{\mathrm{T}}$$

得到第 j 次的迭代结果，

$$\begin{cases} t^{(j)} = t^{(j-1)} + s^{(j-1)}\dfrac{\partial L(t,p,\boldsymbol{\alpha},\boldsymbol{\beta},\gamma)}{\partial t} \\[3mm] p^{(j)} = p^{(j-1)} + s^{(j-1)}\dfrac{\partial L(t,p,\boldsymbol{\alpha},\boldsymbol{\beta},\gamma)}{\partial p} \end{cases}$$

4: 将 (t,p) 代入 $\boldsymbol{g}^{(j)}$ ，如果 $\|\boldsymbol{g}^{(j)}\| \leqslant \varepsilon$ ，则迭代过程停止。否则，求得迭代步长 $s^{(j)}$ 。

$$L(\boldsymbol{u}^{(j)} + s^{(j)}\boldsymbol{g}^{(j)}) = \min_{s\geqslant 0} L(\boldsymbol{u}^{(j)} + s\boldsymbol{g}^{(j)})$$

5: 更新拉格朗日乘子，获得 $\boldsymbol{u}^{(j+1)}$ 的值，更新 $j=j+1$ ，然后转到步骤 2。

7.2.2　用户满意度

对于用户的任意一个业务都可以获得由业务特性决定最低 QoS 指数，为了表示用户满意度，考虑了业务在经过信道传输接收到的 QoS 与所需 QoS 之间的差异。每项业务对传输都有最低的 QoS 要求，是用户满意度达到 100％ 的最低阈值，如下所述：

$$QoS_1 = \frac{-\log\varepsilon_k}{\lambda_k D_{\max,k}} \tag{7-27}$$

在 (t, p) 资源分配及信道传输之后的 QoS 指数如下所述：

$$QoS_2 = \frac{-\log\varepsilon_k}{\log\left(1 + \dfrac{p_k h}{\sigma^2}\right) D_k} \tag{7-28}$$

其中，$D_k = t_k - T_k$。

实际时延取决于信道传输时间，因此业务 k 的用户满意度由以下比率表示：

$$S_k = \frac{QoS_2}{QoS_1} = \frac{\dfrac{-\log\varepsilon_k}{\log\left(1 + \dfrac{p_k h}{\sigma^2}\right) D_k}}{\dfrac{-\log\varepsilon_k}{\lambda_k D_{\max,k}}}$$

$$= \frac{\lambda_k D_{\max,k}}{\log\left(1 + \dfrac{p_k h}{\sigma^2}\right) D_k} = \frac{\lambda_k D_{\max,k}}{\log\left(1 + \dfrac{p_k h}{\sigma^2}\right) \times (t_k - T_k)} \tag{7-29}$$

上述用户满意度将用于对用户 QoS 性能的评估。

7.2.3　多业务调度与业务迁移

由于多种业务在有限的资源上传输，因此可充分利用不同业务时延容忍要求在时间上进行多业务调度，进而实现业务的高效迁移。在这种情况下，可以继续采用 VCG 拍卖模型对一个信道上的多业务调度进行建模。

VCG 拍卖模式包括三个要素：分配功能、支付函数和收益函数[16]。VCG 拍卖模式具有激励兼容性和个体理性的要求。应用此模型，在此过程中有 N 个参与的用务作为买方，而信道的分配者——无线网络运营商是"卖方"。VCG 拍卖模式的基本要素介绍如下：

(1)投标(t_k, p_k)：业务 k 提交的标价。

(2)私有值(v_k)：业务 k 的可用资源仅由业务 k 本身已知。

根据基于 VCG 模型的拍卖理论，当出价与私人价值相等时，拍卖过程将是真实的，这是一个弱势主导策略。在本节中规定所有参与投标的业务可以使用全部可用资源进行出价，以确保真实情况。

(1)分配函数：投标过程即是 7.2.1 节中的优化过程，(t^*, p^*)表示分配功能的 VCG 拍卖结果。

(2)支付函数：业务 k 支付系统按照机会成本使用信道资源，其机会成本表达式如下

$$P_k = \max_{\substack{t_k=0,\\p_k=0}} O(t, p) - \left[\max_{t_i, p_i} O(t, p) - O(t_k^*, p_k^*) \right] \tag{7-30}$$

其中，$\max\limits_{t_k=0, p_k=0} O(t, p)$ 表示除业务 k 以外的所有业务都可以获得系统产出，$\max\limits_{t_i, p_i} O(t, p)$ 表示所有业务都可以获得系统产出，$O(t_k^*, p_k^*)$ 表示业务 k 的产出。

(3)收益函数：说真话是 VCG 拍卖模型的另一个弱势主导策略。这意味着每个业务的出价将会是他们的私有值，所以 $O(t_k^*, p_k^*)$ 也是业务 k 的期望支付：

$$G_k = O(t_k^*, p_k^*) - P_k = \max_{t_i, p_i} O(t, p) - \max_{t_k=0, p_k=0} O(t, p) \tag{7-31}$$

为了保证系统收益，多业务调度将用户支付函数作为资源分配顺序的依据。此外，从保证业务 QoS 的角度来看，多业务调度也可以将业务的收益函数用作资源分配顺序的依据。两个资源分配顺序的差异是从不同角度分析多业务调度，不会影响整体系统效益。

7.3　性能评估与仿真结果

根据当前 3GPP 中的评估方法和参数[17]对性能进行评估。每个用户将根据下行链路参考信号接收功率选择小区基站，进而实现业务迁移。表 7-1 中列出了一些主要参数，其他参数可以在 3GPP 评估方法中找到[17]。本节假设有三种移动业务，业务需求参数设置如表 7-2[18]所示。业务要求时间均为 60ms。

在仿真评估过程中采用了固定功率分配方法和无时延功率分配方法作为对比方案。

表 7-1 仿真参数

仿真参数名称	仿真参数值
载波频率	2GHz
系统带宽	10MHz
基站路径损耗	$PL = 128.1 + 37.6\log_{10}d$
基站发射功率	46 dBm
用户带宽	1MHz
信道增益	$\exp(1)$
频谱偏好	0.3

表 7-2 业务需求参数

业务名称	速率/kbps	最大允许时延/ms
可视电话(Videophone)	384	150
语音通话(Conversational Voice)	25	100
电影(Movie)	200	10

三种业务的发射功率需求如图 7.4 所示。表 7-1 中系统带宽为 10MHz，每个用户带宽为系统带宽的 1/10。每个用户的功率也是系统的 1/10，即 4W，采用基本功率分配方法时，三种业务的发射功率的总和大于信道允许的最大功率。采用满足频谱效率和能量效率折中的瞬时功率分配方法时，三种业务的发射功率的总和也超过了信道的功率限制，但功率分配较为平均。对于上述两种方法，在没有额外功率资源的情况下，该信道无法同时容纳这三个业务。所介绍的多业务时延感知资源分配方案是三种算法中功耗最低的方法，并且满足频谱效率和能量效率的权衡。

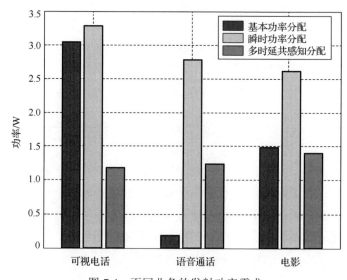

图 7.4 不同业务的发射功率需求

图 7.5 比较了三种方案的传输时间。采用基本功率分配方法时，传输时间等于服务持续时间，均为 60ms。采用瞬时功率分配方法时，服务相同数量信息的传输时间会根据功率和数据速率的变化而变化，由于瞬时功率分配占用了较多的功率资源，所以传输时间较小，如图 7.5 所示，仿真时间小于 60ms。相反，多业务时延感知资源分配方法使得传输时间有了很大的增长。这是因为将时延因素引入资源分配过程，对于时延需求不敏感的业务，可以牺牲传输时间来节约功率等其他资源。传输时间大于服务时间的部分是时延，结合图 7.4 和图 7.5 可知，引入时延作为资源分配的新维度是功率消耗的下降。所介绍的多业务时延感知资源分配实际上是利用传输时间的增加来换取功率的降低，同时保证数据速率的要求。

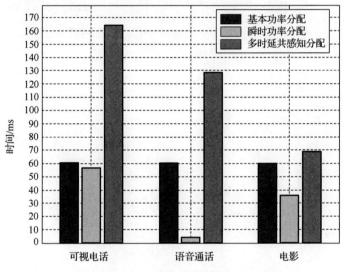

图 7.5　不同业务的传输时间

根据图 7.4 和图 7.5 中传输时间和功率的分配，可以得到图 7.6 中每个移动业务的有效业务数据速率，即有效容量。瞬时分配方法和所介绍的方法可以满足所需的数据速率，并且达到频谱效率和能源效率之间的折中。此外，由于业务最大时延容许的存在，所介绍的多业务时延感知资源分配方法能够很好地满足业务需求，实现比数据速率要求高得多的有效容量。

对于任意一种业务，都有一个最大容忍时延，其数据速率也有一定范围。图 7.7 显示了用户满意度，时延和数据速率之间的关系。红色平面表示用户满意度等于100％。蓝色曲面表示所提方案的用户满意度。对于固定的时延容忍，用户满意度将随数据速率的增加而提高。但是，对于固定的数据速率，满意度可能随着延迟降低而降低。为了获得更好的服务质量满意度，可以为某种服务类型选择适当的数据速率和延迟目标。因此，在资源分配过程中，可以同时分配时间和功率二维资源。

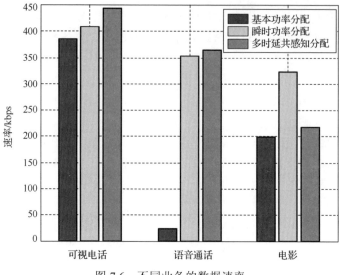

图 7.6　不同业务的数据速率

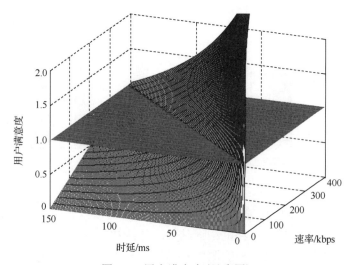

图 7.7　用户满意度（见彩图）

7.4　本 章 小 结

　　本章分析了 5G 异构密集网络中有效容量概念下业务和信道之间的关系。充分利用业务的时延容忍，介绍了多业务时延感知的业务迁移策略，包括如何促进频谱效率和能量效率之间的平衡与折中，如何通过构造柯布-道格拉斯生产函数来描述它们之间的关系，以及如何实现资源高效调度等。除此之外，定义了业务的用户满意度为用户实际获取的 QoS 指数与最小的 QoS 指数之间的比值。仿真结果表明，通过优化的业务迁移技术，功耗随着传输时间的增加而减少，传输时间受限于业务的最大延迟容忍，用户满意度随着速率的增加而增加，但随着时延的增加而下降。

参 考 文 献

[1]　Elnashar A, El-Saidny M A, Mahmoud M. Practical performance analyses of circuit-switched fallback and voice over LTE. IEEE Transactions on Vehicular Technology, 2017, 66(2): 1748-1759.

[2]　Dong X, Li X, Wu D. RED theory for quality of service provisioning in wireless communications. Wireless Communications & Mobile Computing, 2014, 14(2): 161-174.

[3]　Mushtaq M S, Fowler S, Augustin B, et al. QoE in 5G cloud networks using multimedia services//2016 IEEE Wireless Communications and Networking Conference (WCNC), 2016: 1-6.

[4]　Tanab M E, Hamouda W. Resource allocation for underlay cognitive radio networks: A survey. IEEE Communications Surveys & Tutorials, 2016, 19(2): 1249-1276.

[5]　Wu D, Negi R. Effective capacity-based quality of service measures for wireless networks// International Conference on Broadband Networks, 2004: 91-99.

[6]　Xu C, Sheng M, Varma V, et al. Wireless service provider selection and bandwidth resource allocation in multi-tier HCNs. IEEE Transactions on Communications, 2016, 64(12): 5108-5124.

[7]　Tian D, Sun Y, Mo Y, et al. Delay-aware resource allocation for device-to-device communication underlaying cloud radio access networks//2016 IEEE International Conference on Ubiquitous Wireless Broadband (ICUWB), 2016: 1-4.

[8]　Shojaeifard A, Saki H, Mahyari M M, et al. Cross-layer radio resource allocation for multi-service networks of heterogeneous traffic//International Conference on Computing, Networking and Communications, 2014: 85-91.

[9]　Ismail M, Zhuang W. A distributed multi-service resource allocation algorithm in heterogeneous wireless access medium. IEEE Journal on Selected Areas in Communications, 2012, 30(2): 425-432.

[10]　Kambou S, Perrine C, Afif M, et al. A novel cross-layer resource allocation scheme for multi-user, multi-service, MIMO-OFDMA systems//International Symposium on Personal, Indoor, and Mobile Radio Communications, 2016: 1077-1081.

[11]　Wu D, Negi R. Effective capacity: A wireless link model for support of quality of service. IEEE Transactions on Wireless Communications, 2003, 2(4): 630-643.

[12]　Sassioui R, Szczecinski L, Le L, et al. AMC and HARQ: Effective capacity analysis//2016 IEEE

Wireless Communications and Networking Conference (WCNC), 2016: 1-7.

[13] Deng L, Rui Y, Cheng P, et al. A unified energy efficiency and spectral efficiency tradeoff metric in wireless networks. IEEE Communications Letters, 2013, 17(1): 55-58.

[14] Musavian L, Ni Q. Effective capacity maximization with statistical delay and effective energy efficiency requirements. IEEE Transactions on Wireless Communications, 2015, 14(7): 3824-3835.

[15] Ahn S W, Wang H, Han S, et al. The effect of multiplexing users in QoS provisioning scheduling. IEEE Transactions on Vehicular Technology, 2010, 59(5): 2575-2581.

[16] Gao L, Li P, Pan Z, et al. Virtualization framework and VCG based resource block Allocation scheme for LTE virtualization. 2016 IEEE 83rd Vehicular Technology Conference (VTC Spring), 2016: 1-6.

[17] 3GPP, Evolved Universal Terrestrial Radio Access (E-UTRA); Further advancements for E-UTRA physical layer aspects, 3GPP TR36.814 (v11.1.0), 2013.

[18] 3GPP, 3rd Generation Partnership Project; Technical Specification Group Services and System Aspects; Services and service capabilities (Release 14), 3GPP TS 22.105 (V14.0.0), 2017.

第 8 章　延时业务迁移技术

如第 7 章中的阐述, 5G 网络商用后, 可支持的移动业务的类型也日益多样化, 包括时延敏感型业务、非时延敏感型业务等。不同类型的业务具有不同的服务质量等级要求, 需要网络提供相应的资源。第 7 章介绍了时延敏感型的业务迁移技术, 本章将重点针对非时延敏感型业务的业务迁移技术, 针对其应用场景和业务模型, 介绍延时业务迁移技术方案, 从用户速率、网络能效、迁移用户数及能量消耗几个方面进行性能优化及仿真评估, 并给出了仿真评估结果。

8.1　支持延时容忍的业务迁移技术

5G 异构密集网络相对于传统的单层宏蜂窝网络, 可以提高移动通信网络的容量、改善用户终端的服务质量, 优势明显, 但另一方面, 5G 异构密集网络存在着诸多技术挑战亟待解决。

首先, 异构密集网络带来干扰强度和干扰维度的增加。传统的单层蜂窝网络中, 宏基站的选址经过复杂的网络规划, 干扰相对可控, 且基站密度较小, 干扰抑制相对简单。5G 异构密集网络中, 一方面, 由于基站部署的密集化, 单位面积内基站数目大幅度增加, 基站间距大幅度减小, 且各类低功率节点的选址相对随意, 干扰强度增加、干扰分布趋向于随机化; 另一方面, 由于不同覆盖技术的分层网络重叠覆盖、混合部署, 各层异构网络可以异频部署, 也可以同频部署, 5G 异构密集网络中不仅存在着同层干扰, 还存在着跨层干扰, 干扰维度的增加也给干扰抑制带来了巨大的挑战。

其次, 5G 异构密集网络带来了资源维度的增加, 给资源分配带来极大的挑战。5G 异构密集网络中, 不同覆盖技术的分层网络重叠覆盖、混合部署, 导致传统的单层蜂窝网络的层内独立调配的资源管理方式无法适用。由于业务负载呈现"局部化、热点化"的特点, 分布严重不均, 仅仅依靠增加基站的空间密集度并不能有效满足不断增长的业务需求。同时, 由于异构基站的网络参数不同, 传统的小区选择方式已不再适用。主流的三种小区选择方式, 分别为基于信干噪比(Signal to Interference and Noise Ratio, SINR)小区选择、基于参考信号接收功率(Reference Signal Received Power, RSRP)小区选择和基于参考信号接收质量(Reference Signal Received Quality, RSRQ)小区选择。以基于 SINR 的小区选择为例, 由于宏基站的发射功率较大, 用户在基于 SINR 进行小区选择时倾向于接入宏基站, 但若宏基站处于重负载状态,用户接入宏基站的服务质量下降,同时可能导致网络拥塞。此时,接入附近的轻负载状态的低功率节点是更好的选择。综上,5G 异构密集网络中的资源分配也面临着巨大的挑战。

为了解决上述问题,业务迁移技术被用来提高移动通信网络的资源利用率。业务迁移技术将原本在传统宏蜂窝网络的数据迁移到无线局域网、各类低功率节点、延时容忍网络(Delay Tolerant Network,DTN)等辅助网络进行传输,减轻蜂窝网络的拥塞。通过将重负载网络中的部分数据流量迁移到轻负载的其他辅助网络,实现"局部化、热点化"业务的均匀化,以提高资源利用效率,实现网络与业务之间的适配,进而达到抑制同层干扰和跨层干扰,改善网络拥塞,提升系统吞吐量,提高频谱利用率,提高能量效率和功率效率等目的。

针对业务的时延特性需求不同,业务迁移技术可以分为延时业务迁移技术和延敏感型业务迁移技术。时延敏感型业务迁移是指将数据即时地迁移到辅助网络中进行传输,在用户终端附近没有可接入的辅助网络时,不进行业务迁移;对于延时业务迁移,当用户终端发起业务请求时,可以根据其请求的业务类型有无延时容忍特性以及用户终端所处的地理位置有无可接入的辅助网络,将用户终端所要传输的业务设置适当的延时,当用户终端移动到有低功率节点或无线局域网覆盖的位置时,再进行相应的业务传输。

下面分别介绍上述两种业务迁移技术的研究现状和面临的挑战。

8.1.1　时延敏感型业务迁移技术

时延敏感型业务迁移技术,通过将原本在传统宏蜂窝网络的数据即时地迁移到无线局域网、各类低功率节点、延时容忍网络等辅助网络进行传输,重新分配移动通信网络的资源,将"局部化、热点化"的异构密集网络业务均匀化。当前,针对时延敏感型业务迁移的研究主要集中在以下四个方面。

通过随机几何理论,可以分析时延敏感型业务迁移过程,并评估时延敏感型业务迁移给移动通信网络带来的性能增益。将多层异构网络建模成不同无线接入技术(Radio Access Technology,RAT)、每层独立部署的接入点,不同层的发射功率、路径损耗、部署密度等网络参数不同,每层接入点服从独立泊松点过程,用户设备的位置分布也服从独立泊松点过程。当前,大量研究都是在上述建模基础上进行的。一些工作研究了用户通过带偏置值的接收功率选择关联网络,仿真结果表明,存在特定的业务迁移比例可以最大化网络的速率覆盖。有的工作量化了业务迁移过程并比较了以下三种业务迁移策略的性能,即通过功率控制进行业务迁移、通过部署毫微微基站进行业务迁移和通过设置偏置值进行业务迁移。一些学者验证了单纯依靠负载均衡不能有效提升边缘用户服务质量,将业务迁移同资源分配相结合,才能有效提升网络整体性能。

也可以如第 7 章内容所示，将小小区开关技术同业务迁移技术相结合。小区开关技术使得 5G 无线网络可以根据需求决定小区基站处于开机或者关机状态。当小区处于开机状态时，更多的宏蜂窝网络数据可以迁移到小小区中，提高了业务迁移比例；当小区处于关闭状态，可以节省小小区的能耗。为了分析基于小小区开关的网络迁移性能，已有工作分别推导了单层宏蜂窝网络和 K 层异构网络的切换成功概率和能效，并在此基础上提出了最优小小区开关策略来最小化系统能耗。也已有工作将小小区开关和业务迁移过程建模成一个离散马尔可夫决策过程，提出了一种名为 Genie 迁移策略来平衡业务迁移比例和降低系统能耗。

辅助网络，如 Wi-Fi 接入点或者毫微微基站，分为公共网络和私有网络。因此，辅助网络只有授权用户设备才可以接入。业务迁移技术已被证明可以有效提升蜂窝网络的性能，所以通过租赁私有辅助网络的方式进行业务迁移是近年来的研究热点之一，其目标为最小化租赁费用或最小化网络能耗，常采用的数学方法包括博弈论、拍卖理论等。一些学者考虑用户位置和运营商对于不同毫微微蜂窝的性能偏好，将业务迁移问题建模成基于 VCG (Vickrey-Clarke-Groves) 的反向拍卖问题，并提出贪婪算法来避免过高的时间复杂度，使算法更适合大尺度的通信网络。

时延敏感型业务迁移技术可以实现最优化系统能量效率的业务迁移。能量效率是建立可持续发展的绿色通信网络的关键需求，成为了近年来评估移动网络性能的新指标。近年来，越来越多的研究关注通过业务迁移技术实现移动通信网络中资源的合理分配，提升网络的能量效率。有学者提出了一种在线强化学习框架来解决异构网络中业务迁移问题，目标是在保证用户 QoS 的基础上，最小化异构网络中的总能耗。有工作通过将高 QoS 要求的室内用户迁移到毫微微蜂窝来实现网络吞吐量和系统能效的最大化。也有工作在宏蜂窝和微微蜂窝共存的异构网络场景下，以提升系统能效为目标，提出 TO 算法和 TOFFR 算法。

早期针对时延敏感型业务迁移技术的研究主要关注性能评估，验证业务迁移对通信系统性能的提升，并证明性能增益和业务迁移方案有关。近些年，业务迁移架构和方案也成为研究的热点，但现有研究工作仍然存在局限性。其一，传统的时延敏感型业务迁移方案只考虑了宏蜂窝网络和各种低功率节点异构组网的场景，没有考虑更为复杂的 5G 异构密集网络场景，比如多层蜂窝网络和无线局域网组网的场景。其二，传统的最优化系统能量效率的业务迁移方案，一般仅通过偏置值或者将高 QoS 的用户设备迁移到辅助网络中，没有考虑用户设备之间的公平性，也没有细粒度地考虑业务同网络资源之间的匹配。

8.1.2　延时业务迁移技术研究现状

当前，无线局域网和各类低功率节点与宏蜂窝网络相比覆盖较差，很多时候在用户设备附近没有可接入的辅助网络。同时，有研究表明用户终端的 YouTube 视频业务可以忍受 5mm 的延时，软件更新业务可以忍受 48h 的时延，存在具有延时容忍特性业务类型[1]。延时业务迁移增加了时间维度的资源，能更加灵活地分配移动通信网络的资源，提升移动通信网络的性能，因此受到业内的广泛关注。当前，针对延时业务迁移的研究主要集中在三个方面。

针对延时业务迁移的研究多通过实验或者数学建模的方式评估延时业务迁移对于移动通信网络带来的性能增益和经济效益。虽然对于增益的程度莫衷一是，但都证明了延时业务迁移可以提升通信网络的性能、增加运营商和用户的经济效益。文献[2]针对市区的 97 个移动用户设备，分析移动轨迹数据发现具有延时容忍特性的业务可以得到额外的性能增益，对于可以容忍 1h 或更长时间的业务，可以额外降低超过 29%的能耗。文献[3]利用基于二维马尔可夫链的排队论建模延时业务迁移，仿真结果表明，业务迁移比例随着时延的增长而增加，时延为 2min 延时业务的业务迁移比例达到非延时业务的 150%。不同于文献[2]侧重于研究行人，文献[4]提出了支持快速切换的车载网络的业务迁移框架，并通过实验的方式证明，如果能容忍 60s 的时延，则可以降低超过 45%的能耗。文献[4]将延时业务迁移建模成两阶段的序贯博弈的分析模型，并从分析模型和实验两方面评估了延时业务迁移在不同的定价策略下带来的经济效益。文献[5]建模了两种市场模型来研究用户触发的延时业务迁移的经济效益，证明了延时业务迁移不仅会增加运营商的经济收益，也会降低用户的支付费用。

针对多目标的最优延时迁移架构及方案也已开展了广泛的研究。文献[4]提出了 Wiffler 算法，如算法 8-1 所示，其基本原理是预测从当前时刻到延时容忍(deadline)时间内 Wi-Fi 网络可以传输的业务量，若此业务量大于文件剩余数据量，则可以使用 Wi-Fi 网络进行传输；否则使用宏蜂窝网络进行传输。文献[6]综合考虑了终端用户速率和延时之间的平衡、蜂窝网络的资源限制等因素，提出了用户主导的自适应带宽管理(Adaptive bandwidth Management through User-Empowerment，AMUSE)框架。文献[7]在综合考虑蜂窝网络资源消耗和用户 QoS 需求的基础上，提出了时延敏感的 Wi-Fi 卸载和网络选择(Delay-Aware Wi-Fi Offloading and Network Selection，DAWN)算法。文献[8]考虑了操作成本、排队时延、不同接入网(宏蜂窝、毫微微蜂窝、Wi-Fi 网络)的负载情况，研究在线网络选择问题，提出了基于李雅普诺夫优化技术的时延敏感的网络选择(Delay-Aware Network Selection，DNS)算法。

但是随着延时的增加，用户的满意度会急剧下降，由此，通过给予用户激励(激励可以是流量、折扣等等)的方式驱动用户进行业务迁移也是近年来的研究热点。文献[9]目标是在给定业务迁移比例的条件下最小化激励成本，将激励问题建模成一个基于 VCG 的反向拍卖问题，用户作为卖家将自己的延时容忍作为投标投递给卖家(运营商)，卖家根据投标和用户设备的业务迁移潜能选择迁移用户和激励大小。文献[10]通过多领导多跟随者博弈(Multileader Multifollower Stackelberg Game，MLMF-SG)来建模多个服务提供商和多个用户之间的激励博弈问题，并基于此提出延时业务迁移方案。

算法 8-1　Wiffler 算法

初始化参数：D，延时容忍时间；S，在容忍时间 D 之前需要传输完成的数据量；W，容忍时间 D 之前 Femtocell
网络的预测可传输数据量。

1：if　Femtocell 网络可用
2：　　将业务迁移到 Femtocell 网络上传输，更新 S
3：else if　W>S×c
4：　　空闲等待 Femtocell 网络可用
5：else if　W<S×c
6：　　使用宏蜂窝传输数据，更新 S
7：end

早期针对延时业务迁移的研究主要关注性能评估，近年来的研究多关注针对多目标的激励驱动的最优延时迁移架构及方案。当前研究的局限性主要集中在四个方面。

第一，传统的延时业务迁移方案通常只考虑单层宏蜂窝网络和无线局域网异构组网的场景，忽视了已大量部署的各类低功率节点，如何在更为复杂的 5G 异构密集网络中研究延时业务迁移方案以提升网络性能是已有研究所欠缺的。

第二，对无线局域网(通常是 Wi-Fi 接入点)的建模过于理想，传统的研究通常认为 Wi-Fi 接入点的容量是无限制的，不考虑用户设备在 Wi-Fi 网络的服务质量。但事实上，Wi-Fi 接入点也有其最高容量限制，且由于数据在传输过程中可能发生冲突，实际速率会低于其容量限制，所以如何在 Wi-Fi 接入点容量限制下提出延时业务迁移方案是 Wi-Fi 业务迁移研究需要考虑的。

第三，传统的延时业务迁移方案一般将用户设备的时延建模成时间阈值，这样的建模方式无法将时延和速率相结合，使得所提延时业务迁移方案算法复杂度较高，因此延时业务迁移方案需要新的时延建模方式。

第四，针对激励的延时业务迁移方案，一般只考虑如何平衡通信系统的性能(比如容量、能耗等)和激励成本，用户设备的服务质量常常被忽略。

8.2　基于有效容量的延时业务迁移方案

8.2.1　系统模型

本节考虑 5G 异构密集网络(包括宏小区、小小区)和无线局域网异构共存的场景。本节中的无线局域网主要是指 Wi-Fi 网络。根据文献[11]，小小区与宏小区异构组网主要有以下三种部署场景：①小小区与宏小区部署在同频载波上；②小小区与宏小区部署在异频载波上；③不部署宏小区，只在一个或多个频率的载波上部署小小区。由于频谱资源有限，本节考虑场景 1，小小区与宏小区同频部署，小小区复用宏小区的频谱资源，频率复用因子为 1。因此，在下文的讨论中，需要考虑同层干扰和跨层干扰。

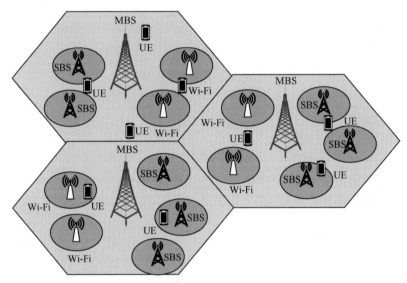

图 8.1　基于有效容量的延时业务迁移方案场景图

如图 8.1 系统场景图所示，本节考虑的 5G 异构密集网络中共有 N 个宏基站 MBS 和小小区基站 SBS、L 个 Wi-Fi 接入点 AP 交叠部署。网络共有 M 个用户设备 UE。在本节中，将资源块 RB 作为带宽分配的基本单位，0.1W 的发射功率作为功率分配的基本单位。此外，不同类型的基站间彼此可以传递信道状态信息 CSI，且支持协作通信。

1. 链路模型

将宏小区基站、小小区基站统一编号，$j \in \{1,2,\cdots,N\}$ 表示基站，$l \in \{1,2,\cdots,L\}$ 表示 Wi-Fi 接入点，$m \in \{1,2,\cdots,M\}$ 表示用户设备。P_S 表示小小区基站发射功率的上限，P_M 表示宏小区基站发射功率的上限。第 j 个基站与用户设备的信道增益模型为

$$H_j = d_j^{-\alpha_j} \gamma_j \tag{8-1}$$

其中，d_j 表示第 j 个基站与用户设备之间的距离，α_j 表示第 j 个基站的路径损耗因子，γ_j 表示第 j 个基站的对数正态分布的阴影衰落。

采用香农容量公式，第 j 个基站的第 i 个资源块为用户设备提供的速率如下，

$$C_j^i = B_j^i \log\left(1 + \frac{P_j^i H_j}{I_j^i + N_0 B_j^i}\right) \tag{8-2}$$

其中，B_j^i 表示第 j 个基站的第 i 个资源块的带宽，P_j^i 表示 B_j^i 上的发射功率。如果第 j 个基站的第 i 个资源块空闲，则 $B_j^i = 0$，$P_j^i = 0$。N_0 表示热噪声电平。进一步，在式 (8-2) 中，用户设备在第 j 个基站的第 i 个资源块上受到的干扰如下

$$I_j^i = \sum_{j'=1,j'\neq j}^N P_{j'}^i H_{j'}$$

(8-3)

其中，$P_{j'}^i$ 表示第 j' 个基站的第 i 个资源块的发射功率，$H_{j'}$ 与上文中的含义相同，表示第 j' 个基站同用户设备之间的信道增益。

2. 基于有效容量的用户 QoS 需求

如何建模用户设备的时延是延时业务迁移的一个基本问题，在以往的研究中，一般将用户设备的时延建模成时间阈值，这样的建模方式无法将时延和速率相结合，使得延时业务迁移问题的求解变得很复杂。在本节中引入有效容量 EC 来建模用户设备的时延[12]。

由于无线信道的时变特性和随机特性，对于特定链路难以保证确定的时延。所以，考虑保证统计意义上的 QoS 需求，即在一定的时延违反概率的情况下满足业务的时延要求。一般认为，时延违反概率比较小，不大于特定的非负值 Δ，可记作

$$\Pr\{D(\infty) > D_{\max}\} \leq \Delta$$

(8-4)

其中，$D_{\max}$ 为用户设备可忍受的最大时延，$D(\infty)$ 是稳态时延，$\Pr\{D(\infty) > D_{\max}\}$ 是稳态时延超过最大时延的概率。根据文献[12]，近似结果 $\Pr\{D(\infty) > D_{\max}\}$，满足式 (8-5)。

$$\Pr\{D(\infty) > D_{\max}\} \approx e^{-\theta D_{\max}}$$

(8-5)

其中，θ 为时延因子。时延因子 θ 大意味着用户设备的业务时延限制较苛刻，时延因子 θ 小用户设备的业务时延限制较宽松。

基于此，文献[13]提出了有效容量的概念。有效容量是无线信道在给定 QoS 需求的条件下（QoS 需求主要是时延因子 θ）能支持的最大数据到达速率。将其定义为一个瞬时对数生成函数，记为

$$\alpha(\theta) = \lim_{t \to \infty} \frac{1}{\theta T} \ln E\{e^{-\theta S(t)}\}$$

(8-6)

其中，$S(t) = \int_0^t r(t)\mathrm{d}t$ 表示在时间域的累积信道容量，$r(t)$ 表示瞬时信道容量，T 表示帧周期，θ 是时延因子。

假设在帧周期 T 内信道衰减系数不变、帧周期之间信道衰减相互独立，有效容量的公式可重写为如下形式，

$$\alpha(\theta) = -\frac{I}{\theta T} \ln E\{e^{-\theta T r[i]}\} \tag{8-7}$$

其中，$r[i]$ 表示第 i 个帧周期的信道容量。

通过引入有效容量，本节将用户的 QoS 需求建模成两部分。对于用户设备 $m \in \{1, 2, \cdots, M\}$，第一部分是时延因子 θ_m，时延因子 θ_m 越大意味着用户设备的业务时延要求越苛刻；第二部分是用户数据的到达速率 v_m。

3. 系统能效

对于一个用户设备来说，其能效可以定义为

$$\eta_m = \frac{c_m}{p_m} \tag{8-8}$$

其中，c_m 为蜂窝网络提供的有效容量，p_m 是消耗的功率。

对于整个通信系统来说，系统的能量效率是系统的总有效容量与总功率之比，

$$\eta = \frac{C_{\text{system}}}{P_t} \tag{8-9}$$

其中，C_{system} 为蜂窝网络总有效容量，即用户设备的有效容量之和；P_t 是蜂窝网络消耗的总功率，即用户消耗的功率之和。系统能效可以改写为

$$\eta = \frac{C_{\text{system}}}{P_t} = \frac{\sum\limits_{m} c_m}{\sum\limits_{m} p_m} = \frac{\sum\limits_{m != m'} c_m + \eta_{m'} \times p_{m'}}{\sum\limits_{m != m'} p + p_{m'}} \tag{8-10}$$

上式说明，系统能效受到系统中的每个用户能效影响，如果能提高单个用户的能效，系统能效也能得以提升。确实存在一些用户设备在蜂窝通信网络中的服务质量较差，比如小区边缘用户设备，距离基站较远，路径损耗较大；密集部署的小区间的用户设备，受的干扰较大。如果能将这些服务质量较差的用户迁移到 Wi-Fi 网络中去，既能满足用户的 QoS 需求，提升用户设备的服务质量，又能缓解蜂窝网络拥塞，提升系统能效。这就是 Wi-Fi 业务迁移的出发点。在 Wi-Fi 业务迁移之后，一部分用户设备被迁移到 Wi-Fi 网络，蜂窝网络的部分资源被释放，蜂窝移动网络的资源再分配是必要的。所以，本节所介绍的业务迁移策略分为两步，首先，将蜂窝网络中获得服务质量较差的用户设备迁移到 Wi-Fi 网络，有效提升系统能效；其次，蜂窝网络资源再分配，进一步提升系统能效。

为使后文的描述更加清晰，表 8-1 中列出了本节所用到的符号及其表示的意义

表 8-1　本节所用到的符号及表示的意义

符号	意义
$B_j = \{B_j^1, B_j^2, \cdots, B_j^I\}$	第 j 个基站的带宽分配结果
$P_j = \{P_j^1, P_j^3, \cdots, P_j^I\}$	第 j 个基站的功率分配结果
P_j^i	第 j 个基站的第 i 个资源块的带宽
B_j^i	第 j 个基站的第 i 个资源块的功率
C_j^i	第 j 个基站的第 i 个资源块的信道速率
P_S	小小区基站的发射功率上限
P_M	宏小区基站的发射功率上限
θ_m	用户设备的时延因子
v_m	用户设备的数据到达率
$x_m = \{x_{m1}, x_{m2}, x_{m3}\}$	用户设备的特征向量
$D = \{x_1, x_2, \cdots, x_M\}$	用户设备特征向量组成的数据集
$D = c_1 \bigcup \cdots \bigcup c_K$	K 个簇
μ_k	簇的质心
η	能量效率

8.2.2　延时业务迁移方案

本节针对基于有效容量的延时业务迁移进行详细介绍。在初始状态下，用户设备基于 RSRP 选择关联基站为其提供服务。假设存在一个总控单元负责实施延时业务迁移方案。总控单元综合考虑基站资源利用率、系统能效、Wi-Fi 网络资源利用率、用户设备业务特点等因素，周期性触发延时业务迁移方案。在收集基站信息、Wi-Fi 接入点信息、用户设备业务需求的基础上，延时业务迁移方案分为两步：首先，将蜂窝网络中获得服务质量较差的用户设备迁移到 Wi-Fi 网络，有效提升系统能效；其次，蜂窝网络资源再分配，进一步提升系统能效。

1. Wi-Fi 网络延时业务迁移

本小节关注将蜂窝网络中服务质量较差的用户设备迁移到 Wi-Fi 网络中，进而提高系统的能效。首先根据饱和速率求出 Wi-Fi 网络的容量，进而求得 Wi-Fi 网络可以服务的用户设备数；然后基于 K 均值聚类（K-means clustering algorithm）算法将符合 Wi-Fi 业务迁移条件的用户聚成一类，将其迁移到 Wi-Fi 网络中去，提高系统能效。

（1）Wi-Fi 网络的容量

Wi-Fi 的数据传输不分配频谱资源，所有接入用户设备共用相同信道，遵循基于二进制指数类型退避算法（truncated binary exponential type）的载波监听多点接入/

碰撞检测技术(Carrier Sense Multiple Access with Collision Detection，CSMA/CD)。由于发送检测信号，数据包加帧首部，帧间碰撞，以及碰撞后需要退避等种种原因，信道利用率不可能达到 100%，Wi-Fi 网络会损失一些速率，导致实际速率达不到最大速率，所以引入饱和速率来估计 Wi-Fi 的实际速率，根据文献[14]，饱和速率的定义如下式，

$$S = \frac{\mathrm{Pr}_s\, \mathrm{Pr}_{tr}\, E[P]}{(1-\mathrm{Pr}_{tr})\sigma + \mathrm{Pr}_{tr}\, \mathrm{Pr}_s\, T_s + \mathrm{Pr}_{tr}(1-\mathrm{Pr}_s)T_c} \tag{8-11}$$

其中，T_s 表示由于成功发送数据信道被检测为忙的平均时间，T_c 表示由于碰撞信道被检测为忙的平均时间。σ 表示空时隙的持续时间，Pr_{tr} 表示在时隙内至少有一次成功发送数据的概率，Pr_s 表示信道上有一次发送数据成功的概率。这些参数可以通过 Wi-Fi 网络的初始参数和接入 Wi-Fi 网络的用户数求得。

所有接入 Wi-Fi 的用户设备均分 Wi-Fi 网络的饱和速率，所以根据 Wi-Fi 的饱和速率和用户设备的数据到达率，可以求得 Wi-Fi 可服务的用户设备数，即可以迁移到 Wi-Fi 网络的用户数。

(2) 基于 K-means 算法的延时业务迁移

在求得迁移到 Wi-Fi 网络的用户设备数的基础上，本节关注选择哪些用户迁移到 Wi-Fi 网络。

根据 8.2.1 节的讨论，系统能效受到系统中每个用户能效的影响，如果能提高单个用户的能效，尤其是提高在蜂窝网络中服务质量较差的用户设备的能效，可以有效提升整个系统的能效。本节利用 K 均值聚类算法，将在蜂窝网络中服务质量较差且在 Wi-Fi 网络覆盖范围内的用户设备聚成一类，迁移到 Wi-Fi 网络中去。

K 均值聚类算法是典型的基于原型的聚类算法，属于无监督机器学习算法。所谓聚类问题，就是给定一个数据集合 D，每个数据点有若干属性，采用某种算法将数据集合 D 中的数据划分成 k 个子集，每一个子集称为一个簇。聚类的目标是使簇内部数据点之间的相似度高，簇间数据点的相似度低。K 均值聚类的主要思想是，首先选取 k 个初始质心，将数据点按照距离 k 个质心距离划分到不同的簇，然后根据簇内数据点更新质心，不断迭代至算法收敛，即质心不再发生变化。K 均值聚类算法的目标是误差平方和(Sum of Squared Error，SSE)最小。

K 均值聚类算法的基本步骤包括：数据点预处理、数据点间距离的度量方式、K 值的选取及算法优化等。下面逐一介绍相关步骤。

数据点预处理。一个用户设备作为一个数据点输入算法。为了将在蜂窝网络中服务质量较差且在 Wi-Fi 网络覆盖范围内的用户设备聚成一类，采用用户设备的如下特征作为特征向量。对于用户设备 $m \in \{1,2,\cdots,M\}$，特征向量 $x_m = \{x_{m1}, x_{m2}, x_{m3}\}$ 包括以下三个特征：

(1) x_{m1}：用户设备距离最近 Wi-Fi 接入点的距离，保证用户设备在 Wi-Fi 网络的覆盖范围内。

(2) x_{m2}：用户设备同关联基站之间的信道增益。信道增益直接影响频谱效率，一般来说，信道增益较差的用户设备在蜂窝网络中的服务质量较差、能量效率较低。

(3) x_{m3}：用户设备同干扰最大基站之间的信道增益。衡量用户设备在蜂窝网络中受到的干扰，一般来说，用户设备受到的干扰越大，用户设备在蜂窝网络中的服务质量较差、能量效率较低。

数据点的特征向量确定后，由于特征是不同的属性，数据大小之间没有可比性，这给数据点间距离的度量带来挑战，所以要先对数据点的特征向量进行归一化处理，将每个特征映射到[0,1]之间，即对每一维特征，有

$$x_{m1} = \frac{x_{m1} - \min(x_1)}{\max(x_1) - \min(x_1)} \tag{8-12}$$

其中，$\max(x_1)$，$\min(x_1)$ 分别为该特征上的最大值和最小值。

数据点预处理完成之后，数据集 $D = \{x_1, x_2, \cdots, x_M\}$，每一个数据点是一个特征向量 $x_m = \{x_{m1}, x_{m2}, x_{m3}\}$，聚类问题变成将数据集分成 K 个簇，

$$D = c_1 \bigcup \cdots \bigcup c_K, c_i \bigcap c_j = \varnothing, i \neq j \tag{8-13}$$

其中，c_k 表示第 k 个簇的数据点。

数据点之间的距离度量方式，有曼哈顿距离、欧氏距离、闵可夫斯基距离、皮尔逊相关系数、余弦相似度、Jaccard 相似度等，本节采取欧氏距离来度量数据点之间的距离，如式(8-14)所示，

$$d_{ij} = \sqrt{\sum_{s=1}^{3}(x_{is} - x_{js})^2} \tag{8-14}$$

其中，x_i、x_j 是 3 维欧几里得空间的两个数据点。

初始的 K 个质心 $\{\mu_1, \mu_2, \cdots, \mu_K\}$ 是随机选取的，将数据点分配给距离最近的质心，得到

$$k_m = \underset{i}{\arg\min} \sqrt{\sum_{s=1}^{3}(x_{ms} - \mu_{is})^2} \tag{8-15}$$

根据每个簇中的数据点更新质心，不断更新直至算法收敛，即质心 $\{\mu_1, \mu_2, \cdots, \mu_K\}$ 不发生变化，即，

$$\mu_k = \frac{\sum_{x_i \in c_k} x_i}{\text{num}(c_k)} \tag{8-16}$$

K 均值聚类算法的损失函数是平方损失函数，其目标是最小化误差平方和（Sum

of Squared Error，SSE），SSE 计算方式如式（8-17），

$$SSE(\mu_1, \mu_2, \cdots, \mu_K) = \sum_{x_i \in c_k} \sum_{s=1}^{3} (x_{is} - \mu_{is})^2 \tag{8-17}$$

从 K 均值聚类算法可以发现，SSE 其实是一个严格的协调下降（Coordinate Descendent）过程。每次朝一个 μ_k 的方向找到最优解，即对 SSE 求偏导数，

$$\frac{\partial SSE(\mu_1, \mu_2, \cdots, \mu_K)}{\partial \mu_k} = \sum_{x_i \in c_k} (x_i - \mu_k) \tag{8-18}$$

令其偏导数等于 0 即得梯度下降方向，

$$\mu_k = \frac{\sum_{x_i \in c_k} x_i}{num(c_k)} \tag{8-19}$$

质心的更新方式同损失函数梯度下降方向相同，所以 K 均值聚类算法保证每一次迭代，损失函数都会减小，直至收敛。但是由于损失函数是一个非凸函数，所以无法保证一定能找到全局最优解。

对于 K 值的选取，一般不会设置很大。可以通过枚举，令 K 从 2 到一个固定值如 10，在每个 K 值上重复运行数次 K 均值聚类算法（避免局部最优解），并计算当前 K 的平均轮廓系数，最后选取轮廓系数最大的值对应的 K 作为最终的集群数目。

轮廓系数（Silhouette Coefficient）结合了聚类的凝聚度（Cohesion）和分离度（Separation），用于评估聚类的效果。该值处于 $-1 \sim 1$ 之间，值越大，表示聚类效果越好。具体计算方法如下：

（1）对于第 i 个数据点 x_i，计算 x_i 与其同一个簇内的所有其他元素距离的平均值，记作 a_i，用于量化簇内的凝聚度。

（2）选取 x_i 外的一个簇 b，计算 x_i 与 b 中所有数据点的平均距离，遍历所有其他簇，找到最近的这个平均距离，记作 b_i，用于量化簇之间分离度。

（3）对于数据点 x_i，轮廓系数如下式

$$s_i = \frac{(b_i - a_i)}{\max(a_i, b_i)} \tag{8-20}$$

（4）计算所有数据点的轮廓系数，求出平均值即为当前聚类的整体轮廓系数。

从上面的公式，不难发现若 s_i 小于 0，说明数据点与其簇内数据点的平均距离小于最近的其他簇，表示聚类效果不好。如果 a_i 趋于 0，或者 b_i 足够大，那么 s_i 近于 1，说明聚类效果比较好。

由于 K 均值聚类算法非常依赖初始 K 个质心 $\{\mu_1, \mu_2, \cdots, \mu_K\}$ 的选取，很容易陷入局部最小值，所以本节我们采取二分 K 均值算法（bisecting K-means algorithm），

法主要分为以下两步。第一步是把所有数据初始化为一个簇，第二步从所有簇中选出一个簇用基本 K 均值聚类算法（k 设为 2）再划分成两个簇（初始时只有一个簇）。然后一直重复第二步的划分（选一个簇划成两个，簇选取的标准是选择使损失函数 SSE 降低最多的簇进行划分）直到得到 K 个簇，算法停止。

　　结合上面的讨论，输入为预处理过的数据点，令 K 从 2 到一个固定值如 10，在每个 K 值上重复运行数次二分 K 均值聚类算法（避免局部最优解），并计算当前 K 的平均轮廓系数，最后选取轮廓系数最大的值对应的 K 作为最终的集群数目，并将其聚类结果作为输出，选择质心 $\mu_m = \{\mu_{k1}, \mu_{k2}, \mu_{k3}\}$ 具有如下特征的簇作为迁移到 Wi-Fi 用户：μ_{k1} 用户设备距离最近 Wi-Fi 接入点的距离较小，保证用户设备在 Wi-Fi 接入点覆盖范围内；μ_{k2} 用户设备同关联基站之间的信道增益较小，用户设备附着基站信道质量较差；μ_{k3} 用户设备同最大干扰基站之间的信道增益较大，用户受到的干扰较大。本节所介绍 Wi-Fi 业务迁移算法如算法 8-2 所示。

算法 8-2　Wi-Fi 业务迁移算法

1: 将所有数据点看作同一个簇
2: **While** num(cluster)<K
3: 　　　for 每一个簇 do
4: 　　　　　运行 K 均值聚类算法（k=2）
5: 　　　　　计算两个新簇之和的 SSE_new
6: 　　　　　计算旧簇的 SSE_old
7: 　　　　选择（SSE_old-SSE_new）最大的簇进行 K 均值聚类算法 （k=2）

K 均值聚类算法（k=2）

1: 随机选择 k 个数据点作为质心
2: **Repeat**
3: 　　　根据式(8-15)将数据点分配到距离最近的质心
4: 　　　根据式(8-16)重新计算每个簇的质心
5: **Until** 质心不发生变化或者 SSE 小于给定值

　　对上述算法进行复杂度分析，K 均值聚类算法的时间复杂度接近线性，表示为 (MKT)，其中 M 代表总用户数，K 代表聚类个数，T 代表迭代次数。

　　2. 蜂窝网络资源再分配

　　在 Wi-Fi 业务迁移之后，由于一部分用户被迁移到 Wi-Fi 网络中去，蜂窝网络中的部分资源被释放，资源占用情况发生变化，需要进行蜂窝网络资源的再分配。本小节，首先推导出能效最大化的资源再分配问题的表达式，并将其看作 0-1 背包问题，使用动态规划解决上述问题。

　　$B = \{B_1, B_2, \cdots, B_j, \cdots, B_N\}$、$P = \{P_1, P_2, \cdots, P_j, \cdots, P_N\}$ 代表蜂窝网络资源再分配的结果，其中，$B_j = \{B_j^1, B_j^2, \cdots, B_j^I\}$ 代表第 j 个基站的带宽分配，且 $B_j^i = 0$ 代表第 j 个基站第 i 个资源块没有分配给用户设备。$P_j = \{P_j^1, P_j^3, \cdots, P_j^I\}$ 代表第 j 个基站在资源块 B_j^i

上的发射功率。本节的目标是最大化系统能效，因此分配问题可归结为下式

$$\max_{B_j, P_j} \frac{C_{\text{system}}}{P_t} \tag{8-21}$$

$$\text{s.t.} \quad B_j^i \in \{0, B\} \tag{8-22}$$

$$\sum_{i=1}^{l_j} p_j^i \leq P_M, j \in \text{MBS} \tag{8-23}$$

$$\sum_{i=1}^{l_j} p_j^i \leq P_S, j \in \text{SBS} \tag{8-24}$$

$$\alpha_m(\theta_m) \geq v_m, m \in \{1, 2, \cdots, M\} \tag{8-25}$$

其中，式(8-21)表示分配问题的目标为最大化系统能效，C_{system} 表示蜂窝网络中的总有效容量，P_t 表示蜂窝网络的总发射功率，计算方式如下：

$$C_{\text{system}} = \sum_{m=1}^{M} \alpha_m(\theta_m) \tag{8-26}$$

$$\alpha_m(\theta_m) = \sum_{j=1}^{N} \sum_{i=1}^{l_j} -\frac{1}{\theta_m T} \ln E\{e^{-\theta_m T C_j^i}\} \tag{8-27}$$

$$P_t = \sum_{j=1}^{N} \sum_{i=1}^{l_j} P_j^i \tag{8-28}$$

其中，$\alpha_m(\theta_m)$ 表示蜂窝网络中的第 m 个用户的有效容量，其累加和即为蜂窝网络中总有效容量。

式(8-22)表示第 j 个基站的第 i 个资源块可以空闲，也可以被使用，且同类型基站中资源块的带宽固定。式(8-23)表示宏区基站总发射功率不得超过其上限 P_M，式(8-24)表示小小区基站总发射功率不得超过其上限 P_S，式(8-25)表示蜂窝网络要保证用户设备的 QoS 要求。

由于问题中牵扯到多个用户、多个基站，且考虑层内干扰和跨层干扰，穷举所有可能性是不现实的。8.2.1 节已证明，提高单个用户的能效可有效提高系统能效。为了简化问题，对于每一个用户，将其资源再分配问题看作 0-1 背包问题。其中，将用户设备看作背包，将用户设备的数据到达率 v_m 看作背包大小，将资源块看作物品，资源块为用户设备提供的有效容量为物品大小，资源块的能效为物品重量，具体表示为

$$\alpha_j^i(\theta_m) = -\frac{1}{\theta_m T} \ln E\{e^{-\theta_m TC_j^i}\} \tag{8-29}$$

$$\eta_j^i = \frac{\alpha_j^i(\theta_m)}{P_j^i} = \frac{-\dfrac{1}{\theta_m T} \ln E\{e^{-\theta_m TC_j^i}\}}{P_j^i} \tag{8-30}$$

其中，式(8-29)表示资源块为用户设备提供的有效容量；式(8-30)表示资源块的能效。

0-1 背包问题是典型的 NP 难问题，其解决方法有回溯法、动态规划、贪心算法等。其中，动态规划法既能得到最优解，算法复杂度也可接受，因此本节采用动态规划法求解上述问题。动态规划的基本思想是将原问题分解为一系列子问题，然后通过求解子问题得到原问题的解。

$f(v)$ 表示当背包大小是 v 时能到达的最大能效。当把一个资源块放入背包时，最大能效为 $\eta_j^i + f(v - \alpha_j^i(\theta_m))$，此时问题被分解为求大小为 $f(v - \alpha_j^i(\theta_m))$ 的子背包问题；当资源块不放入背包时，最大能效为 $f(v)$。所以，最大能效的更新公式如下，

$$f(v) = \max(\eta_j^i + f(v - \alpha_j^i(\theta_m)), f(v)) \tag{8-31}$$

用 $I_j^i = 1$ 表示资源块被使用，$I_j^i = 0$ 表示资源块未被使用，计算方式如式(8-32)

$$I_j^i = \operatorname{argmax}(f(v)) = \begin{cases} 1, & \eta_j^i + f(v - \alpha_j^i(\theta_m)) > f(v) \\ 0, & \eta_j^i + f(v - \alpha_j^i(\theta_m)) < f(v) \end{cases} \tag{8-32}$$

则蜂窝网络的资源再分配算法如算法 8-3 所示。

算法 8-3　蜂窝网络资源再分配算法

初始化:

1: **for** $j = 1$ to N **do**

2: 　　B_j^i 空闲

3: 　　$P_j^{\text{left}} = \{P_M, P_S\}$

4: 设置背包大小　$v = v_m$

Start:

1: **for** $j = 1$ to N **do**

2: 　　**for** $i = 1$ to l_j **do**

3: 　　　　**if** B_j^i 空闲

4: 　　　　　　**for** $P_j^i < P_j^{\text{left}}$ **do**

5: 　　　　　　　　根据式(8-32)计算 I_j^i

6: 　　　　　　**end for**

7:	**if** $I_j^i = 0$ **then** B_j^i 空闲	
8:	**else**	
9:	B_j^i 被用户设备占用	
10:	$v = v - \alpha_j^i(\theta_m)$	
11:	$P_j^{\text{left}} = P_j^{\text{left}} - P_j^i$	
12:	**end for**	
13: end for		
14: 保存用户设备的资源分配结果		
15: **do** 对所有用户设备使用该算法		

接下来,对所提的蜂窝网络资源再分配算法的复杂度进行分析。蜂窝网络再分配算法通过动态规划求解 0-1 背包问题,其算法复杂度为 $O\left(Mv_m \sum_{j=1}^{N} l_j\right)$,其中 M 表示总用户设备数,v_m 表示用户设备数据到达率(即背包大小),$\sum_{j=1}^{N} l_j$ 表示总资源块数(即总物品数量)。

8.2.3 性能评估与仿真结果

1. 仿真场景及参数

本节的仿真场景由 7 个六边形宏小区组成,其中每个宏小区又分成三个扇区,每个扇区内部署一个小小区簇和一个 Wi-Fi 接入点簇。一个小小区簇由一组密集部署的小小区组成,类似地,一个 Wi-Fi 接入点簇由一组密集部署的 Wi-Fi 接入点组成。将 2/3 的用户设备部署在小小区簇内,剩余用户均匀分布在宏蜂窝内。此外,小小区复用宏小区的频谱资源,频率复用因子为 1。资源块是基本的资源分配单位。本节的仿真参数参照 3GPP 评估方案[11],具体参数细节如表 8-2。

表 8-2　仿真参数

仿真参数	取值
载频	2GHz
系统带宽	10MHz
宏小区基站的总发射功率	46 dBm
小小区基站的总发射功率	30 dBm
宏小区基站的路损模型	PL=28.3+22.0log$d$
小小区基站的路损模型	PL=30.5+36.7log$d$
每簇的小小区数	4

续表

仿真参数	取值
每个宏小区内小小区簇数	3
每个宏小区内用户数	60
宏小区基站天线增益	17dBi
小小区基站天线增益	5dBi
流量模型	FTP 1 Model
噪声功率谱密度	−174 dBm/Hz
用户数据到达率	5Mbps

　　Wi-Fi 网络部署方式和小小区类似，参照 IEEE 802 系列网络标准[15]，Wi-Fi 网络的参数设置如表 8-3。

表 8-3　Wi-Fi 网络仿真参数

仿真参数	取值
每簇内 Wi-Fi 接入点数	4
宏小区内 Wi-Fi 接入点簇数	3
带宽	54MHz
时隙	10μs
PHY 头	192 byte
MAC 头	224 byte
分布式帧间间隙 DIFS	50μs
短帧间间隔 SIFS	10μs
帧负荷	1500byte
最小竞争窗	32
最大回退阶段	5

2. 性能比较与分析

（1）Wi-Fi 业务迁移对系统能效的影响

　　在 Wi-Fi 带宽为 54MHz 的情况下，首先计算迁移到 Wi-Fi 网络的用户数。图 8.2 显示了饱和速率与用户设备数的关系，图 8.3 显示了用户平均速率与用户设备数的关系。当用户设备的数据到达率为 4Mbps，为了满足用户设备的 QoS，迁移到 Wi-Fi 网络的用户数为 5。

　　令 K 从 2 到 10，在每个 K 值上重复运行二分 K 均值聚类算法（避免局部最优解），并计算当前 K 的平均轮廓系数，以求得最佳聚类个数 K。所求结果如表 8-4 所示，在 $K=4$ 时轮廓系数最大，意味着簇内的凝聚度和簇间分离度均较高，聚类效果较好。所以在实际应用中，聚类个数 $K=4$。

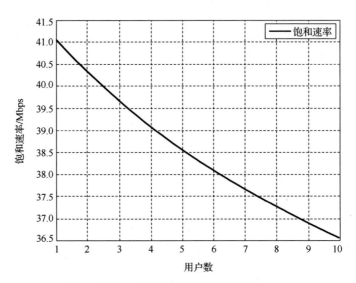

图 8.2　饱和速率随用户数变化

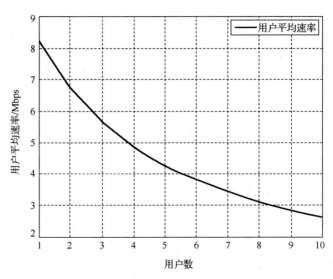

图 8.3　用户平均速率随用户变化

表 8-4　*K* 与轮廓系数的关系

K	2	3	4	5	6	7	8	9	10
轮廓系数	0.42	0.49	0.60	0.44	0.37	0.32	0.28	0.23	0.20

　　将所有用户设备分为 4 类，即 UE1、UE2、UE3 和 UE4。观察表 8-5 簇质心参数，UE1 和 UE2 距离 Wi-Fi 接入点较近，可以保证在 Wi-Fi 网络覆盖范围内。其中

UE1 的信道增益较小，而 UE2 的信道增益较大，所以在蜂窝网络中服务质量较差的 UE1 被迁移到 Wi-Fi 中。图 8.4 中的 UE1 分布图验证了以上结论，红色点表示即将迁移到 Wi-Fi 的用户设备 UE1，蓝色圈代表小小区基站，蓝色星星表示宏小区基站，绿色十字表示 Wi-Fi 基站。图中 UE1 有如下特点：距离 Wi-Fi 接入点较近，在 Wi-Fi 网络覆盖范围以内；距离宏小区基站，小小区基站较远，或者在两个基站中心，在蜂窝网络内服务质量较差。

表 8-5　簇质心参数

簇质心	X1	X2	X3
UE1	0.2189	0.2787	0.2543
UE2	0.2194	0.4515	0.5926
UE3	0.5503	0.6979	0.7862
UE4	0.6328	0.4005	0.4071

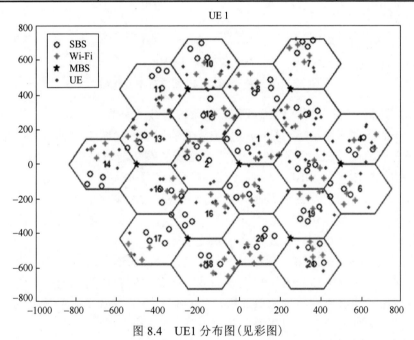

图 8.4　UE1 分布图（见彩图）

从上述描述直观来看，将 UE1 迁移到 Wi-Fi 网络可以提高系统能效。如图 8.5 所示，系统能效随着 Wi-Fi 网络带宽增加而提高，但是提高到一定值(70Mbps)系统能效增长缓慢。这是因为，随着 Wi-Fi 网络带宽增加，Wi-Fi 网络可以承载更多的用户设备，更多在蜂窝网络中服务质量较差的用户设备被迁移到 Wi-Fi 网络，系统能效得以提升。但是，当带宽上升到一定值(如 70Mbps)，大部分在蜂窝网络中服务质量较差的用户设备已经被迁移到 Wi-Fi 网络，这时继续增加 Wi-Fi 网络带宽对于提升系统能效作用有限。除此之外，时延因子较大时系统能效较低。这是因为时延因子 θ 大意味着用户设备的业务时延限制较苛刻，网络需要提供更多的资源保证用户的 QoS 需求，导致系统能效更低。

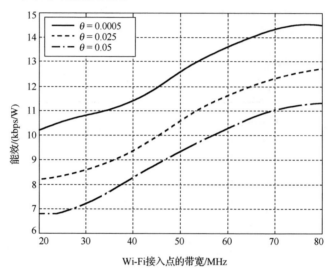

图 8.5　系统能效随 Wi-Fi 网络带宽变化图

(2)时延因子、蜂窝网络资源再分配对系统能效的影响

本节评估蜂窝网络资源再分配对系统能效的影响，如图 8.6 所示。相对于不进行蜂窝网络资源再分配，蜂窝网络资源再分配能将系统能效提高接近 10%。一方面，部分用户设备被迁移到 Wi-Fi 网络，蜂窝网络的资源被释放，网络资源情况发生了变化；另一方面，用户设备根据 RSRP 选择关联基站，倾向于接入发射功率较大的宏小区基站，不是最大化系统能效的资源分配方式。因此，蜂窝网络资源再分配过程将业务同网络资源适配，大大提高了系统能效。

除此之外，图 8.6 评估了时延因子对系统能效的影响。时延因子越大，系统能效越低。时延因子 θ 大意味着用户设备的业务时延限制较苛刻，无线信道等待队列越短，网络需要提供更多的资源保证用户的 QoS 需求，导致系统能效更低。这也证明了业务具有额外的延时，可以进一步提升通信性能。

(3)业务迁移比例评估

为了更加直观地评估业务迁移的数据量大小，本小节引入业务迁移比例。业务迁移比例就是迁移的业务占总业务的比例，如下式，

$$\delta_{\text{Wi-Fi}} = \frac{\tau_{\text{Wi-Fi}}}{\tau_{\text{total}}} \tag{8-33}$$

其中，$\tau_{\text{Wi-Fi}}$ 是被迁移到 Wi-Fi 网络的业务量，τ_{total} 表示系统的总业务量。

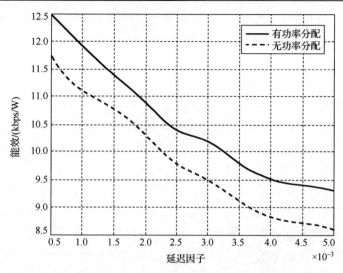

图 8.6　有无资源分配两种方案下系统能效同延迟因子的关系

　　如图 8.7 中业务迁移比例同 Wi-Fi 网络带宽的关系所示，Wi-Fi 业务迁移的业务量随着 Wi-Fi 网络的带宽的增加而提高。这是因为，随着 Wi-Fi 网络带宽增加，Wi-Fi 网络可以承载更多的用户设备，更多在蜂窝网络中服务质量较差的用户设备被迁移到 Wi-Fi 网络。但是当业务迁移比例增长到约 57%时，业务迁移技术随着 Wi-Fi 网络带宽增加增长缓慢，这是因为部分用户不在 Wi-Fi 网络的覆盖范围内，此时，再增加 Wi-Fi 网络带宽也不能提高 Wi-Fi 业务迁移比例。

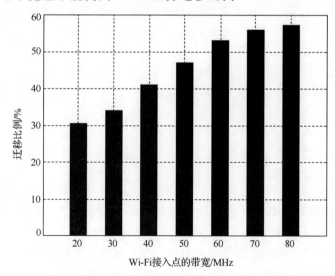

图 8.7　业务迁移比例同 Wi-Fi 网络带宽的关系

8.3 基于用户激励的延时业务迁移方案

8.3.1 系统模型

本章主要考虑 5G 异构密集网络内宏蜂窝网络与无线局域网异构组网的场景。如图 8.8 所示，在一个宏蜂窝基站的覆盖范围内，有 L 个 Wi-Fi 接入点。Wi-Fi 接入点按照强度为 λ 的 HPPP 部署，每个 Wi-Fi 接入点的覆盖范围为一个半径为 r 的圆。在 Wi-Fi 覆盖范围内有 M 个用户设备，这些用户设备会自动地迁移到 Wi-Fi 网络中去。在 Wi-Fi 网络覆盖范围外有 N 个用户设备，用 $\mathcal{N} = \{1,\cdots,N\}$ 来表示。Wi-Fi 网络覆盖范围外的用户设备由于其移动性，之后可能会接入到 Wi-Fi 网络。因此，本节主要讨论如何通过提供激励，利用用户设备的移动性和业务的延时特性，驱动 Wi-Fi 网络覆盖范围外的用户设备迁移到 Wi-Fi 网络。本节主要关注的是 Wi-Fi 网络覆盖范围外的用户设备，无特殊说明的情况下，下文中的用户设备指的是 Wi-Fi 网络覆盖范围外的用户设备。

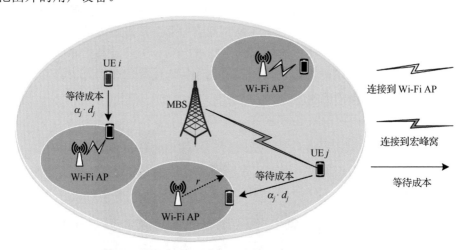

图 8.8 系统场景

通过激励驱动用户设备迁移到 Wi-Fi 网络中时，用户设备往往希望激励尽可能大，运营商希望激励成本尽可能小，二者之间存在博弈，将运营商和用户设备之间的博弈建模成两阶段斯塔克尔伯格博弈 (Stackelberg game)[16]：

(1) 在第一阶段，运营商根据用户位置、用户数量、用户业务等给出激励 p 的大小，出于公平性原则，激励 p 对每一个用户设备都是相同的。

(2) 在第二阶段，用户设备根据激励大小 p、蜂窝网络拥挤程度、到 Wi-Fi 接入点的距离、自身业务的延时容忍程度等因素，决定迁移到 Wi-Fi 网络还是留在蜂窝网络。

这种建模方式与以前的研究最大的区别就是，是否选择业务迁移由用户设备决定，运营商无法控制，只能通过提供激励的大小来间接影响用户设备的策略。

1. 用户设备的成本模型

在第二阶段，用户设备在知道激励大小 p 的基础上，有两个选择，留在 5G 网络或者迁移到 Wi-Fi 网络。综合考虑用户设备移动、业务延时容忍特性、蜂窝网络拥挤程度、激励大小等，用户设备的选择成本如下。

(1)留在 5G 网络的用户设备的成本

留在 5G 网络的用户设备不会得到激励 p，且根据留在 5G 网络用户的多少，要忍受 5G 网络不同程度的拥堵。假设 n 个用户设备选择迁移到 Wi-Fi 网络中去，其中，$n \leqslant N$，那么留在 5G 蜂窝网络的用户数为 $N-n$。5G 网络的拥堵程度和用户数呈正相关，和 5G 网络的带宽呈负相关，用一个线性函数来表示 5G 网络的拥挤程度，如具体表示为

$$G(n) = \frac{N-n}{B} \tag{8-34}$$

其中，B 代表 5G 网络的带宽。用户设备选择留在 5G 网络的成本主要为网络的拥挤成本，即为 $G(n)$。

(2)选择进行业务迁移的用户设备的成本

迁移到 Wi-Fi 网络的用户设备将得到激励 p，但是要忍受一定的时延。用户设备对时延的忍耐程度和业务类型有关，一般来说，对于相同类型的业务，时延越长用户的满意度越差。所以这部分用户的成本即为时延成本，受业务类型和时延长短的影响。对于用户设备 $i \in \mathcal{N}$，其业务类型用时延因子 α_i 表示，α_i 越大意味着用户设备越不能忍受时延。假设用户设备的运动速度相同，时延长短可以用与最近 Wi-Fi 接入点的距离 d_i 表示。值得注意的是，这个距离是距离 Wi-Fi 接入点覆盖边缘的距离。

根据 Wi-Fi 接入点的部署过程和用户的移动性，基于文献[17]可以得到用户到最近 Wi-Fi 接入点的距离 $\hat{d}$ 的分布函数和概率密度函数，

$$\hat{F}(\hat{d}) = 1 - \exp(-\lambda \pi \hat{d}^2), \hat{d} \geqslant 0 \tag{8-35}$$

$$\hat{f}(\hat{d}) = \exp(-\lambda \pi \hat{d}^2) \cdot 2\lambda \pi \hat{d}, \hat{d} \geqslant 0 \tag{8-36}$$

其中，$\hat{d}$ 是用户设备距离 Wi-Fi 接入点的距离，对用户设备 $i \in \mathcal{N}$，距离 Wi-Fi 接入点边缘的距离才是其等待成本，$d_i = \hat{d} - r$。对于 Wi-Fi 接入点之外的用户设备，即 $d_i \geqslant 0$，其概率密度函数为

$$f(d_i) = \hat{f}(r + d_i \mid d_i \geqslant 0) = \frac{\hat{f}(r + d_i)}{1 - \hat{F}(r)} = \exp(-\lambda \pi (2rd_i + d_i^2)) \cdot 2\lambda \pi (r + d_i) \tag{8-37}$$

对上式求积分，得到其分布函数，如下式，

$$F(d_i) = 1 - \exp(-\lambda\pi(2rd_i + d_i^2))\qquad(8\text{-}38)$$

则迁移到 Wi-Fi 网络的用户设备的成本为

$$\alpha_i \cdot d_i - p\qquad(8\text{-}39)$$

综上所述，用户设备的成本模型如下式。

$$C_i(n) = \begin{cases} \alpha_i \cdot d_i - p, & \text{卸载到Wi-Fi网络} \\ G(n), & \text{保持在宏小区} \end{cases}\qquad(8\text{-}40)$$

2. 运营商的成本模型

运营商希望保证用户设备的 QoS 需求，包括迁移到 Wi-Fi 中的用户设备和留在 5G 网络中的用户设备。因此，运营商的成本包括激励成本和用户设备的服务质量两部分，其中用户设备的服务质量在 Wi-Fi 网络容量有限和无限两种情况下略有差别。

在 Wi-Fi 网络容量无限情况下，迁移到 Wi-Fi 网络的用户总能得到较好的服务，此时的成本只包括激励成本和蜂窝网络中用户设备的服务质量，蜂窝网络中用户设备的服务质量可以用网络拥挤程度来刻画。所以，运营商的成本模型为

$$C(p) = n \cdot p + (N-n) \cdot G(n)\qquad(8\text{-}41)$$

其中，$n \cdot p$ 为激励成本，$(N-n) \cdot G(n)$ 为拥堵成本。直观来看，激励 p 越大，迁移到 Wi-Fi 的用户设备越多，激励成本 $n \cdot p$ 越大。网络拥堵程度 $G(n)$ 越低，拥堵成本 $(N-n) \cdot G(n)$ 越小。因此，运营商需要折中找到最优激励 p。

在 Wi-Fi 网络容量有限的情况下，迁移到 Wi-Fi 网络的用户的服务质量不能得到保证，所以，在上述成本模型的基础上，加入了 Wi-Fi 用户设备速率的影响部分，成本模型为

$$C(p) = n \cdot p + (N-n) \cdot G(n) - \sum_{1}^{n+M} \ln(r_i)\qquad(8\text{-}42)$$

其中，r_i 表示用户设备 $i \in \mathcal{N}$ 在 Wi-Fi 网络的速率，使用对数函数是为了削弱极大值的影响，本章的目标是满足更多用户的业务需求，而不是最大化个别用户设备的业务速率。

8.3.2　完全信息延时迁移方案

1. Wi-Fi 网络容量无限制场景

该两阶段的斯塔克尔伯格博弈，由运营商扮演寡头的角色，提出激励 p。然后用户设备根据激励 p 做出行动，即选择迁移到 Wi-Fi 网络还是留在蜂窝网络。不同

于一般的解决方法，本节使用逆向推理的办法。首先考虑第二阶段，得到用户设备在激励 p 下的均衡策略，然后分析第一阶段，运营商在预测迁移用户比例的基础上，提出均衡激励策略 p，进而得到整个两阶段的斯塔克尔伯格博弈的均衡。

第二阶段，用户设备的均衡策略是决定有多少用户会迁移到 Wi-Fi 网络。在得知激励 p 之后，每个用户设备要做出选择，留在 5G 网络中还是迁移到 Wi-Fi 网络，用户设备的选择取决于其成本模型，如式(8-40)所示。对用户设备 $i \in \mathcal{N}$，当迁移到 Wi-Fi 中的成本更低时，就选择迁移到 Wi-Fi 网络；当留在 5G 网络的成本更低时，就选择留在 5G 网络。

为了方便计算和说明，将用户设备重新编号，$\alpha_1 \cdot d_1 < \alpha_2 \cdot d_2 < \cdots < \alpha_{N-1} \cdot d_{N-1} < \alpha_N \cdot d_N$（这里的编号是由用户设备同 Wi-Fi 接入点及业务延时容忍程度决定的，并不代表用户的初始序号）。对于一个特定的激励 p，用户选择延时迁移会出现以下三种情况，n^* 表示最优迁移用户设备数。

(1) 完全合作：如果 $\alpha_N \cdot d_N - p \leqslant G(N-1)$，即 $p \geqslant \alpha_N \cdot d_N - G(N-1)$，此时激励 p 非常大，网络是否拥堵对用户设备不重要，全部用户设备选择迁移到 Wi-Fi 网络，$n^* = N$。

(2) 完全非合作：如果 $\alpha_1 \cdot d_1 - p \leqslant G(0)$，即 $0 \leqslant p < \max\{0, \alpha_1 \cdot d_1 - G(0)\}$，此时激励 p 非常小，所有用户设备都选择留在蜂窝网络中，$n^* = 0$。

(3) 部分合作：出现完全合作或非合作的概率很小，一般是部分用户选择留在蜂窝网络，部分用户选择迁移到 Wi-Fi 网络，也就是部分合作的情况。当满足 $\max\{0, \alpha_1 \cdot d_1\} \leqslant p < \alpha_N \cdot d_N - G(N-1)$ 时，至少有一个用户设备选择迁移，此时最优迁移用户设备数 $n^* = \max\{n \in \mathcal{N} \mid p - \alpha_n \cdot d_n + G(n-1) \geqslant 0\}$。对于用户设备 $i \in \mathcal{N}$，若 $\alpha_i \cdot d_i \leqslant \alpha_{n^*} \cdot d_{n^*}$，则迁移到 Wi-Fi 网络，其余 $N - n^*$ 留在蜂窝网络。

直观来看，激励 p 越大，迁移用户设备数越多。当 p 足够大时，全部用户设备选择迁移到 Wi-Fi 网络(完全合作)。除此之外，若 5G 网络中用户设备数 N 很大，网络非常拥堵时，部分用户选择迁移到 Wi-Fi 网络，也就是部分合作的情况。

在第一阶段运营商进行激励策略均衡时，迁移到 Wi-Fi 网络中的用户数 n^* 取决于运营商的激励大小 p。基于对用户设备均衡策略的预估，根据式(8-41)运营商的成本模型，则运营商的优化目标为

$$\min_{p \geqslant 0} C(p) = n^*(p) \cdot p + (N - n^*(p)) \cdot G(n^*(p)) \tag{8-43}$$

由于迁移用户设备数 $n^*(p)$ 在激励 p 上不连续，所以上述优化问题在激励 p 上不连续，也不是凸函数，导致上述优化问题很难得到解析解。由于 p 本身取值连续，也无法通过穷举法来求得最优解。基于此，本节将优化问题从优化激励 p 转化为优化 n^*。由于 $n^*(p)$ 关于 p 单调递增，所以优化激励 p 相当于优化 n^*。

由第二阶段的讨论可知，即使 $p = 0$ 时，也可能有用户设备迁移到 Wi-Fi 网络，

所以先求得 $n^*(p)$ 的可能取值范围，$n^*(p)$ 的取值离散且有限。对于任意 $n^*(p)$，由于 $n^*(p)$ 随着 p 单调增，所以总能找到最小的 p 使得用户迁移数为 $n^*(p)$，记为 $p(n^*)$。最后，比较基于有限取值的 n^* 和 $p(n^*)$ 的运营商成本，即可求得最优 p^* 及最小运营商成本 $C(p^*)$，降低了搜索范围。

首先求最佳迁移用户设备数 n^* 的取值范围。即使 $p=0$ 时，也可能有用户设备迁移到 Wi-Fi 网络，$n_{\min}$ 代表 n 的最小取值，如下式，

$$n_{\min} = \begin{cases} 0, & \alpha_1 \cdot d_1 - G(0) > 0 \\ \max\{n \in \mathcal{N} \mid \alpha_n \cdot d_n - G(n-1) \leqslant 0\}, & \alpha_1 \cdot d_1 - G(0) \leqslant 0 \end{cases} \quad (8\text{-}44)$$

当 p 足够大时，由前文的讨论，用户设备完全合作，所以最佳迁移用户设备数 n^* 的取值范围为 $\{n \in \mathcal{N} \mid n_{\min} \leqslant n^* \leqslant N\}$，共 $N - n_{\min} + 1$ 种可能的取值。针对 n^*，最小的激励 p 如下式，

$$p(n^*) = \begin{cases} 0, & n^* = n_{\min} \\ \alpha_{n^*} \cdot d_{n^*} - G(n^*-1), & n_{\min} < n^* \leqslant N \end{cases} \quad (8\text{-}45)$$

从最优化 p 到最优化 n^*，优化问题只需要从 $N - n_{\min} + 1$ 个 n^* 中选出最优解，如下式所示，

$$\min_{n_{\min} \leqslant n^* \leqslant N} \frac{(N-n^*)^2}{B} + n^* \cdot p(n^*) \quad (8\text{-}46)$$

其中，$p(n^*)$ 由式 (8-45) 给出，通过一维遍历即可求得运营商的最小成本，进而求得最优激励 p^*。

2. Wi-Fi 网络容量限制场景

8.3.1 节分析了 Wi-Fi 网络容量无限的情况下两阶段斯塔克尔伯格博弈的均衡，得到了最优的激励 p^* 和运营商最小成本。本节将讨论 Wi-Fi 网络容量受限情况下，分析两阶段斯塔克尔伯格博弈的均衡，进而求得最优的激励 p^*。在此说明，本节中 Wi-Fi 网络中速率的计算方式和 8.2.2 节相同，都是采取饱和速率的方式。

首先讨论斯塔克尔伯格博弈的第一阶段，运营商的激励策略均衡。在 Wi-Fi 网络容量有限的情况下，成本模型增加了 Wi-Fi 用户设备速率的影响部分，成本模型如式 (8-42) 所示。

由于 Wi-Fi 网络容量有限，用户设备在 Wi-Fi 网络中的速率受到 Wi-Fi 接入点负载情况的影响，重负载的 Wi-Fi 接入点提供的速率较低，因此，在用户设备接入 Wi-Fi 网络时不能简单地用距离作为接入标准。

仿照 8.3.2 节的解决方式，从最优化 p 转化到最优化 n^*，优化问题只需要从有限个 n^* 中选出最优解，由于在 Wi-Fi 容量有限的情况下，优化问题更加复杂，所以

本节希望基于上一节的结论进一步缩小 n^*、 p^* 的取值范围。Wi-Fi 容量无限时的最优解为 n_t^*，Wi-Fi 容量有限时最优解的下限是 p_t^*。证明如下，假设存在一个 $p' < p_t^*$，则根据式(8-42)效用如下：

$$C(p') = (N - n') \cdot G(n') + n' \cdot p' - \sum_1^{n'+M} \ln(r_i) \tag{8-47}$$

由于 n_t^*, p_t^* 是 Wi-Fi 容量无限时的最优解，所以式(8-47)中的前两部分在 p_t^* 时最小值，效用函数前两部分要大于 $(N - n_t^*) \cdot G(n_t^*) + n_t^* \cdot p_t^*$。对于式(8-47)的第三部分，在 $p' < p_t^*$ 的情况下，根据 8.3.2 节可知，选择延时的用户 n' 数量必定小于当激励为 p_t^* 时的用户数量 n_t^*，即 $n' < n_t^*$。设想在 p_t^* 减小到 p' 的过程中用户数量是逐个减少的，则每次用户数量减少对于用户速率的影响仅限于退出用户所在的 Wi-Fi 接入点，其他部分速率的值不变，因此仅考虑用户速率变化的 Wi-Fi 接入点的速率变化情况。

下面讨论 $-\sum_1^{n+M} \ln(r_i)$ 的单调性。对于一个 Wi-Fi，用户的速率只与用户数量有关，所以单个 Wi-Fi 接入点的速率如下式，

$$g(n) = -n \log \frac{c}{n} \tag{8-48}$$

其中，c 为 Wi-Fi 接入点的饱和速率。对 $g(n)$ 求导，得到

$$g'(n) = -\ln \frac{c}{n} + 1 \tag{8-49}$$

当 $n < \dfrac{C}{e}$ 时， $g'(n) > 0$ ， $g(n)$ 单调递增；当 $n > \dfrac{C}{e}$ 时， $g'(n) < 0$ ， $g(n)$ 单调递减，且在使用的 Wi-Fi 饱和速率模型中，120Mbps 带宽的 Wi-Fi 信道容量大约为 86Mbps，所以 $\dfrac{C}{e} \approx 31$ ，Wi-Fi 接入点中的用户数量几乎不可能达到这个数值，因此认为 $\sum_1^{n+M} \ln(r_i)$ 是随着 n 的减小而递减的，进而证明了 Wi-Fi 容量无限时的最优解为 n_t^*，Wi-Fi 容量有限时最优解的下限是 p_t^*。

在求得下限之后，Wi-Fi 容量有限情况下最优解的遍历范围减少了。下面讨论如何在 Wi-Fi 容量有限情况下遍历求得最优解，并提出用户设备接入 Wi-Fi 的分配方案。

从最优化 p 转化到最优化 n^*，优化问题只需要从有限个 n^* 中选出最优解。对于确定的 n^*，根据式(8-42)，运营商的效用函数受激励 p 和用户分配方案的影响。由于用户设备接入 Wi-Fi 的选择取决于分配方案，激励 p 根据 8.3.2 节第二阶段的讨论，

取决于用户同 Wi-Fi 接入点之间的距离。两者相互影响，导致问题求解复杂。而用户接入策略及激励之间的关系很难通过数学表达式描述，所以本节介绍一种复杂度较低的遍历算法，来求解上述问题。

激励的最小值 $p_{\min}(n^*)$ 为 Wi-Fi 容量无限时的 $p(n^*)$，最大值为 $p_{\min}(n^*+1)$，所以在 $p_{\min}(n^*) \leq p < p_{\min}(n^*+1)$ 上遍历 p。对于用户数量 n^* 和激励值 p 确定后，参与迁移的用户也就变为已知。在这些参与迁移的用户中，需要的激励小于既定激励的值的选择有许多，且不同的选择得到的效用函数数值不同，并没有一个固定的变化趋势，无法将局部最优解拓展到全局中。最基础的方法也是最稳妥的方法是逐个遍历，但这样对于计算来说复杂度会变成一个天文数字，因此退而求其次，提出了一个复杂度低的启发式算法来解决这个问题。

对于每个用户而言，满足激励限制的 Wi-Fi 接入点有多个，按照可能选择的用户设备数量对 Wi-Fi 接入点进行排序。用户数量最少的 Wi-Fi 接入点，使所有选择这个 Wi-Fi 接入点的用户设备都迁移到这个 Wi-Fi 接入点上，然后去除这几个用户设备，对剩下的用户设备再进行统计，如此反复，直到所有用户设备都选定要迁移的 Wi-Fi 接入点。

通过上述遍历，就能求得当前最优迁移用户设备数 n^*、激励值 $p(n^*)$ 和用户分配方案。

综上所述，第一阶段的均衡策略算法如算法 8-4 所示。

算法 8-4　Wi-Fi 网络容量有限用户分配算法

根据 8.3.2 节，求得 Wi-Fi 容量无限时的最优解 n_t^*, p_t^* 作为下限

Start:

1: **for** $n = n_t^*$ to N **do**

2:　　　**for** p = $p_{\min}(n^*)$ to $p_{\min}(n^*+1)$ **do**

3:　　　　　统计参与迁移的用户集合 $\mathcal{I} = \{i \mid p - \alpha_i \cdot d_i + G(i-1) \geqslant 0\}$

4:　　　　　　**while** $\mathcal{I} \neq \varnothing$

5:　　　　　　　统计用户设备可能的 Wi-Fi 接入点

6:　　　　　　　按照选择的用户数量对 Wi-Fi 接入点排序

7:　　　　　　　将选择最小 Wi-Fi 接入点的用户设备分配到该接入点

8:　　　　　　　从 $\mathcal{I}$ 除去已分配的用户设备

9:　　　　　　**end while**

10:　　　　记录运营商的效用函数 $c_{\min}(n, p)$

11:　　　**end for**

12:　　记录运营商的效用函数 $c_{\min}(n)$，$p_{\min}(n)$，用户设备分配方案

13: end for

14: 保存 $c_{\min}(n^*)$，$p_{\min}(n^*)$，用户设备分配方案

对于第一阶段，运营商希望用户设备按照既定方案接入 Wi-Fi 接入点，而业务迁移是由用户发起的，所以，运营商将希望其接入的 Wi-Fi 接入点及其该用户到

Wi-Fi 接入点的距离信息告知该用户。用户设备的接入策略和 8.2.1 相同，只是用户的 $\alpha_1 \cdot d_1 < \alpha_2 \cdot d_2 < \cdots < \alpha_{N-1} \cdot d_{N-1} < \alpha_N \cdot d_N$ 是根据运营商通知的 Wi-Fi 接入点及其距离确定的。

8.3.3　不完全信息延时迁移方案

本节考虑不完全信息场景，即用户设备只知道自身到 Wi-Fi 接入点的距离 d_i 及业务时延因子 α_i，而这些信息运营商和其他用户设备并不知道。假设业务的平均延时容忍因子为 μ。在这种情况下，用户设备和运营商只能根据以往的历史信息（距离 d_i 的分布函数 $F(\cdot)$、平均延时容忍因子 μ）做出决策，运营商缺少足够信息无法对用户设备进行分配，所以 Wi-Fi 网络容量有限和无限对于决策没有影响，本小节只讨论 Wi-Fi 网络容量无限的情况。

本节使用逆向推理的办法。首先考虑第二阶段，得到用户设备在激励 p 下的均衡策略，然后分析第一阶段，运营商在预测迁移用户比例的基础上，提出均衡激励策略 p，进而得到整个两阶段的斯塔克尔伯格博弈的均衡。

在第二阶段分析用户设备的均衡策略时，设激励为 p，对于用户设备 $i \in \mathcal{N}$，若选择迁移到 Wi-Fi 网络，成本为

$$\alpha_i \cdot d_i - p \tag{8-50}$$

若选择留在 5G 网络内，则需要忍受 5G 网络的拥堵。对于用户设备 $i \in \mathcal{N}$，只知道其他用户的分布函数，其他用户在该用户设备眼中是无差异化的。当其他用户的时延成本小于一个阈值 $\mu \cdot \gamma$，即 $\mu \cdot d_j \le \mu \cdot \gamma$，就会选择迁移到 Wi-Fi 网络。由上分析可知，对于剩下的 $N-1$ 个用户，只要满足 $d_j \le \gamma$，就会迁移到 Wi-Fi 网络。$d_j \le \gamma$ 的概率为 $F(\gamma)$，则迁移的用户设备数 m 服从二项分布 $\mathcal{B}(N-1, F(\gamma))$，其均值如下：

$$E_m = (N-1) \cdot F(\gamma) \tag{8-51}$$

由以上分析可知，5G 网络的拥塞程度如下：

$$E_m\left[\frac{N-m}{B}\right] = \frac{N-(N-1) \cdot F(\gamma)}{B} \tag{8-52}$$

当用户设备 i 的时延成本等于决策阈值，即 $\alpha_i \cdot d_i = \mu \cdot \gamma$，式 (8-50) 同式 (8-52) 相等，也就意味着所有用户设备有相同的决策阈值，博弈达到均衡。决策阈值 $\mu \cdot \gamma$ 由式 (8-53) 唯一确定：

$$p - \mu \cdot \gamma + \frac{N-(N-1) \cdot F(\gamma)}{B} = 0 \tag{8-53}$$

综上所述，由式 (8-53) 决定的决策阈值记作 $\mu \cdot \gamma^*(p)$，满足 $p + \dfrac{1}{B} \le \gamma^*(p) \le p + \dfrac{N}{B}$。

迁移到 Wi-Fi 网络的用户数 n 服从二项分布 $\mathcal{B}(N, F(\gamma^*(p)))$。

用户设备到 Wi-Fi 接入点的距离最小是 0（边缘用户），最大距离用 d_{max} 表示。$F(d_i)$ 的取值范围为 $[0, d_{\max}]$，当运营商的激励 $p = d_{\max} - \dfrac{1}{B}$，根据 8.3.3 节的讨论，所有用户都会迁移到 Wi-Fi 网络。所以，激励的取值范围为 $0 \leqslant p \leqslant d_{\max} - \dfrac{1}{B}$。

直观来看，激励 p 增大时，更多的用户设备愿意迁移，$\gamma^*(p)$ 增大；当用户设备数 N 增大或者蜂窝网络带宽 B 减小时，蜂窝网络更加拥堵，更多的用户设备愿意迁移，$\gamma^*(p)$ 增大。

在第一阶段，运营商选择最佳激励 p 来最小化运营商的成本函数，如下：

$$\min_{p \geqslant 0} E_n \left[\frac{(N-n)^2}{B} + n \cdot p \right] \tag{8-54}$$

其中，迁移到 Wi-Fi 网络的用户数 n 服从二项分布 $\mathcal{B}(N, F(\gamma^*(p)))$。将式 (8-54) 改写为

$$\min_{p \geqslant 0} \left(p - \frac{2N}{B} \right) E_n[n] + \frac{1}{B} E_n[n^2] + \frac{N^2}{B} \tag{8-55}$$

$$E_n[n] = N \cdot F(\gamma^*(p)) \tag{8-56}$$

$$E_n[n^2] = (N^2 - N) \cdot F^2(\gamma^*(p)) + N \cdot F(\gamma^*(p)) \tag{8-57}$$

其中，$\gamma^*(p)$ 由式 (8-53) 唯一确定，是求解的难点。求得 $\gamma^*(p)$ 后，$F(\gamma^*(p))$、p、N、B 等都是确定的。概率分布函数 $F(\cdot)$ 既有指数函数又有二次函数，式 (8-54) 很难用数学表达式写出其解，可以通过遍历 $0 \leqslant p \leqslant d_{\max} - \dfrac{1}{B}$ 求解。对于激励 p，由式 (8-53) 求得 $\gamma^*(p)$，代入式 (8-54) 中即可求得 $C(p)$，选出最小的 $\min_{p \geqslant 0} C(p)$，即可确定运营商的最佳激励 p^*。

为了分析不同因素对运营商激励 p^* 和用户决策阈值 $\gamma^*(p)$ 的影响，假设距离的概率分布函数为 $[0, d_{\max}]$ 上的均匀分布，在这种情况下得到的结论可以扩展到式 (8-38) 的概率分布函数，

$$F(d) = \frac{d}{d_{\max}} \tag{8-58}$$

式 (8-53) 改写为式 (8-59)，$\gamma^*(p)$ 同激励 p 之间变为简单的线性关系为

$$\gamma^*(p) = \frac{N d_{\max} + B d_{\max} p}{B \mu d_{\max} + N - 1} \tag{8-59}$$

$$F(\gamma^*(p)) = \frac{\gamma^*(p)}{d_{max}} = \frac{N + Bp}{B\mu d_{max} + N - 1} \tag{8-60}$$

将式(8-60)代入式(8-54)整理，为关于 p 的二次函数：

$$C(p) = \frac{2BN^2 - 2BN + B^2 N\mu d_{max}}{(B\mu d_{max} + N - 1)^2} p^2 + \frac{N^3 - 5N^2 - N^2 B\mu d_{max}}{(B\mu d_{max} + N - 1)^2} p + \text{const} \tag{8-61}$$

常数项不影响求最佳激励 p^* 及 $\gamma^*(p)$，所以忽略常数项。由上分析可得第一阶段博弈的均衡策略如下。

(1)不需要激励：如果 $\mu \cdot d_{max} < (N+1)/B$，用户设备的最大时延成本非常低，或者蜂窝网络负载较重，第一阶段运营商的最优策略是不提供任何激励，即 $p^* = 0$。第二阶段，用户设备的决策阈值如下：

$$\gamma^*(p^*) = \frac{N d_{max}}{B\mu d_{max} + N - 1} \tag{8-62}$$

满足 $\alpha_i \cdot d_i \le \mu \cdot \gamma^*(p^*)$ 的用户设备迁移到 Wi-Fi 网络。

(2)需要激励：如果 $\mu \cdot d_{max} \ge (N+1)/B$，用户设备的最大时延成本较高，或者蜂窝网络负载较轻，第一阶段运营商的最优策略如下：

$$p^* = \frac{NB\mu d_{max} - N^2 - B\mu d_{max} + 1}{4NB - 4B + 2B^2 \mu d_{max}} \tag{8-63}$$

第二阶段，用户设备的决策阈值如下：

$$\gamma^*(p^*) = \frac{(3N-1)\mu d_{max}}{2B\mu d_{max} + 4N - 4} \tag{8-64}$$

满足 $\alpha_i \cdot d_i \le \mu \cdot \gamma^*(p^*)$ 的用户设备迁移到 Wi-Fi 网络。

将式(8-63)改写成式(8-64)，p^* 前后两项关于 μ 和 d_{max} 单调递增。所以，业务的延时容忍程度越低，距离 Wi-Fi 接入点越远，运营商需提供的激励 p^* 越大：

$$p^* = \frac{(N-1)B}{\dfrac{4(N-1)B}{\mu d_{max}} + 2B^2} + \frac{(1-N^2)}{4NB - 4B + 2B^2 \mu d_{max}} \tag{8-65}$$

将式(8-63)关于 N 求导得

$$\frac{\mathrm{d}p^*}{\mathrm{d}N} = \frac{-2B \cdot [2N^2 + (2B\mu d_{max} - 4)N - 2B^2 \mu^2 d_{max}^2 - 2]}{(4NB - 4B + 2B^2 \mu d_{max})^2} \tag{8-66}$$

在 $1 \le N \le \dfrac{2 - B\mu d_{max} + \sqrt{3B^2 \mu^2 d_{max}^2 - 4B\mu d_{max}}}{2}$ 时，$\dfrac{\mathrm{d}p^*}{\mathrm{d}N} \ge 0$，$p^*$ 随着 N 的增加而增加；

在 $N > \dfrac{2 - B\mu d_{\max} + \sqrt{3B^2\mu^2 d_{\max}^2 - 4B\mu d_{\max}}}{2}$ 时，$\dfrac{\mathrm{d}p^*}{\mathrm{d}N} < 0$，$p^*$ 随着 N 的增加而减小。

观察 $\gamma^*(p^*)$ 可以看出，$\gamma^*(p^*)$ 随着 5G 网络总用户设备数 N、业务的延时容忍程度 μ、用户距 Wi-Fi 最大距离 $d_{\max}$ 的增加而增大；随着 5G 网络带宽 B 的增大而减小。

8.3.4　性能仿真与评估

1. 仿真场景及参数

仿真设定的宏基站覆盖区域半径 R 为 150m，总容量 B 为 10MHz，Wi-Fi 接入点的覆盖范围半径 h 为 20m，带宽为 120MHz，能够达到的最大饱和速率 C 为 86Mbps。根据蜂窝网负载情况，考虑人流量比较大的情况，设置 5G 网内用户人数 N 为 0～300，具体参数如表 8-6 所示。

表 8-6　仿真参数

参数	取值
宏小区覆盖半径 R	150m
宏小区容量 B	10MHz
Wi-Fi 接入点半径 h	20m
Wi-Fi 最大饱和速率 C	86Mbps
用户容忍系数 α	0～1 随机
用户人数 N	0～300

2. 完全信息的延时迁移策略性能分析

对于完全信息的延时迁移策略的性能分析，本节主要分为两部分。首先，在 Wi-Fi 容量无限的情况下，评估激励大小与 Wi-Fi 接入点密度和用户设备数的关系；然后，在 Wi-Fi 容量有限的情况下，着重比较本章所提的用户分配算法和简单的最近原则算法的性能差异。

（1）Wi-Fi 容量无限时激励大小与 Wi-Fi 接入点密度和用户设备数的关系

图 8.9 为 Wi-Fi 容量无限时激励大小与 Wi-Fi 接入点密度和用户设备数的关系。激励数值的曲线呈现一个凸函数的形状，数值先增加，但当用户设备数增长到 130 左右时数值开始减小。这显示了网络拥堵对激励产生的作用，用户设备数量少的时候，拥堵不严重，驱使用户选择迁移的是激励。用户设备数量增加之后网络拥堵逐渐严重，拥堵刺激用户设备选择迁移，这时运营商就需要减小激励，节约成本。另一方面，激励随着 Wi-Fi 接入点密度的增大而降低，这是因为 Wi-Fi 接入点密度变大，用户设备可接入的 Wi-Fi 接入点变多，总体距离 Wi-Fi 接入点的距离变小，时延成本降低，运营商用较小的激励就可以驱动用户设备选择迁移到 Wi-Fi 网络。

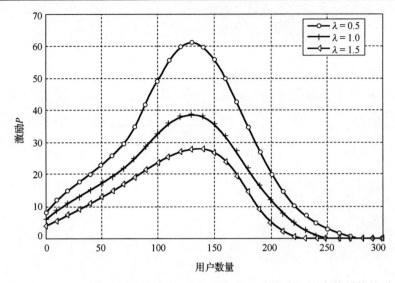

图 8.9　Wi-Fi 容量无限时激励大小同 Wi-Fi 接入点密度、用户数量的关系

(2) Wi-Fi 容量有限时用户分配算法对激励大小、效用函数、迁移比例的影响

综合图 8.10、图 8.11 和图 8.12，用户分配算法相较于最近分配算法，激励更大、用户迁移比例更大、效用函数更小。激励更大是由于最近分配算法倾向于迁移更多的用户设备，为了驱动更多的用户设备迁移到 Wi-Fi，需要提供更大的激励。由于在式 (8-47) 中，已经证明效用函数中网络拥堵、激励成本在最近分配算法是最小的，所以效用函数的降低主要来源于 Wi-Fi 网络内用户设备速率整体的提高，这也证明

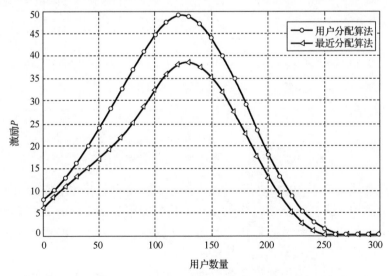

图 8.10　Wi-Fi 容量有限时用户分配算法对激励大小的影响

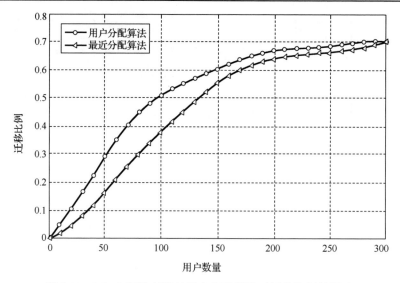

图 8.11　Wi-Fi 容量有限时用户分配算法对迁移比例的影响

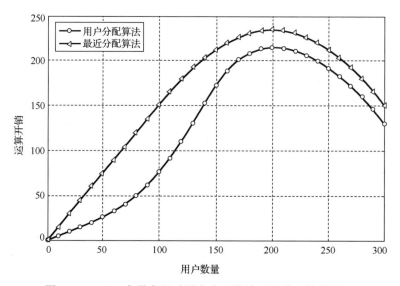

图 8.12　Wi-Fi 容量有限时用户分配算法对效用函数的影响

了用户分配算法提升了 Wi-Fi 网络内用户的速率。用户分配算法能将用户设备较为均匀地分配到 Wi-Fi 接入点中，保证了用户设备的服务质量。而最近分配算法将用户分配到最近的 Wi-Fi 接入点，用户设备有可能接入距离较近的重负载网络，用户服务质量可能很差，导致整体速率较低。

　　综合三张图发现，当用户设备数较大时(用户设备数>180)，用户分配算法和最近分配算法在激励、用户迁移比例更大和效用函数三方面性能较为接近。这是由于用户设备是均匀分布的，且当用户设备数较多时，每个 Wi-Fi 接入点周围都有较多的用户设备，这时分配与否对于用户设备接入的影响不是很大。

3. 不完全信息延时迁移策略性能分析

对于不完全信息的延时迁移策略的性能分析，着重分析激励大小、决策阈值的大小受哪些因素的影响，并比较了不完全信息与完全信息的延时迁移策略性能。

(1) 激励大小与 Wi-Fi 接入点密度和用户设备数的关系

图 8.13 所示为激励大小与 Wi-Fi 接入点密度和用户设备数的关系，其与图 8.9 趋势相似，激励数值的曲线呈现一个凸函数的形状，数值先增加，当用户设备数增长到 140（Wi-Fi 接入点密度不同会有偏差）左右时数值开始减小。另一方面，激励随着 Wi-Fi 接入点密度的增大而降低，出现这种现象的原因和图 8.9 相同，不再赘述。值得注意的是，虽然趋势相似，但是不完全信息下的激励略高于完全信息下的激励，如 $\lambda = 0.5$ 时，完全信息的激励大约为 61，不完全信息的激励大约为 70，这是因为在用户设备只知道自己的信息时，决策阈值偏小，决策较为保守。

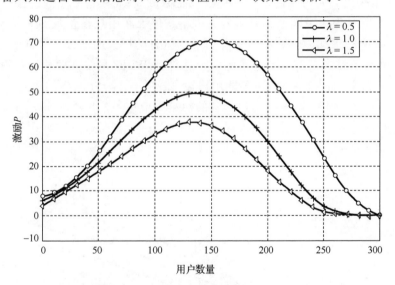

图 8.13　激励大小同 Wi-Fi 接入点密度、用户数量的关系

(2) 激励大小与延时容忍因子和用户设备数的关系

图 8.14 所示为激励大小与延时容忍因子均值 μ 和用户设备数的关系。激励数值的曲线呈现一个凸函数的形状，数值先增加，用户设备数增长到 130 左右时数值开始减小，原因不再赘述。另一方面，激励随着延时容忍因子均值 μ 的增大而增大，这是因为延时容忍因子均值 μ 越大，用户设备对时延越敏感，用户设备的时延成本 $\mu \cdot d$ 越大，需要更大的激励才能驱动用户设备进行迁移。

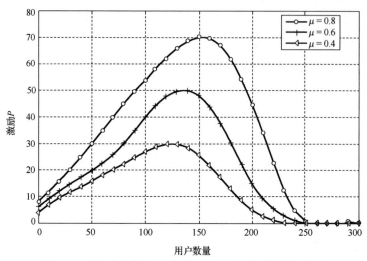

图 8.14　激励大小同延时容忍因子、用户数量的关系

(3) 决策阈值与延时容忍因子和用户设备数的关系

图 8.15 所示为决策阈值与延时容忍因子均值 μ 和用户设备数的关系。决策阈值随着用户数 N 的增加、随着延时容忍因子均值 μ 的增大而增大，验证了 8.3.2 节的结论。决策阈值越大，意味着越多的用户迁移到 Wi-Fi 网络。随着用户设备数的增多，5G 网络越来越拥堵，驱使更多的用户设备迁移到 Wi-Fi 网络，所以迁移到 Wi-Fi 网络的用户设备数不断增大，用户设备的决策阈值也不断增大。另一方面，决策阈值随着延时容忍因子均值 μ 的增大而增大，这是因为延时容忍因子均值 μ 越大，用户设备对时延越敏感，用户设备的时延成本 $\mu \cdot d$ 越大，需要更大的决策阈值才能驱动用户设备进行迁移。

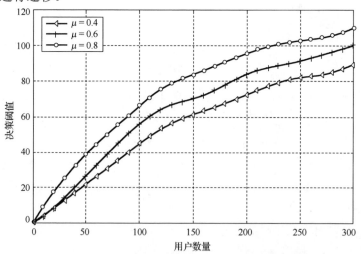

图 8.15　决策阈值同延时容忍因子、用户数量的关系

(4) 不完全信息与完全信息的延时迁移策略性能对比

表 8-7 所示为不完全信息同完全信息的延时迁移策略效用函数在不同用户设备数和不同 Wi-Fi 密度下的比值。由表 8-7 可以看出，运营商在缺乏用户信息的情况下成本较高，且用户数越少，这一现象越明显。这是因为，用户越多，其实际距离分布越倾向于其统计分布，二者效用函数的值越接近。

表 8-7　不完全信息同完全信息的延时迁移策略性能对比

$C^{complete} / C^{un}$	$N=50$	$N=100$	$N=150$	$N=200$	$N=250$
$\lambda = 0.5$	1.0735	1.0658	1.0608	1.0424	1.0301
$\lambda = 1.0$	1.0877	1.0756	1.0623	1.0452	1.0272
$\lambda = 1.5$	1.0957	1.0701	1.0627	1.0424	1.0270

8.4　本 章 小 结

本章重点介绍了延时业务迁移技术的研究，针对 5G 异构密集网络下负载不均、干扰严重、频谱效率低下、能量效率低下等问题，介绍了基于有效容量的延时业务迁移方案和基于用户激励的延时业务迁移方案，并评估了延时业务迁移方案对网络带来的性能提升，为 5G 异构密集网络与采用其他空口技术，例如 Wi-Fi 网络的共存、协作等提供了解决方案。

参 考 文 献

[1]　Sen S, Wong C, Ha S, et al. When the price is right: Enabling time-dependent pricing of broadband data // Proceedings of the SIGCHI Conference on Human Factors in Computing Systems, 2013: 2477-2486.

[2]　Lee K, Lee J, Yi Y, et al. Mobile data offloading: How much can WiFi deliver//Proceedings of the 6th International Conference, ACM, 2010, 21(2): 536-550.

[3]　Chiang Y H, Liao W. Genie: An optimal green policy for energy saving and traffic offloading in heterogeneous cellular networks//2013 IEEE International Conference on Communications (ICC), IEEE, 2013: 6230-6234.

[4]　Balasubramanian A, Mahajan R, Venkataramani A. Augmenting mobile 3G using WiFi//Proceedings of the 8th International Conference on Mobile Systems, Applications, and Services, ACM, 2010: 209-222.

[5]　Park H, Jin Y, Yoon J, et al. On the economic effects of user-oriented delayed Wi-Fi offloading.

IEEE Transactions on Wireless Communications, 2016, 15(4): 2684-2697.

[6]　Im Y, Joe-Wong C, Ha S, et al. AMUSE: Empowering users for cost-aware offloading with throughput-delay tradeoffs. IEEE Transactions on Mobile Computing, 2016, 15(5): 1062-1076.

[7]　Cheung M H, Huang J. Dawn: Delay-aware Wi-Fi offloading and network selection. IEEE Journal on Selected Areas in Communications, 2015, 33(6): 1214-1223.

[8]　Yu H, Cheung M H, Huang L, et al. Predictive delay-aware network selection in data offloading//2014 IEEE Global Communications Conference, 2014: 1376-1381.

[9]　Zhuo X, Gao W, Cao G, et al. Win-Coupon: An incentive framework for 3G traffic offloading//2011 19th IEEE International Conference on Network Protocols, 2011: 206-215.

[10]　Wang K, Lau F C M, Chen L, et al. Pricing mobile data offloading: A distributed market framework. IEEE Transactions on Wireless Communications, 2016, 15(2): 913-927.

[11]　3GPP TR 36.872 v12, 3rd Generation Partnership Project;Technical Specification Group Radio Access Network; Small Cell Enhancements for E-UTRA and E-UTRAN.2013.

[12]　Zhong C, Ratnarajah T, Wong K K, et al. Effective capacity of correlated MISO channels//2011 IEEE International Conference on Communications (ICC), 2011: 1-5.

[13]　Wu D, Negi R. Effective capacity: A wireless link model for support of quality of service. IEEE Transactions on Wireless Communications, 2003, 2(4): 630-643.

[14]　Bianchi G. Performance analysis of the IEEE 802.11 distributed coordination function. IEEE Journal on Selected Areas in Communications, 2000, 18(3): 535-547.

[15]　IEEE Std 802.11g-2003, Amendment 4: Further Higher Data Rate Extension in the 2.4 GHz Band, IEEE Std. 802.11g-2003, 2003.

[16]　Kim Y, Lee K, Shroff N B. An analytical framework to characterize the efficiency and delay in a mobile data offloading system//Proceedings of the 15th ACM International Symposium on Mobile Ad Hoc Networking and Computing, ACM, 2014: 267-276.

[17]　Andrews J G, Baccelli F, Ganti R K. A tractable approach to coverage and rate in cellular networks. IEEE Transactions on Communications, 2011, 59(11): 3122-3134.

第9章 基于网络功能虚拟化的业务迁移技术

随着无线通信网络的迅猛发展，用户数量以及用户对业务的流量需求也急剧增加。然而，传统网络的复杂部署和封闭架构，以及电信业务量与收益不匹配等问题，都对 5G 网络提出了挑战。网络功能虚拟化 NFV 技术的提出，可以很大程度地解决上述问题，并推动 5G 网络架构的演进。其中服务功能链（Service Function Chain，SFC）是 NFV 技术中的重要组成部分，由多种虚拟网络功能（Virtual Network Function，VNF）有序连接构成。然而，由于部署 VNF 需要存储资源，且 SFC 的建立需要满足端到端的服务请求时延的要求，这就需要将业务迁移技术应用于基于 NFV 的 5G 异构网络中。根据用户对服务的请求概率及存储资源的使用情况来动态地部署网络中的 VNF，实现服务与资源的匹配，从而优化网络的服务时延。

本章节针对 5G 网络功能虚拟化的业务迁移技术，介绍了 NFV 技术及其研究现状；进而介绍了业务迁移技术在实现 SFC 建立方面的应用，主要包括基于流行度分布的 VNF 碰撞概率分析、成簇的 VNF 部署方案，以及基于宏观和微观运动模型的 SFC 时延分析，并给出了相应的试验系统测试结果和仿真分析。

9.1 NFV 技术

9.1.1 NFV 技术背景

随着通信技术的快速革新，移动互联网的飞速发展，越来越多样化的移动服务正在大量涌入人们的日常生活中，无线通信成为人类社会中不可或缺的一环。一方面，伴随着无线网络技术的发展和演进，特别是 5G 商用后，多种接入制式的无线妾入网络异构并存；另一方面，随着终端设备的智能化及广泛普及，无线网络的节点设备也日益增多，这使得无线网络拓扑变得更加复杂多样。因此，无线网络的设备管理和资源管理变得日益复杂。此外，伴随这些无线应用的发展，现有无线网络的一系列弊端也日益凸显，其封闭、僵化的网络架构和管理方式，将严重阻碍着新的网络服务在无线异构网络中的扩展与应用。

同时，运营商网络由多种专用的硬件设备构成，且其硬件设备种类还在随着新的网络业务的部署不断增加。此外，还需要为这些设备提供足够的存放空间和电力供应。投资成本和能耗的增加，以及设计、集成和运行越来越复杂的硬件设备的相关技术缺乏，对运营商的长期发展也提出了极大的挑战。另外，由于硬件的设备生命周期有限，需要不停地重复"生产-设计-集成-部署"的过程，运营商的收益甚微。并且随着技术和服务的不断创新，设备的生命周期也变得越来越短。在如今这个基于网络连接的世界中，传统的网络架构严重限制了网络服务的多样化发展[1,2]，增加了运营商的运营和维护成本。因此，需要从根本上改变现有移动互联网的无线网络架构，为下一代移动互联网提供更加灵活的网络管理机制。

无线网络虚拟化技术作为云计算领域的关键技术之一，不仅被认为是克服当前无线网络弊端的重要方法，也是实现未来移动互联网的核心技术。网络功能虚拟化旨在改变运营商的网络架构，即通过引入标准的 IT 虚拟技术，将众多原本位于数据中心、网络站点和终端用户的网络设备合并到符合行业标准的大容量服务器、交换机和存储器上。这样，就可以使用软件实现网络功能的应用，而这些软件可以在一系列符合行业标准的服务器硬件上运行，并且不需要安装新设备就可以根据需要应用于网络的任何位置，使得网络业务更加灵活高效[3,4]。

综上，作为通信行业的一项突破性变革，NFV 可以为 5G 运营商和用户带来以下显著的收益：

(1)通过减少设备的成本和能耗，降低运营商的资本支出和运营成本；

(2)缩短部署新网络业务的上市时间，加快业务推向市场的速度，提高网络创新能力；

(3)允许不同用户和应用程序使用统一平台登录不同版本的网络设备，提高资源共享率；

(4)能够根据需求快速地变更服务能力，为同一区域或者同一群体的客户提供针对性服务；

(5)通过虚拟一体化平台的实现，鼓励软件商研究与开发新的网络业务，形成一个开放、高效的产业链。

9.1.2　NFV 研究现状

NFV 的概念在 2012 年 10 月于德国达姆施塔特的 SDN and OpenFlow World Congress 会议上首次提出[5]，并宣布在欧洲电信标准化协会 ETSI 之下成立 NFV 行业规范组[6]。除了 ETSI，3GPP 和 IETF 也积极加入了 NFV 的研究。3GPP 电信管理工作小组 SA5 发起了一个关于 3GPP 虚拟网络功能的研究项目，旨在研究 ETSI 提出的网络架构是否会对 3GPP 现有的管理参考模型造成影响。IEFT 成立了 SFC 工作小组，研究如何通过一系列网络功能动态地控制数据业务。另外，一些多厂商概念验证也增加了 NFV 的可行性，例如云网络功能虚拟化，是一个通过将云计算和软件定义网络 SDN 技术运用于 NFV 的开放平台[7]。为了验证 NFV 应用的可行性并判断其性能的优劣，一些厂商已经基于 ETSI 的规范实现了一些使用案例，如：HP OpenNFV、Huawei NFV Open Lab、Intel ONP、CloudNFV、Alcatel-Lucent CloudBand

Broadcom Open NFV、Cisco ONS、F5 SDAS、ClearWater、Overture vSE。从这些案例中不难看出,NFV 的实现需要 SDN 和云计算技术的支持。

　　除了对 NFV 技术的标准化及实例化,学术界也开展了对 NFV 技术在新一代网络中应用的理论研究[8-12]。一些学者提出了一个在物理网络中提升服务可靠性的同时降低冗余的 NFV 服务链部署方案。一些研究将部署 NFV 服务链方案的目标定为最大化网络功能(Network Function,NF)的数量和最小化路由和部署开销。有学者研究了在服务的端到端时延的限制下 NFV 技术在数据中心网络中的应用,考虑了服务的端到端时延。文献[13]研究了如何在开支最小的情况下部署服务链,但考虑的不是虚拟网络功能 VNF 在每个节点的部署,而是服务链的路径优化。也有学者提出了面向 MEC 网络中成簇的 NFV 服务链建立方案,并在最小化服务时延的要求下得到了簇的最优数量。除了上述提到的网络类型,一些学者还提出将 NFV 技术应用于车联网中,建立一个基于 NFV 的车联网网络架构,并讨论了该网络架构的优势及相应的挑战。

9.1.3　NFV 存在的问题

　　由于用户的移动性以及资源的有限性,要想实现资源的有效分配和网络的灵活性,对 SFC 的迁移工作的研究是十分必要的。然而,目前只有少数工作涉及了虚拟网络功能的迁移问题,还面临着很多技术挑战[14]:

　　(1)管理和编排:采用 NFV 技术后,打破了现有的网络架构,对核心网集成方式以及网络运维都带来了巨大挑战。并且 NFV 与 SDN 相辅相成,这需要既考虑动态的数据流,又考虑虚拟功能位置的动态变化,传统的管理方式亟须改进。此外,NFV 中的管理和编排和 OpenStack、Openflow 等开源技术紧密结合,对现有的电信标准化工作也是一个巨大的冲击。为了满足新网络架构和原有网络架构的共存和兼容,需要定义两个网络的运营维护系统(OSS)/商业维护系统(BSS)之间的关系。

　　(2)能耗:NFV 虽然通过减少物理设备的数量从而降低了能耗,但是可能会将数据中心变成一个集成度很高的整体。因此,NFV 究竟能否达到预期的节能设想,还是只是把能耗转移到了云中,这是我们目前研究的重点,不仅要降低能耗,还要达到监管和环境标准的要求。

　　(3)资源分配:基于 NFV 的未来网络体系结构部署的很大程度上取决于资源分配。引入 NFV 技术后,要求业务网络自动部署,灵活调用虚拟资源池中的资源。然而无线网络的资源有限,因此,如何部署网络中的资源将会成为一个复杂的问题。

　　(4)安全:在 NFV 网络中,硬件和软件都可能由不同的供应商提供,如何检测受损组件并且减轻其影响仍然是一个挑战。其次,分布式拒绝服务攻击(DDoS)在处理不当的情况下可以对 NFV 支持的网络造成巨大的伤害。在网络中如何利用 VNF 的灵活性抵御 DDoS 的攻击是另一个挑战。

(5)资源、功能和服务的建模：NFV 的一大特色在于其高度的自动化水平及灵活性。然而，NFV 中的资源和功能是通过不同供货商提供的。因此，如何统一规范这些多厂商的资源、功能和服务是 NFV 部署的关键，建模时需要同时考虑初始部署和生命周期。

9.2　基于 NFV 的业务迁移技术

本节主要介绍了如何应用业务迁移技术来实现网络中的虚拟服务功能部署，包括基于流行度分布的 VNF 成簇部署方案、基于宏观运动模型的 SFC 时延分析，以及基于微观运动模型的 SFC 时延分析等。

9.2.1　基于流行度分布的 VNF 成簇部署方案

在 5G 车联网场景中，智能车载系统(Intelligent Onboard System，IOS)可以搭载 NFV 技术，通过软件更新实现业务更新。基于 NFV 技术的车联网业务迁移技术是通过将部分 VNF 从远程服务中心迁移到邻近的车辆中进行成簇的 V2V 协作传输，减轻蜂窝网络的拥塞。其次，VNF 在相邻的车之间可以复用和迁移，充分利用 V2V 协作的低时延优势。并且，将 VNF 成簇分布，可以提高 VNF 资源的利用率。由于 IOS 的存储资源有限，每辆车无法存储所有的 VNF，如何在车联网中部署 VNF 以及以何种方式进行 VNF 的迁移才能最大限度地减少服务时延，是亟须解决的问题。

本节首先介绍了一种基于流行度的 VNF 分布模型，并基于此模型介绍了 VNF 的成簇部署方案。该方案通过增加网络中 VNF 多样性，并通过 V2V 协作来进行 VNF 的复用和迁移，实现业务的迁移，从而大大减小 SFC 的服务时延。

1. 系统模型

图 9.1 为基于 NFV 技术的智能车载系统的网络架构图，其中 9.1(a)是一个传统小区场景，(b)是一个常见的交通车道场景。该网络架构包括多个车载设备及服务器，其中，服务器可以为车载设备的远程服务中心。用 $\mathcal{N}=\{1,2,\cdots,N\}$ 来表示车辆集合，$\mathcal{F}=\{f_1,f_2,\cdots,f_F\}$ 表示一个有限的 VNF 集合，其中 f_i 是第 i 流行的 VNF。假设每辆车的 VNF 存储容量有限，且都为 C。网络中的 N 辆车被均匀分为 l 个不重叠的簇。这里我们只考虑短时间通信，即分簇在服务期间是固定不变的。在每个簇中，有一个簇头(CH)和多个簇成员(CM)，簇头知道所有其簇成员的 VNF 分布信息。如果某辆车有服务请求，那么该簇的簇头将根据该服务所需的 VNF，通过头部包含源 ID 目的 ID 和所需 VNF 的信号包有序引导服务功能链的流向。

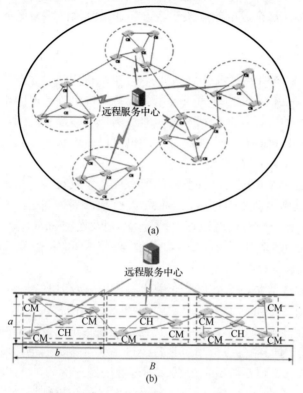

(a)

(b)

图 9.1 密集异构网络下的负载均衡场景

2. 成簇部署方案

在基于 VNF 的成簇部署方案中,将网络架构中的多个车载设备按照地理位置进行簇群划分,并为每个簇群选择合适的簇头车载设备,其中,将地理位置较近的车载设备划分为同一个簇群,可以使得流经同一簇群中的服务链不需要离开该簇,无需向服务器进行请求再等待服务器返回,从而大大减少了服务时延。

当簇群划分完毕后,服务器从预设范围内的至少一个车载设备中确定一个车载设备作为簇头车载设备,并存储该簇头车辆的业务数据信息。具体地,服务器可以计算一个簇群内所有车载设备的连接量,将连接量超过预设值的一个车载设备选择为簇头车载设备;或者,服务器还可以根据地理位置在一个簇群内选取靠近中心位置的至少一个车载设备作为候选的簇头车载设备,进一步计算各候选簇头车载设备的连接量信息,将连接量超过预设值的一个候选簇头车载设备选择为簇头车载设备。

考虑到簇群内各车载设备之间距离较近,为了尽可能节省蜂窝网频带资源,簇群内部可以使用局域网络,如 Wi-Fi,而簇头车载设备和服务器或其他簇头车载设备之间的通信使用蜂窝网络,即每个成员车载设备与该簇群的簇头车载设备之间通过局域网建立连接，每个簇群的簇头车载设备通过蜂窝网络与服务器或其他簇头车载设备建立连接。

　　根据 VNF 的请求量（即常用性）为车载设备动态部署 VNF 可以降低车载设备的 VNF 存储冗余并减少热门服务的响应时间。每个簇群中包括至少一个车载设备，其中一个为簇头车载设备，其他均为成员车载设备。每个簇群内的车载设备在数据通信中分别作为单个的实体，并且相互之间通过簇群网络建立连接，簇头车载设备可以与成员车载设备建立连接，不同簇群之间也可以通过簇头车载设备建立连接；服务器可以与每一个车载设备建立连接。

　　簇头车载设备通过局域网向簇群内的所有成员车载设备广播请求信令。簇群内的成员车载设备收到该请求信令后，如果恰好有数据等待发送，则直接发送数据帧到簇头车载设备；如果暂时没有数据等待传输，则发送空（empty）信令通知簇头车载设备；簇头车载设备对于正确接收到的数据帧和空信令都回应确认字符（Acknowledgement，ACK）信息。

　　对于因数据丢失等情况导致簇头车载设备没能够及时收到 ACK 信息的成员车载设备，如果在预定时间 t 内仍没有收到簇头车载设备的 ACK 信息，则需要重新发送数据帧或者空信令至簇头车载设备，直到收到簇头车载设备的回应为止；如果在预先设定的计数器时间内，成员车载设备经过多次重传数据仍然没有接收到簇头车载设备的 ACK 信息，则不再重传数据，不再继续处理。

　　簇头车载设备接收到每一个成员车载设备发送的数据帧后，提取其中包括的至少一种 VNF 的请求量，并从大到小排序；同时也可根据下述式（9-1）的 Zipf 模型计算出每种 VNF 的请求概率，即受欢迎程度。

$$p_i = \frac{\frac{1}{i^\alpha}}{\sum_{j=1}^{F}\frac{1}{j^\alpha}} = \frac{\Omega}{i^\alpha} \tag{9-1}$$

其中，α 是 Zipf 模型的形态参数，表示 VNF 请求相关程度，p_i 为至少一种 VNF 请求量排在第 i 个的 VNF 的请求概率。

　　簇头车载设备根据上述至少一种 VNF 的请求量确定预设范围内的每个车载设备将要部署的 VNF。在 V2X 网络中，车辆可能在不同时刻需要不同的服务，也能在一段时间内只需要单一的服务，因此需要根据不同的网络情况在所有车辆中动态地部署 VNF。并且在 V2X 网络中，由于大部分情况下请求的服务数量较少且响应时间较短，我们通常最关心的不是计算性能，而是服务响应时间。

　　具体地，簇头车载设备可以选取其中请求量最高的 M 个 VNF 作为常用的基 VNF（basic VNF，bVNF），该 M 个 bVNF 作为第一部分 VNF，该 M 个 bVNF 将部署在预设范围内的每一个车载设备中，当收到紧急消息时可以尽快启动来处理件。将上述 M 个 bVNF 之外的其他 VNF 视为专用 VNF (dedicated VNF, dVNF)，选取其中请求量最高的 $C-M$ 个 dVNF 作为第二部分 VNF，该 $C-M$ 个 dVNF 将被部署在簇头车载设备中。上述 $C-M$ 个 dVNF 之外的其他 dVNF 将被随机部署在成员车载设备的剩余存储空间中，且保证每种 dVNF 在预设范围内的车载设备中只部署一次。当一个请求的 VNF 不在簇中时，要从簇外最近的车上传输，并将此 VNF 迁移到该簇中，替换该簇中受欢迎程度最小的 VNF。

在簇头车载设备确定预设范围内的每个车载设备部署 VNF 后，簇头车载设备将向服务器发送 VNF 部署请求，该部署请求中包括了该簇头车载设备确定的每个车载设备将要部署的 VNF 信息。服务器接收到簇头车载设备发送的 VNF 部署请求后，将根据该部署请求中携带的每个车载设备将要部署的 VNF 信息为每个车载设备进行 VNF 部署。

3. 基于 VNF 碰撞概率的服务时延分析

成簇部署 VNF 的潜在增益主要是可以降低 VNF 的碰撞概率，即可以在簇内处理并传输请求的 VNF，而不需要从远程服务中心传回，这样大大减少了通信时延。此外，由于 V2V 通信链路可以是 Wi-Fi 或专用短程通信技术 (Dedicated Short Range Communications, DSRC)，控制链路的通信开销要比通过蜂窝链路连接的 V2I 通信开销小。本节提供 VNF 碰撞概率的理论分析。

VNF 碰撞概率即为一个随机用户在本地存储中找到其请求的 VNF 的概率。平均每个簇中有一个簇头和 $\frac{N}{l}-1$ 个簇成员，由于每个簇中只有一个 dVNF，因此，任意请求的 VNF 是 bVNF 的概率为

$$P_b = \sum_{i=1}^{M} p_i \approx \int_1^M \frac{\Omega}{i^\alpha} \mathrm{d}i = \Omega \cdot \frac{M^{1-\alpha}-1}{1-\alpha} \approx \frac{M^{1-\alpha}-1}{F^{1-\alpha}-1} \tag{9-2}$$

任意请求的 VNF 为一个 dVNF 且在簇头中的概率为

$$P_H = \sum_{i=1}^{C} p_i - \sum_{i=1}^{M} p_i \approx \frac{C^{1-\alpha}-M^{1-\alpha}}{F^{1-\alpha}-1} \tag{9-3}$$

任意请求的 VNF 为一个 dVNF 且在簇成员中的概率为

$$P_M = \sum_{i=1}^{(C-M)N/l+M} p_i - \sum_{i=1}^{C} p_i \approx \frac{[(C-M)N/l+M]^{1-\alpha}-C^{1-\alpha}}{F^{1-\alpha}-1} \tag{9-4}$$

因此，任意请求的 VNF 为一个 dVNF 且在自身 IOS 中的概率为：$P_s = P_M l/(N-l)$，本簇中的概率为 $P_n = P_b + P_s$，不在本簇中的概率为 $P_c = P_H + P_M[1-l/(N-l)]$。为了保证传输质量，定义 VNF 通过 V2V 通信的传输距离限制为区域 $\mathfrak{R}_v$，且簇外 VNF 通过 V2V 链路传输的概率为 P_v。

基于上面的 VNF 部署方案，提出了一种基于 NFV 的 V2X 网络中成簇 VNF 部署方案(CVC-NV)，算法流程示于算法 9-1。VNF 服务功能链的建立过程如图 9.2 所示。

算法 9-1　成簇 VNF 部署方案(CVC-NV)算法流程

初始化网络状态和相应的参数：$N, R, F, C, M, \alpha, n_f, h, D_v, D_r$。

1. 通过式 (9-7) 计算最优簇半径 $R_{c_{opt}}$，或者通过仿真估计最优簇长 b_{opt}。

2. 将网络分成 l 个簇，选择中心位置的车辆为簇头。

3. 在每辆车中部署 M 个 bVNF，簇头部署最流行的 $C-M$ 个 dVNF，将其他的 dVNF 均匀部署在其他簇成员。

4. 根据服务链中 VNF 的次序在车之间建立通信链路。

5. 在簇头的控制下执行服务链建立流程，如图 9.2 所示。

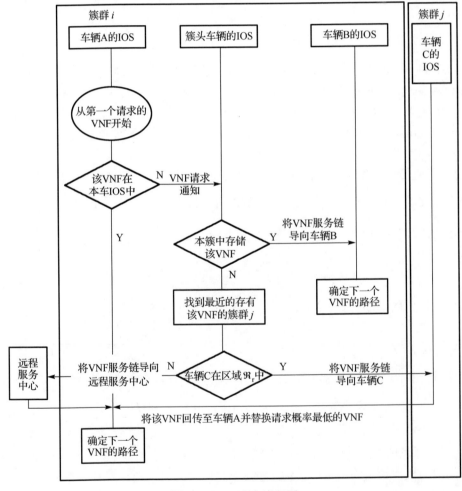

图 9.2　SFC 建立流程图

对于一个基于 NFV 的车联网，多个簇同时工作。因此，网络的平均服务时间 (AST) 可视为一个簇的 AST，表示为：

$$T = \frac{n_r}{l}\left\{\left[h_{\text{in}}P_c + 2h_{\text{out}}(1-P_n-P_c)P_v\right]n_f D_v + (1-P_n-P_c)(1-P_v)n_f D_r\right\} \tag{9-5}$$

其中，h_{in} 和 h_{out} 分别为簇中和网络中两辆车的平均跳数，n_r 是网络中服务请求的总数，n_f 是一个服务链中的 VNF 数，D_r 是车和远程服务中心的平均时延，D_v 是相邻车之间的平均端到端时延。特别说明的是，当请求的 VNF 不在本簇中时，簇头需要先将数据流导向簇外的车辆，再导回本簇中，因此，平均服务时延要乘以 2。

假设两车之间的链路跳数正比于它们的直线距离，若要得到 AST，就要分析 h_{in} 和 h_{out} 之间的关系，下面分两个场景来分别分析。

如图 9.1 (a) 所示，网络区域和簇区域都是圆形，其半径分别为 R 和 R_c。已知单位圆中相邻节点的平均距离为 $\frac{128}{45\pi}$，那么，簇中相邻车的平均距离为 $\frac{128R_c}{45\pi}$，而网络中相邻车的平均距离为 $\frac{128R}{45\pi}$。根据等式 $l \times \pi R_c^2 = \pi R^2$，得出 R 和 R_c 之间的关系为 $R_c = R / \sqrt{l}$，因此，得出 $h_{\text{in}} = h_{\text{out}} / \sqrt{l}$，将其代入式 (9-5) 有：

$$
\begin{aligned}
T(R_c) = &A_m(F_m R_c^2 + M)^{1-\alpha} R_c^3 - B_m R_c^3 + C_m R_c^2 - D_m(F_m R_c^2 + M)^{1-\alpha} R_c^2 \\
&+ E_m[C^{1-\alpha} - (F_m R_c^2 + M)^{1-\alpha}](N - R^2 R_c^{-2})^{-1}R_c
\end{aligned}
\tag{9-6}
$$

其中，$A_m = \dfrac{n_f n_r h D_v}{(F^{1-\alpha}-1)R^3}$，$B_m = \dfrac{n_f n_r h D_v M^{1-\alpha}}{(F^{1-\alpha}-1)R^3}$，$C_{m1} = \dfrac{n_f n_r\left[2hp_v D_v + (1-p_v)D_r\right]F^{1-\alpha}}{(F^{1-\alpha}-1)R^2}$，$D_m = \dfrac{n_f n_r\left[2hp_v D_v + (1-p_v)D_r\right]}{(F^{1-\alpha}-1)R^2}$，$E_m = \dfrac{n_f n_r h D_v}{(F^{1-\alpha}-1)R}$，$F_m = \dfrac{(C-M)N}{R^2}$，$h = h_{\text{out}}$。因此，最优簇半径可以通过求解关于半径 R_c 的一阶导数得到：

$$R_{c_{\text{opt}}} = \arg_{R_c}\left[\frac{\partial T(R_c)}{\partial R_c} = 0\right] \tag{9-7}$$

如图 9.1 (b) 所示，网络区域和簇区域都可以视为长方形。簇长度和网络长度分别为 b 和 B，簇宽度和网络宽度都为 a。在一个长方形区域 (a, b) 中，每对节点之间的距离为

$$E[L_d] = \frac{1}{a^2 b^2}\int_0^{\pi/2} g(\phi)^3\left(\frac{4}{3}ab - g(\phi)(b\cos\phi + a\sin\phi) + \frac{2}{5}g(\phi)^2\sin 2\phi\right)\mathrm{d}\phi \tag{9-8}$$

其中，$g(\phi) = \begin{cases} \dfrac{a}{\cos\phi}, & 0 \leqslant \phi \leqslant \arctan\dfrac{b}{a} \\[2mm] \dfrac{b}{\sin\phi}, & \arctan\dfrac{b}{a} \leqslant \phi \leqslant \dfrac{\pi}{2} \end{cases}$

因此，我们可以得到簇中两车之间的平均距离为

$$\overline{L}_{\text{in}} = \frac{1}{6ab}\left[2ab\sqrt{a^2+b^2} + a^3\ln\left(\frac{b-a+\sqrt{a^2+b^2}}{b+a-\sqrt{a^2+b^2}}\right) - b^3\ln\left(\frac{\sqrt{a^2+b^2}-a}{b}\right)\right] \tag{9-9}$$
$$- \frac{1}{15a^2b^2}\left[(a^2+b^2)^2\sqrt{a^2+b^2} - (a^5+b^5)\right]$$

此外，$\overline{L}_{\text{out}}$ 可以通过将 b 替换为 B 来得到。根据 $\overline{L}_{\text{out}}/\overline{L}_{\text{in}} = \kappa$，有 $h_{\text{in}} = h_{\text{out}}/\kappa$，因此，将式(9-2)～式(9-4)代入式(9-5)即可得相应的 AST：

$$T = \frac{n_f n_r h D_v}{(F^{1-\alpha}-1)\kappa} \cdot \frac{[(C-M)N/l+M]^{1-\alpha} - M^{1-\alpha}}{l} + \frac{n_f n_r h D_v}{(F^{1-\alpha}-1)\kappa} \cdot \frac{C^{1-\alpha} - [(C-M)N/l+M]^{1-\alpha}}{N-l}$$
$$+ \frac{n_f n_r[2h p_v D_v + (1-p_v)D_r]}{F^{1-\alpha}-1} \cdot \frac{F^{1-\alpha} - [(C-M)N/l+M]^{1-\alpha}}{l} \tag{9-10}$$

上述 AST 分析是基于一个相对静止的 V2X 网络情形，我们将在下两节分析基于宏观运动模型和微观运动模型的动态 AST。

4. 性能评估与仿真结果

为了验证介绍的成簇 VNF 部署方案的性能，这一小节在以下两种情景下对网络平均服务时延进行了仿真、性能评估、相关方案对比与分析。

(1)仿真环境

仿真场景可以描述为以下两种情形：

情形 1：考虑一个半径为 R 圆形网络区域，N 个智能车辆均匀分布于其中。

情形 2：考虑一个长为 B、宽为 a 的长方形网络区域，N 个智能车辆均匀分布于其中。

仿真参数如表 9-1 所示。

表 9-1　仿真场景参数

仿真参数	数值
网络区域半径/m	1000
网络区域长/m	5000
网络区域宽/m	17.5
车辆数	50
平均跳数	2
FUE 最大发送功率/dBm	23
VNF 总数	500
bVNF 数	5
每个 IOS 的 VNF 容量	10
网络中服务请求数	20

(2)仿真结果

图 9.3 描述了在情形 1 中 AST 和簇半径的关系，当 α 分别设置为 0.5, 0.7 和 0.9 时，从图中可以看出最优的簇半径分别为 250m，300m，300～350m。当 α 设置为不同的参数时，AST 随着簇半径增加先减少后增加，其原因为：当簇半径很小时，随着半径增大，车变多，所请求的某个功能在本簇中的概率增大，服务时间降低。然而，由于网络中请求服务数一定，当半径继续增加时，簇数减少，某个簇中的服务链变长，服务时间上升。图 9.4 描述了在情形 2 中 AST 和簇半径的关系，可以看出，此场景中的 AST 大于情形 1，这是因为簇中的车队列较长，使得头车和尾车之间的通信距离增加，故平均时延增大。因此，情形 2 中的簇长不能选得太大。

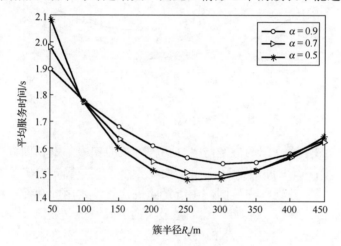

图 9.3　AST vs. 簇半径（$n_f = 10$）

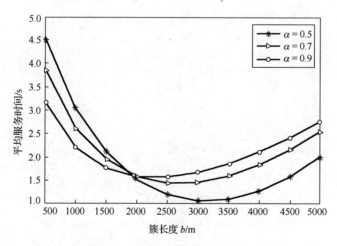

图 9.4　AST vs. 簇长（$n_f = 10$）

　　图 9.5 与图 9.4 趋势相同，其原因和图 9.4 是类似的。此外，图 9.5 还揭示了服务链长度对 AST 的重要影响，即 n_f 越大，每个服务链越长，AST 越大，这与"请求越多，服务时间越长"相吻合。

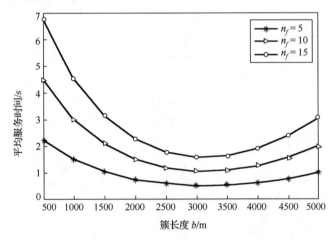

图 9.5　AST vs. 簇长（$\alpha = 0.9$）

　　图 9.6 展示的是所介绍的方案与另外两种方案的在服务链长度方面的对比。其中，RD-wop 方案：VNF 随机部署，不考虑流行度，一旦请求 VNF 不在本车中，即从远程服务中心或者其他车中传回。由于是随机部署，常用的功能很可能没有部署到，需要不断重传，所以，得到的 AST 是最大的。PD-woc 方案：不考虑成簇部署，每辆车中都存有最流行的 C 个 VNF，那么一旦请求 VNF 不在本车中，只能从远程服务中心传回。这种方案无法充分利用车与车之间的协作，存储的 VNF 没有得到最大复用，因此该方案所得到的 AST 也大于本节所提的方案。

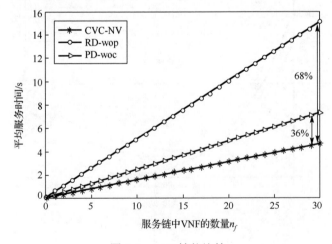

图 9.6　AST 性能比较

9.2.2　基于宏观运动模型的 SFC 时延分析

在章节 9.2.1 的静态节点情境下 VNF 部署方案的基础上，本小节着重考虑了车联网中节点的运动特性，并采用宏观车辆运动模型模拟车联网中节点的运动情况，以分析在节点运动状态下车联网中 AST 的变化情况。

1.　宏观车辆运动模型

如图 9.7 所示，考虑一段同向三车道高速路，每个车道中的车辆初始位置服从泊松点过程(Poison Point Process，PPP)分布。因此，在通畅的交通环境下，车道 i 上任意车的车速的概率密度函数为

$$\hat{f}_{V_i}(v_i) = \frac{f_{V_i}(v_i)}{\int_{v_{\min^i}}^{v_{\max^i}} f_{V_i}(v_i) \mathrm{d}v_i} = \frac{2 f_{V_i}(v_i)}{\mathrm{erf}\left(\dfrac{v_{\max^i} - \overline{v}_i}{\sqrt{2\pi}\sigma}\right) - \mathrm{erf}\left(\dfrac{v_{\min^i} - \overline{v}_i}{\sqrt{2\pi}\sigma}\right)} \tag{9-11}$$

其中，$v_{\min^i} = \begin{cases} \overline{v} - 3\sigma & i=1 \\ \overline{v} - \sigma & i=2 \\ \overline{v} + \sigma & i=3 \end{cases}$，$v_{\max^i} = \begin{cases} \overline{v} - \sigma & i=1 \\ \overline{v} + \sigma & i=2 \\ \overline{v} + 3\sigma & i=3 \end{cases}$，即三个车道的平均车速分别为：

$v_1 = \overline{v} - 2\sigma$，$v_2 = \overline{v}$ 和 $v_3 = \overline{v} + 2\sigma$。

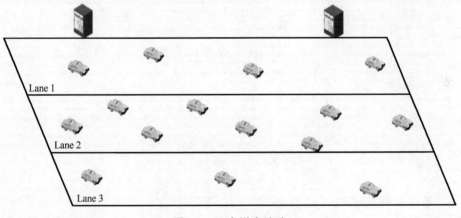

图 9.7　三车道高速路

2.　动态 AST 性能分析

在所介绍的模型中，给定簇长 L_c，在车道 i 上，长度 L_c 的路段内，平均车辆数为 $T_i = L_c / \overline{v}_i$。在给定车辆到达率 μ_i，长度 L_c 的路段内，车辆数服从参数为 $\mu_i T_i$ 的泊松分布。因此，初始时刻一个簇内的平均车辆数为

$$N_t(0) = \sum_{i=1}^{3}[\mu_i T_i] = \left[\frac{\mu_1 L_c}{\bar{v} - 2\sigma}\right] + \left[\frac{\mu_2 L_c}{\bar{v}}\right] + \left[\frac{\mu_3 L_c}{\bar{v} + 2\sigma}\right] \triangleq N_1 + N_2 + N_3, \qquad (9\text{-}12)$$

其中，N_1、N_2 和 N_3 分别为一个簇内车道 1、2、3 上的原始车辆数。

假设每道上的车辆在进入簇内就保持匀速前进，且簇总是随着簇头的移动而移动。一段时间 τ 后，由于簇头在车道 2 上，一个簇中车道 2 上的车辆数是不变的，而车道 1 和车道 3 上的车辆数则因为和簇头车辆速度不同而变化，且该变化与时间 τ 有关。对于给定原始车辆数 $N_t(0) = N_1 + N_2 + N_3$，τ 时间后，车道上数量为 k，及 $N_t(\tau) = k$ 的概率为

$$\Pr\{N_t(\tau) = k \mid N_1, N_2, N_3\}$$

$$= \begin{cases} \dfrac{(\mu_1 T_1 + \mu_3 T_3)^{k-N_2}}{(k - N_2)!} \mathrm{e}^{-\mu_1 T_1 - \mu_3 T_3}, & \tau \geqslant \dfrac{L_c}{2\sigma} \\[4mm] \dfrac{(\mu_1 T_1 + \mu_3 T_3)^{k - N_2 - N_o}}{(k - N_2 - N_o)!} \mathrm{e}^{-\mu_1 T_{d_1} - \mu_3 T_{d_3}}, & \tau < \dfrac{L_c}{2\sigma} \end{cases} \qquad (9\text{-}13)$$

其中，$T_{d_1} = \dfrac{2\sigma\tau}{\bar{v} - 2\sigma}$，$T_{d_3} = \dfrac{2\sigma\tau}{\bar{v} + 2\sigma}$，$N_o = (N_1 + N_3)\left(1 - \dfrac{2\sigma\tau}{L_c}\right)$。相应地，可以得到时间 τ 后的 AST 为

$$\bar{T}_c = \begin{cases} \mathrm{e}^{-\delta} A_n \displaystyle\sum_{k=N_2}^{\infty} \frac{[(C-M)k + M]^{1-\alpha} \delta^{k-N_2}}{(k - N_2)!} + \mathrm{e}^{-\delta} B_n \displaystyle\sum_{k=N_2}^{\infty} \frac{\delta^{k-N_2}}{(k - N_2)!(k-1)} \\[4mm] \qquad - \mathrm{e}^{-\delta} C_n \displaystyle\sum_{k=N_2}^{\infty} \frac{[(C-M)k + M]^{1-\alpha} k \delta^{k-N_2}}{(k - N_2)!(k-1)} + D_n, \tau \geqslant \dfrac{L_c}{2\sigma} \\[6mm] \mathrm{e}^{-\zeta} A_n \displaystyle\sum_{k=N_2}^{\infty} \frac{[(C-M)k + M]^{1-\alpha} \zeta^{k-N_2}}{(k - N_2)!} + \mathrm{e}^{-\zeta} B_n \displaystyle\sum_{k=N_2}^{\infty} \frac{\zeta^{k-N_2}}{(k - N_2)!(k-1)} \\[4mm] \qquad - \mathrm{e}^{-\zeta} C_n \displaystyle\sum_{k=N_2}^{\infty} \frac{[(C-M)k + M]^{1-\alpha} k \zeta^{k-N_2}}{(k - N_2)!(k-1)} + D_n, \tau < \dfrac{L_c}{2\sigma} \end{cases} \qquad (9\text{-}14)$$

3. 性能分析与评估

在这一小节中对介绍的基于宏观运动模型的 SFC 平均服务时延进行数值仿真和评估分析，分别对三车道不同车辆密度时的 AST 进行了仿真对比，并对仿真的结果进行分析。

(1) 仿真环境

仿真环境与 9.2.1 中所述相同，仿真参数设置如下：$L_c = 500\mathrm{m}$，$\bar{v}_1 = 70\mathrm{m/s}$，$\bar{v}_2 = 90\mathrm{m/s}$，$\bar{v}_3 = 110\mathrm{m/s}$，$\sigma = 10$，$h = 2$，$F = 100$，$M = 5$，$C = 10$，$n_f = 5$，$\alpha = 0.7$，$P_v = 0.75$，$D_v = 13\mathrm{ms}$，$D_r = 35\mathrm{ms}$。

(2) 仿真结果

如图 9.8 所示，一个簇的平均车辆数随时间随机波动，这是由于泊松分布的特性导致的。因为 AST 与车辆数相关，所以，图 9.9 与图 9.8 的波动点相同。此外，

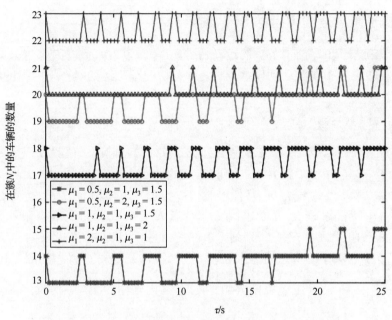

图 9.8　簇内的平均车辆数在不同参数下随 τ 值的变化曲线

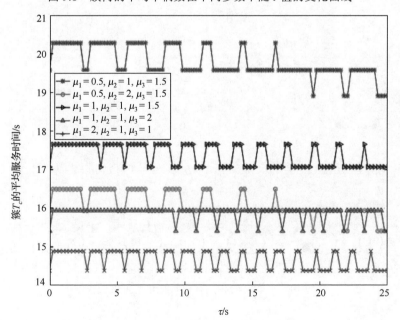

图 9.9　AST 在不同参数下随 τ 值的变化曲线

随着参数 μ_i 的增大，簇中平均车辆数将增加，这将导致 VNF 碰撞概率增加，因此，AST 会随之减小。还可以看出，随着时间的变化，AST 会保持一个相对稳定的值，这保证了簇的稳定性。

9.2.3　基于微观运动模型的 SFC 时延分析

本小节考虑了车联网中节点的运动特性，在章节 9.2.1 的 VNF 部署方案基础上，对车辆运动情况基于微观运动模型建模，并分析在车辆运动状态下网络的动态 AST 变化。

1.　微观运动模型

如图 9.10 所示，考虑一个多道高速路上的 V2X 网络，假设所有车辆的传输范围都为 R。车辆 i 和车辆 $i-1$ 之间的车间距为 $X_i = \{X_i(m), m = 0,1,2,\cdots\}$，车辆距离是一个离散随机过程，$m$ 为任一时刻。在任一时刻 m，车距满足 $X_i(m) \in [X_{\min}, X_{\max}]$。随机过程 X_i 可以建模为一个有 $N_{\max}$ 个状态的离散有限状态马尔可夫链，如图 9.10 所示。在任一时刻，车间距 X_i 处于状态 s_i 可以表示为 $X_i(m) \in s_i$，$s_i \in [0, N_{\max}-1]$。第 j 个状态的范围为 $[x_j, x_j + L_s)$，L_s 是每个状态的固定范围长度。令 $N_R = \left\lfloor \dfrac{R - X_{\min}}{L_s} \right\rfloor$ 表示传输范围 R 内的状态数。则图 9.10 中的状态转移概率可以表示为

$$\Pi = \begin{pmatrix} r_0 & p_0 & 0 & \cdots & \cdots & 0 \\ q_1 & r_1 & p_1 & 0 & \cdots & \vdots \\ 0 & q_2 & r_2 & p_2 & 0 & \vdots \\ \vdots & \ddots & \ddots & \ddots & \ddots & 0 \\ 0 & \cdots & 0 & q_{N_{\max}-2} & r_{N_{\max}-2} & p_{N_{\max}-2} \\ 0 & \cdots & \cdots & 0 & q_{N_{\max}-1} & r_{N_{\max}-1} \end{pmatrix} \tag{9-15}$$

其中，$p_j = p\left(1 - \beta\left(1 - \dfrac{x_j}{X_{\max}}\right)\right)$，$q_j = q\left(1 - \beta\left(1 - \dfrac{x_j}{X_{\max}}\right)\right)$，$r_j = 1 - p_j - q_j$。

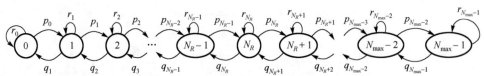

图 9.10　车间距的离散有限状态马尔可夫链模型

2. 动态 AST 性能分析

如图 9.11 所示，对于一个簇的一个车道场景，有以下四种事件会引起簇成员数的变化：

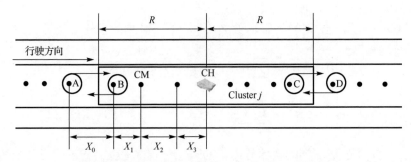

图 9.11　造成簇成员数变化的事件的场景示意图

(1) 车 A 从左边进入了簇 j；
(2) 车 B 从左边离开了簇 j；
(3) 车 C 从右边进入了簇 j；
(4) 车 D 从右边离开了簇 j。

下面我们具体分析 A 车进入簇的概率。令 N_c 表示车辆 A 和簇头车辆之间的车辆数，则车辆 A 与簇头车辆之间的距离为所有 N_c+1 个车辆间距的总和。为了简单表示，令 $\mathbb{X}_c=(X_i)_{i=0}^{N_c}$ 表示这些车间距的序列，如图 9.11 所示。因此，车辆 A 在 m 时刻处于簇外，并在 $m+1$ 时刻进入簇内的概率即为 $\sum_{i=0}^{N_c}X_i(m)\geqslant R$ 到 $\sum_{i=0}^{N_c}X_i(m+1)<R$ 的状态转移概率。为了减小状态空间的大小，根据离散马尔可夫链的特点，可以将 $\mathbb{X}_c$ 表示成一个状态空间为 $\Omega=\{\Omega_0,\Omega_1,\cdots,\Omega_{N_L}\}$ 的集总马尔可夫链，即 $N_L=\dfrac{(N_{\max}+N-1)!}{N!(N_{\max}-1)!}$。状态空间可以分为两部分，当 $\sum_{i=0}^{N_c}s_i\geqslant N_R$ 时属于 Ω_{OUT}，而当 $\sum_{i=0}^{N_c}s_i<N_R$ 时属于 Ω_{IN}。令 Π_{N_c} 表示这个空间为 $N_L\times N_L$ 的集总马尔可夫链 $\mathbb{X}_c$ 的状态转移概率。

对于事件 (1) 和 (4)，事件发生的概率等于从 $\Omega_k\in\Omega_{\mathrm{OUT}}$ 到任意 Ω_{IN} 的概率；而事件 (2) 和 (3) 发生的概率等于从 $\Omega_k\in\Omega_{\mathrm{IN}}$ 到任意 Ω_{OUT} 的概率，具体表示为

$$\begin{cases} P_A=P_D=p_{oi}=\sum_j \Pi_{N_c}(\Omega_k,\Omega_j),\Omega_j\in\Omega_{\mathrm{IN}}\\ P_B=P_C=p_{io}=\sum_j \Pi_{N_c}(\Omega_k,\Omega_j),\Omega_j\in\Omega_{\mathrm{OUT}} \end{cases} \tag{9-16}$$

基于 m 时刻的状态和事件 (1)~(4) 的发生概率，可以得到下一时刻簇中的平均车辆数。假设簇外有 Ψ_p 辆可能在单位时间内进入簇内的车辆，任一车辆与簇头车辆之间的车辆数为 $\Delta_s^{\,i}$, $i=1,2,\cdots,\Psi_p$（即 $p_{oi}(\Delta_s^{\,i})>0$）。此外，有 Ψ_q 辆可能在单位时间内离开簇内的车辆，任一车辆与簇头车辆之间的车辆数为 $\Delta_t^{\,i}, i=1,2,\cdots,\Psi_q$（即 $p_{io}(\Delta_t^{\,i})>0$）。因此，给定初始车辆数 $Z_t(m)$，下一时刻的平均车辆数为

$$
\begin{aligned}
Z_t(m+1) &= Z_t(m) + \sum_{i=0}^{\Psi_p} p_{oi}(\Delta_s^{\,i},\Omega_k^i) - \sum_{i=0}^{\Psi_q} p_{io}(\Delta_t^{\,i},\Omega_m^i) \\
&= Z_t(m) + \sum_{i=0}^{\Psi_p}\sum_j \Pi_{\Delta_s^{\,i}}(\Omega_k^i,\Omega_j^i) - \sum_{i=0}^{\Psi_q}\sum_l \Pi_{\Delta_t^{\,i}}(\Omega_m^i,\Omega_l^i)
\end{aligned}
\tag{9-17}
$$

其中，$\Omega_k^i\,(/\Omega_m^i)$ 是某车辆的初始状态，$\Omega_j^i\in\Omega_{\mathrm{IN}}^i\,(/\Omega_l^i\in\Omega_{\mathrm{OUT}})$ 是下一时刻的状态。然后，我们就可以将 $k=Z_t(m+1)$ 代入式 (9-17) 来得到下一时刻的 AST 值。

3. 性能分析与评估

在这一小节中对介绍的基于微观运动模型的 SFC 平均服务时延分析进行数值仿真评估，分别对不同初始状态下的簇内平均车辆数进行了仿真对比，并对仿真的结果进行分析。

(1) 仿真环境

仿真环境与 9.2.1 中所述相同。如图 9.12 所示，仿真参数设置为：$p=0.5$，$q=0.5$，$\beta=0.5$，$X_{\min}=20\mathrm{m}$，$X_{\max}=200\mathrm{m}$，$R=200\mathrm{m}$。

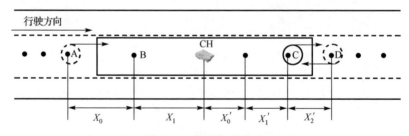

图 9.12　簇的初始状态

(2) 仿真结果

根据不同的初始状态 (X_0,X_1)，事件 (1) 发生的概率就可求出。假设初始状态 (X_0',X_1',X_2') 可以是 $(0,3,1)$，$(0,2,2)$，$(1,1,2)$，$(2,1,2)$ 和 $(3,0,2)$，图 9.13 和图 9.14 分别显示了事件 (3) 和事件 (4) 的发生概率和平均车辆数。如图 9.14 所示，事件 (3) 和 (4) 的发生概率与 (X_0',X_1',X_2') 有关，因此，不同初始状态下的平均车辆数不同。由于 AST 与车辆数相关，所以，车辆间距变化对 AST 有很大的影响。

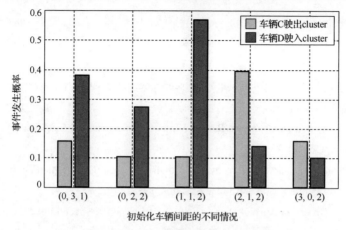

图 9.13 事件(3)和事件(4)的发生概率

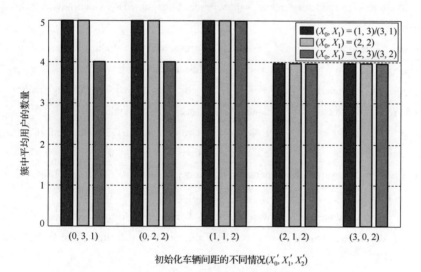

图 9.14 不同初始状态下的平均车辆数

9.3 本 章 小 结

本章研究了基于 5G 网络功能虚拟化的业务迁移技术。首先,介绍了 NFV 技术目前的研究进展及当前存在的问题。接着,重点介绍了在智能车联网系统中基于NFV 的业务迁移技术,给出了基于流行度分布的 VNF 碰撞概率分析及成簇的 VNF部署方案,然后分别从宏观运动模型和微观运动模型两个方面,探究分析了 SFC 的服务时延。本章根据用户对服务的请求概率及存储资源的使用情况来动态地部署网络中的 VNF,实现服务与资源的最优匹配,从而可以有效降低网络的服务时延。

参 考 文 献

[1] Wu J, Zhang Z, Hong Y, et al. Cloud radio access network (C-RAN): A primer. Network IEEE, 2015, 29(1):35-41.

[2] C-RAN: The road towards green RAN. White Paper Version 2.5. China Mobile Res. Inst., Beijing, China, Oct. 2011.

[3] Morin C, Puaut I. A survey of recoverable distributed shared virtual memory systems. IEEE Transactions on Parallel and Distributed Systems, 1997, 8(9): 959.

[4] Schulz G. The Green and Virtual Data Center. Boca Raton: Auerbach Publications, 2009.

[5] Guerzoni R. Network functions virtualisation: An introduction, benefits, enablers, challenges and call for action, introductory white paper//Proceedings of SDN OpenFlow World Congress, Darmstadt, 2012:1-16.

[6] European Telecommunications Standards Institute (ETSI). Industry Specification Groups (ISG)-NFV. http://www.etsi.org/technologies-clusters/technologies/nfv.

[7] The Internet Engineering Task Force(IETF). Service Function Chaining (SFC) Working Group(WG). Documents. https://datatracker.ietf.org/wg/sfc/documents/.

[8] Han B, Gopalakrishnan V, Ji L, et al. Network function virtualization: Challenges and opportunities for innovations. IEEE Communications Magazine, 2015, 53(2):90-97.

[9] Li Y, Chen M. Software-defined network function virtualization: A survey. IEEE Access, 2017, 3:2542-2553.

[10] Wood T, Ramakrishnan K K, Hwang J, et al. Toward a software-based network: Integrating software defined networking and network function virtualization. IEEE Network, 2015, 29(3):36-41.

[11] Abdelwahab S, Hamdaoui B, Guizani M, et al. Network function virtualization in 5G. IEEE Communications Magazine, 2016, 54(4):84-91.

[12] Mijumbi R, Serrat J, Gorricho J L, et al. Network function virtualization: State-of-the-Art and research challenges. IEEE Communications Surveys & Tutorials, 2017, 18(1):236-262.

[13] Sun Q, Lu P, Lu W, et al. Forecast-assisted NFV service chain deployment based on affiliation-aware vNF placement//Global Communications Conference, IEEE, 2017:1-6.

[14] Chappell C. Deploying virtual network functions: The complementary roles of TOSCA and NETCONF/YANG. Heavy Reading, Cisco, Alcatel-Lucent, New York, NY, USA, 2015.

第 10 章　融合计算迁移的业务迁移技术

进入 5G 时代，智能移动终端已经成为人们日常生活中必不可少的工具。但是，由于移动终端的计算资源、存储资源和电池容量有限，在一些情况下不能满足业务反应速度、续航能力等方面的需求。因此，如何解决移动终端的资源受限与大量能源消耗之间的矛盾成为亟待解决的关键问题之一。

随着移动边缘计算(Mobile Edge Computing, MEC)在 5G 网络内逐步得到应用，业务迁移技术也开始继续演进，从只包含数据业务的迁移服务，演进到可以支持计算能力的迁移服务。业务迁移也融入了计算迁移技术，形成了一次重大的技术升级。

融合计算迁移技术后的业务迁移技术可以有效解决 5G 网络应用中移动终端面临的上述挑战。移动终端设备可以将很难处理或高耗能的计算任务迁移到近处的边缘计算服务器上运行。具有计算任务需求的终端只需要发送计算任务并接收计算结果即可，无需占用本地计算及存储资源，因此可以有效解决移动终端资源受限的问题。此外，计算迁移技术可以增强移动终端的续航能力，避免了终端在本地计算期间对电池电量的耗费。移动边缘计算除了能提供相对较强的网络边缘侧的计算以及存储服务能力之外，还具有降低业务时延的优势。

本章针对融合计算迁移的业务迁移技术，重点介绍了基于移动边缘计算的迁移技术，介绍了其中涉及的关键问题，并针对移动边缘计算与区块链的结合给出了进一步的讨论。

10.1　基于移动边缘计算的迁移技术

10.1.1　基于移动边缘计算的迁移技术概念和特征

如表 10-1 所示，区别于传统云服务，移动云服务的完成过程是计算机网络和移动通信网络协同合作的结果，而移动边缘计算是将原本集中在云服务器端的计算能力下沉到分布式基站，在无线网络侧增加计算、存储、处理等功能，从而达到降低时延、避免拥塞和高效节能的效果。基于移动边缘计算的迁移技术是指某个计算过程从移动设备迁移到有更多丰富资源的服务器上，通常是指将某个计算量大的任务根据一定的迁移策略合理分配给资源充足的远程设备处理的过程，也属于业务迁移的一部分，只是除了传统的数据业务发生迁移之外，计算任务也发生了迁移。

譬如当移动终端处理诸如人脸识别、视频优化等需要大量计算资源的任务时，终端的计算性能往往难以满足应用要求，于是借助无线网络等技术，将计算任务迁移到移动边缘服务器或云服务器，实现计算性能的扩展并降低终端的能耗。融合了计算迁移的业务迁移技术主要特征如下[1]。

(1)交互性：移动边缘计算的计算迁移过程将会带来移动终端和边缘计算服务的数据交互过程，在这样一个过程中，移动通信网络是主要媒介并且会涉及不止一个网络节点，在这个过程中会占用传输资源并且会产生传输开销，同时也会占用边缘计算服务器端存储资源。

(2)置换性：移动边缘计算服务中，移动终端通过消耗一部分通信资源来置换云端强大的硬件资源。因此移动边缘计算就是移动通信资源和边缘云端资源的置换过程。经由这个过程，移动终端扩展匮乏的物理资源，而云端借用对已有资源最大限度的支配和利用来获得双赢的结果。因此，移动边缘计算服务中计算迁移是其主要实现方式和重要应用之一，如何设计合适的计算迁移策略来满足用户对时延、能耗等多方面需求是该领域重点关注的问题。移动边缘计算服务的整体架构是限制服务质量的瓶颈所在，在大数据时代，网络传输的负载增加，因此设计合理的边缘计算接入架构是实现网络整体效益最大化和负载均衡的必要方式。

表 10-1　移动边缘计算与移动云计算比较[2]

	移动边缘计算	移动云计算
服务器硬件	小型数据中心，中等的计算资源	大型数据中心，有大量高性能的计算服务器
服务器位置	协作式部署在无线网关、Wi-Fi 路由器和 LTE 基站处	部署在特定的建筑物内，其规模有几个足球场大小
部署	由电信运营商、MEC 供应商、企业和家庭用户。需要轻量级的认证和规划	由 IT 公司部署，例如谷歌和亚马逊，在世界上的一些地方。需要复杂的认证和规划
与用户的距离	小	大
回程链路使用率	不频繁，减少拥塞	频繁，造成拥塞
系统管理	分层控制(中心化/分布式)	中心化控制
时延	少于 10ms	大于 100ms
应用场景	对时延敏感的应用：AR、自动驾驶、交互式在线游戏	对时延要求一般但是计算量大的应用：在线社交网络、移动性在线商业/健康/学习业务

一般情况下，当用户产生数据需要计算时，根据计算前后的数据量的大小，可以划分出四种不同的业务类型：类型一，小数据量输入和小数据量输出，比如移动终端临时处理一些消息性信息并做出迅速反馈；类型二，大数据量输入和大数据量输出，比如用户对一些数据量较大的文件或视频进行格式的转换；类型三，小数据量输入和大数据量输出，比如移动用户请求音频和视频文件；类型四，大数据量输

入和小数据量输出,比如对移动终端所在的场景内的多种信息进行综合处理而仅反馈一条指令信息。可针对不同的业务类型,移动终端可以选择不同的计算方式进行计算,对于业务类型一,在移动终端计算速度满足时延要求且有足够功耗保证的情况下,可以在本地执行计算任务。对于业务类型二、类型三和类型四,当终端的处理能力不足以满足业务对时延的要求时,可以考虑迁移到云计算服务器和边缘计算服务器进行计算,但是两者也各有优势。移动云计算的优势主要是集中式的云服务器提供超强的计算能力和计算资源,当移动终端对于时延要求不高且业务类型属于类型二时,可以考虑迁移到云服务器进行计算。而边缘计算相比于云计算采取分布式的部署更靠近用户,在减少时延和缓解拥塞上更有优势,如果移动终端对计算回传的时延要求较高且任务类型属于类型三或类型四,可以考虑迁移到边缘计算服务器进行计算。

10.1.2 移动边缘计算迁移步骤

在移动通信网络中,移动边缘计算迁移的主要步骤包括代理(云/边缘计算服务器)发现、任务划分、迁移决策、任务提交、代理服务器端执行和计算结果回传。

(1)代理发现。要把一个密集型的计算任务从移动终端迁移到服务器去执行就要在移动终端所在的当前网络中找到一批可用的代理资源。这些代理资源可以是位于远程云计算中心的高性能计算机或服务器,也可以是位于网络边缘侧接入网附近基站处的边缘计算服务器,甚至可以是处于同一个移动网络中的距离较近的其他移动设备。

(2)任务划分。任务划分的功能主要是采用相应的算法把一个计算密集型的任务划分为本地执行部分和云端执行部分。其中,本地执行部分一般是一些必须在本地设备上执行的代码,比如用户接口、处理外围设备的程序代码等。云端执行的部分一般是一些与本地设备交互较少、计算量比较大的程序代码。云端执行部分有时候还可以再继续划分为一些更小的可执行单元,这些可执行单元又可以同时迁移到多个不同的代理服务器上去执行。

(3)迁移决策。迁移决策部分是计算迁移中最为核心的一个环节。该环节主要解决两大问题:首先是要不要迁移?然后是迁移到哪里去?要不要迁移主要是在迁移决策前对任务迁移的必要性进行判决,具体来讲就是要在迁移开销和本地开销之间做出权衡。当任务迁移开销大于执行开销就继续留在本地进行执行,否则就把任务迁移到服务器进行执行。迁移到哪里去主要是解决目标服务器选择的问题。移动客户端要根据自己和被选服务器的性能、网络质量、能耗、计算时间、用户偏好等因素为计算任务选择一个最优的服务器,并执行任务的迁移的进程。目标服务器的选择问题其实就是计算迁移算法所需要解决的问题,计算迁移算法在整个计算迁移过程中起着至关重要的作用,目前主要的服务器选择问题集中在云计算服务器和边缘计算服务器的选择上，两者在计算能力和回传时延上各有优势。

(4)任务提交。当移动终端根据计算环境做出迁移决策以后就可以把划分好的计算任务交到服务器去执行。任务提交有多种方式，可以通过 2G/3G/4G 网络进行提交，也可以通过 Wi-Fi 网络进行提交。任务提交的目标服务器可以是远程云计算中心的高性能计算机或者服务器，也可以是近处基站侧的边缘计算服务器。

(5)代理服务器端执行。云端服务器执行主要采取的是虚拟机方案。移动客户端把计算任务迁移到云端服务器后，云端服务器就为该任务启动一个虚拟机。至此，该任务将驻留在虚拟机中执行，而用户端感觉不到任何变化。在移动边缘计算环境中，由于移动终端的位置是动态变化的，所以其所处的网络环境也是动态变化的，当移动客户端与目标服务器之间的网络连接断开时就可能导致迁移失败。

(6)计算结果回传。计算结果的返回是计算迁移流程当中的最后一个环节。云端/边缘服务器任务执行完毕后把计算结果通过网络回传给移动设备使用。至此，计算迁移过程彻底结束，移动终端与服务器断开连接。

10.1.3　移动边缘计算迁移技术分类

现有的计算迁移技术按照划分粒度进行分类，主要分为基于进程或功能函数进行划分的细粒度计算迁移和基于应用程序和虚拟机划分的粗粒度计算迁移[3]。

(1)细颗粒度迁移。细颗粒度迁移也称为部分迁移，是指将应用程序中计算密集的代码或函数按照进程的方式迁移到边缘计算服务器执行，这类系统需要应用程序进行预先的划分和标注，一般在迁移时只迁移计算密集型代码部分从而尽可能减少数据传输。这类迁移一般分为静态(指开发过程中预先设置任务的迁移策略)、动态(指实时感知用户、通信信道和边缘计算服务器状态，动态调整迁移策略)两种迁移方式。

(2)粗颗粒度迁移。粗颗粒度迁移也称为全迁移，系统将应用程序甚至整个程序封装到虚拟机实例后迁移到云端执行,这类迁移系统无需事先对代码进行标注修改，减轻程序员负担，也避免细粒度额外划分决策产生能耗的缺点。但是，需要与用户频繁交互的应用无法采用此类方法。

10.2　移动边缘计算迁移技术的关键问题

目前，在移动边缘计算迁移的领域中，研究的关键问题主要有两个，分别是计算迁移决策和移动性管理。计算迁移决策主要关注在执行时延和功耗要求下，计算迁移对用户的有益性和可行性的问题。移动性管理是基于用户具有一定移动性的前提下，边缘计算服务器侧将会采取一定措施保证服务的持续性和与用户的连接性。

10.2.1 迁移决策

在进行迁移决策时，面临的问题主要包括以下几个方面。首先是否进行迁移，即计算是在本地执行还是迁移到云端执行。其次是如果决定迁移到云端执行，那么是迁移到云计算服务器还是迁移到边缘计算服务器。最后是怎么进行迁移，即在形式上是进行全迁移还是部分迁移。影响迁移决策的因素有很多，需要考虑的因素包括：

(1)网络连接：传输技术(3G/4G、Wi-Fi)、带宽、回传延迟和信道状况。

(2)移动设备：CPU 处理速度、内存存储和能量。

(3)用户：网络数据传输开销、边缘计算服务资金开销、数据隐私、应用程序执行速度、能量节约、应用程序的可迁移性以及自身需求。

(4)应用程序：可迁移性、数据可用性、传输和待处理的数据量和划分粒度。

(5)边缘计算服务器：计算处理能力、内存、存储、运行支撑环境，周转时间和资源使用情况。

而在所有的因素中，最主要的因素是时延和能量消耗。因此本章主要从时延和能量消耗的角度来优化迁移决策，主要包括以下三种迁移决策[4]：①最小化执行时延迁移决策；②满足时延要求下的最小化能量消耗；③基于时延和能耗权衡的迁移策略。具体三种迁移决策详细描述如下。

(1)最小化执行时延迁移决策

下面，具体分析最小化执行时延的迁移决策。设本地执行时延为 D_l，迁移执行时延为 D_o，其中 D_o 包括数据迁移时间、计算处理时间和数据返回时间，通过比较二者的大小来选择迁移方式。若本身执行时延小于迁移执行时延，那么移动终端将选择在本地执行计算任务；若迁移执行时延小于本地执行时延，那么移动终端将选择将计算任务迁移到边缘服务器上进行执行。

目前被较为广泛接受的计算迁移架构是根据用户侧和边缘计算服务器侧缓存的队列状态、可提供的处理的功率及 CPU 资源，以及用户和边缘计算服务器间的信道特性来进行迁移决策。具体的迁移决策流程包括：首先，待计算的数据模块在移动终端本地进行排队；本地负责计算迁移策略的模块将综合队列状态、本地计算处理模块反馈的信息、边缘计算服务器端的模块反馈的信息，以及传输信道信息，对缓存队列中的下一时刻待决策的数据块进行迁移策略的确定，决定将数据包发送给传输单元还是计算处理单元；发送给计算处理单元的数据包将在本地执行计算，发送给传输单元的数据包将上传给边缘计算服务器进行计算。

对于实时性的动态计算资源迁移，可采用李雅普诺夫优化算法对每个时隙内的任务进行计算迁移的判决。如果本地执行，则直接分配移动终端的 CPU 资源；如果迁移到边缘计算服务器执行，则分配发送功率用于计算数据传输。

移动终端往往能量资源受限，以较大的功耗代价去满足时延要求，并不利于网络持续性的工作。在进行迁移决策时，应同时考虑时延和能量消耗等方面的影响。

(2) 满足时延要求下的最小化能量消耗

对移动终端来说，不同迁移方式下的能量消耗不同。在本地计算场景下，能量消耗主要是移动终端在执行本地计算时的能量消耗；而在计算迁移场景下，能量消耗主要是上传计算任务的能量消耗和下载计算结果的能量消耗之和。如果一个用户决定将计算任务在本地执行，则是因为本地执行的能量损耗要明显小于其迁移到边缘计算服务器时上传和下载所消耗的能量之和；如果一个用户将计算任务迁移给了边缘计算服务器，则是因为迁移过程整体所消耗的能量明显小于本地执行的能量消耗。能耗小的方式有可能对应时延较大，但其如果满足业务对时延的基本要求，故优先选择能耗较少的方案。目前常用迁移决策方法主要采用在线学习和离线预测。在线学习方法是网络根据用户端运行的程序实时动态地进行迁移决策调整。离线预测方法通过利用近期程序一定的信息，例如到达率、信道条件等，对迁移决策进行提前的预估。

(3) 基于时延和能耗权衡的迁移策略

将传输代价定义为 $C = \alpha T + \beta E$，其中 $\alpha + \beta = 1$，α 和 β 分别表示的是时延和能耗的权重系数。在不同的场景中，时延和能耗的要求是不一样的。比如在一些实时的在线游戏中和视频服务中，对时延的要求相对较高。而当用户的电量处在较低的状态时，对能耗的要求较高。迁移节点的选择可以基于匈牙利算法进行二部图匹配。具体过程为：将用户构成点集 V_1，将 MEC 服务节点构成子集 V_2，V_1 中的一个用户如果选择子集 V_2 中的一个 MEC 服务节点，可以用一条带权重的边来表示传输代价。对子集 V_1 中的所有用户和子集 V_2 中的所有 MEC 服务节点配对构成一个图，利用匈牙利算法找出此图的最优匹配。此外，通过优先服务低吞吐量用户保证用户间的公平性。

迁移决策是基于通信和计算资源分配的联合优化。当信道条件较差时，因迁移产生的通信能耗较大，此时应采用本地计算。当信道质量很好时，可采用全迁移，因为数据传输时间和能耗大大下降。对于信道质量一般时，可迁移部分应用到 MEC 服务器。

10.2.2　移动性管理

针对处于移动状态的终端，通过基站间的切换来保证通信业务服务的连续性。车载用户将业务迁移到 MEC 服务器上计算，如何保证计算迁移业务服务的连续性同样是一个关键的问题。同时，针对用户的移动性，基于用户位置的计算任务迁移能够在一定程度上减小时延，进而改善用户的服务体验。服务迁移方法是 MEC 中移动性管理的关键组成部分。当用户存在移动性时，不容易确定哪个 MEC 服务器是服务迁移的最佳选择，因为服务迁移虽然有利于更接近用户的位置，但同时也增加了迁移成本。在计算结果在多个服务器之中迁移的过程中，无线回传链路的资源会被占用，同时也会产生一定的回传时延。如何牺牲一定的链路资源来保障并改善服务质量是一个重要研究点。

10.3　移动边缘计算迁移与区块链的结合

10.3.1　移动边缘计算中业务迁移的安全问题

　　如图 10.1 所示，5G 网络中移动边缘计算安全体系主要包含四部分内容，即数据安全、隐私保护、身份认证和访问控制[5]。边缘计算的部署需要连接到边缘接入节点。边缘节点离终端更近，承担数据的存储、计算和加密工作，完成实时、交互性的计算任务。从业务迁移的角度来看，边缘计算能够有效解决终端计算能力受限和可用能耗受制约的问题，但是在此过程中，将业务数据迁移并寄存至边缘服务器是构建 MEC 系统最重要的功能和动力。在实践中，任务输入数据通常包含敏感和私人信息，例如个人临床数据和商业财务记录。因此，在迁移到边缘服务器(尤其是不受信任的服务器)之前，应该对这些数据进行适当的预处理，以避免信息泄露。除了信息泄露之外，由于软件错误或财务激励，边缘服务器可能返回不准确甚至不正确的计算结果，特别是对于具有巨大计算需求的任务。除此之外，在边缘计算服务器受到外来攻击时，数据可能会因此丢失和损坏。由此，为了实现安全和私人计算，如何来保证数据的可靠性和安全性成为利用边缘计算进行业务迁移的新的关键问题。

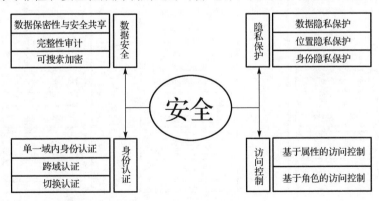

图 10.1　边缘计算安全体系

10.3.2　区块链

　　区块链技术是对业务数据可靠性和安全性进行保障的强有力工具[6]。如图 10.2

所示，区块链是借由密码学串接并保护内容的串连交易记录。每一个区块包含了前一个区块的加密散列、相应时间戳记以及交易数据，这样的设计使得区块内容具有难以篡改的特性。用区块链所串接的分布式账本能让两方有效记录交易，且可永久查验此交易。其具备的特点如下：

(1)去中心化：在集中式网络基础设施中，数据交换(即交易)由可信第三方实体验证和授权。这引入了集中式服务器维护以及性能成本瓶颈方面的成本。在基于区块链的基础架构中，两个节点可以相互进行交易，而无需将信任放在中央实体上以维护记录或执行授权。

(2)不可变性：由于区块链中的所有新条目都是由同行通过分散共识达成一致的，因此区块链具有审查能力，几乎不可能被篡改。类似地，区块链中所有先前保存的记录也是不可变的，并且为了改变任何先前的记录，攻击者需要妥协区块链网络中涉及的大多数节点。否则，容易检测到区块链内容的任何变化。

(3)可审计性：由于所有对等方都持有区块链的副本，因此可以访问所有带时间戳的事务记录。这种透明性允许对等体查找并验证涉及特定区块链地址的事务。区块链地址与现实生活中的身份无关，因此区块链提供了一种伪匿名方式。虽然区块链地址的记录无法追溯到所有者，但确实可以追究特定的区块链地址，并且可以对特定区块链地址所参与的交易进行推断。

(4)容错性：区块链上的所有区块都存储着包含分类账记录的相同副本。可以通过分散共识来识别区块链网络中发生的任何故障或数据泄露，当存在数据丢失时，可以使用存储在区块链对等体中的副本来恢复数据。

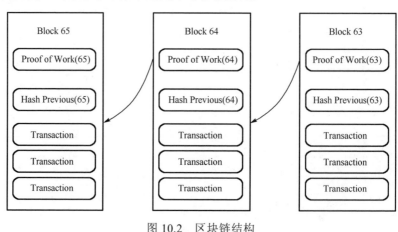

图 10.2　区块链结构

10.3.3　车辆辅助传输记录的存储方法及装置

近年来，无人驾驶一直是备受关注的一项技术，不少国家已经开始了无人驾驶汽车的测试。由于无人驾驶的特殊性及交通领域的风险性,无人驾驶车辆对一些关键的信息传输具有很高的实时性、可靠性及准确性要求。业务车辆将场景内的业务数据发送至当前路边单元(Road Side Unit,RSU)后,若驶出了当前路边单元的覆盖范围时还未收到反馈指令,则需借助其他业务车辆进行辅助传输。

在其他业务车辆协助当前业务车辆进行传输数据后,支付一定的报酬,是鼓励更多的车辆参与到数据的传输过程中来的有效手段。因此,必须安全有效地存储传输过程中产生的记录。目前,车辆辅助传输的记录存储在中心化、私有化的服务器中,这很可能导致车辆辅助传输记录被篡改、业务车辆账户信息泄露以及传输记录丢失的情况。因此,目前的车辆辅助传输记录的存储方式无法实现安全有效的存储。

为了解决上述问题,本节介绍了一种 MEC 结合区块链技术的车辆辅助传输记录的存储方法作为示例,第 12 章中还将介绍针对车联网场景的多种方案。

第一,提供一种车辆辅助传输记录的存储方法,包括:接收业务车辆终端对业务信息的反馈信息,并生成辅助传输记录;将所述辅助传输记录发送至所有车辆终端形成的区块链网络,以使得所述区块链网络中每一车辆终端均以区块链的方式存储所述辅助传输记录;其中,所述反馈信息用于表示所述业务车辆终端已对所述业务信息进行确认。

第二,提供一种车辆辅助传输记录的存储方法,包括:接收辅助车辆终端发送的业务信息,并生成辅助传输记录;将所述辅助传输记录发送至所有车辆终端形成的区块链网络,以使得所述区块链网络中每一车辆终端均以区块链的方式存储所述辅助传输记录。

第三,提供一种车辆辅助传输记录的存储方法,包括:接收业务车辆终端发送的第一辅助传输记录和辅助车辆终端发送的第二辅助传输记录,根据所述第一辅助传输记录和所述第二辅助传输记录中的相关参数,对所述第一辅助传输记录和所述第二辅助传输记录的有效性进行验证;若验证通过,则将所述第一辅助传输记录和所述第二辅助传输记录打包生成区块,并计算所述区块的随机值以获得所述区块的记录权;若成功计算出所述随机值并获得所述区块的记录权,则将所述区块更新到对应区块链的尾部,以使得所述区块链存储所述辅助传输记录;向所有车辆终端形成的区块链网络广播所述区块和所述随机值,以供所述区块链网络中的其他车辆终端对所述区块和所述随机值的有效性进行验证,并在验证通过后将所述区块更新到对应区块链的尾部,以使得所述区块链网络中的其他车辆终端存储所述辅助传输记录;其中,所述相关参数包括所述业务车辆终端用户的区块链账户、辅助车辆终端用户的区块链账户以及辅助传输的时间戳信息。

第四,提供一种车辆辅助传输记录的存储装置,包括:接收单元,用于接收业务车辆终端对业务信息的反馈信息,并生成辅助传输记录;处理单元,用于将所述辅助传输记录发送至所有车辆终端形成的区块链网络，以使得所述区块链网络中每一车辆终端均以区块链的方式存储所述辅助传输记录；其中，所述反馈信息用于表示所述业务车辆终端已对所述业务信息进行确认。

第五，提供一种车辆辅助传输记录的存储装置，包括：接收单元，用于接收辅助车辆终端发送的业务信息，并生成辅助传输记录；处理单元，用于将所述辅助传输记录发送至所有车辆终端形成的区块链网络，以使得所述区块链网络中的所有车辆终端均以区块链的方式存储所述辅助传输记录。

第六，提供一种车辆辅助传输记录的存储装置，包括：接收单元，用于接收业务车辆终端发送的第一辅助传输记录和辅助车辆终端发送的第二辅助传输记录，根据所述第一辅助传输记录和所述第二辅助传输记录中的相关参数，对所述第一辅助传输记录和所述第二辅助传输记录的有效性进行验证；计算单元，用于若验证通过，则将所述第一辅助传输记录和所述第二辅助传输记录打包生成区块，并计算所述区块的随机值以获得所述区块的记录权；存储单元，用于若成功计算出所述随机值并获得所述区块的记录权，则将所述区块更新到对应区块链的尾部，以使得所述区块链存储所述辅助传输记录；发送单元，用于向所有车辆终端形成的区块链网络广播所述区块和所述随机值，以供所述区块链网络中的其他车辆终端对所述区块和所述随机值的有效性进行验证，并在验证通过后将所述区块更新到对应区块链的尾部，以使得所述区块链网络中的其他车辆终端存储所述辅助传输记录；其中所述相关参数包括所述业务车辆终端用户的区块链账户、辅助车辆终端用户的区块链账户以及辅助传输的时间戳信息。

本节所提出的车辆辅助传输记录的存储方法，通过将辅助传输记录发送至区块链网络，使得区块链网络中每一车辆均以区块链的方式存储辅助传输记录。由于每一车辆均以区块链的方式存储辅助传输记录，而区块链具有非对称加密、链式编码等特性，从而使辅助传输记录不会发生信息泄露和难以篡改。另外，由于所有车辆均存储有相同的辅助传输记录，从而能避免存在篡改记录和传输记录丢失的情况，进而能够实现安全有效的存储。

10.4　本章小结

本章研究了融合计算迁移的业务迁移技术。首先，介绍了基于移动边缘计算的迁移技术。在此基础上，从计算迁移决策、计算资源分配和移动性管理三个方面分析了移动边缘计算中面临的关键问题，并针对移动边缘计算中的安全性挑战，介绍了一种 MEC 结合区块链的应用方式，保障业务数据在迁移过程中的安全性和可靠性。

参 考 文 献

[1]　万里勇. 移动边缘计算的计算卸载技术分析研究. 江西通信科技, 2021, 1(4):7-10.

[2]　Mao Y, You C, Zhang J, et al. A survey on mobile edge computing: The communication perspective. IEEE Communications Surveys & Tutorials, 2017, 19(4): 2322-2358.

[3]　Sharifi M, Kafaie S, Kashefi O. A survey and taxonomy of cyber foraging of mobile devices. IEEE Communications Surveys & Tutorials, 2011, 14(4): 1232-1243.

[4]　张依琳, 梁玉珠, 尹沐君, 等. 移动边缘计算中计算卸载方案研究综述. 计算机学报, 2021, 44(12): 2406-2430.

[5]　张佳乐, 赵彦超, 陈兵, 等. 边缘计算数据安全与隐私保护研究综述. 通信学报, 2018, 39(3): 1-21.

[6]　杨保华, 陈昌. 区块链原理、设计与应用. 北京：机械工业出版社, 2017.

第 11 章　针对移动过程中用户的业务迁移技术

在传统的移动蜂窝网络中，针对用户的移动性，可通过基站间的迁移来保证通信业务服务的连续性和质量。但是，在 5G 网络中，如果用户将计算任务卸载给 MEC 服务器，如何保证用户移动过程中的计算业务服务连续性同样是一个重要的问题[1]。本章将重点介绍 5G 网络中针对移动过程中用户的业务迁移技术，主要包括车联网场景下的业务迁移技术。

11.1　5G 车联网场景下的业务迁移及分析

1. 车联网主要特征

车联网是智能交通系统(Intelligent Transportation System，ITS)的重要组成部分，用以保障道路安全、促进数据共享和提升用户体验，是 5G 引入的重要业务场景之一。相对于传统的移动互联网或物联网而言，车联网有其自身独有的特点和优势。

(1)节点的高速移动性：由于车联网中的车辆的速度要明显高于一般移动用户节点的速度。同时车辆间的相对速度也特别大。因此，基于用户位置跟踪预测的网络路由和安全问题的判决将更加困难，网络节点间频繁的迁移也将影响传输的可靠性和网络的稳定性[2,3]。

(2)快速变化的网络拓扑结构：高速移动状态下的车辆节点使得网络的拓扑结构时刻产生变化，通信方式也会因周围环境和地址位置变化而动态调整，特别是处于路边单元(Road Side Unit，RSU)覆盖和路边单元未覆盖交替变换的场景[4]。同时，驾驶者的行为和偏好也不尽相同，所以传统的随机撒点移动模型一般不适用于描述车联网中终端节点的移动性。

(3)存储、计算和续航能力相对较强：车联网中的通信终端是车辆，相比于一般的通信终端如手机，在数据存储容量、计算处理能力以及不间断的续航能力方面均有明显的优势。另外新兴的边缘计算技术也将车载网络的计算负载卸载到路边从而最大限度地辅助车辆计算并对网络实现了资源分配的优化[5-7]。

(4)车辆移动轨迹可预测：车辆的移动路径一般遵循于已经建好的道路，只要能获取车辆主要的行驶参数如车速、目的地、转向信息等以及区域交通地图，就可以预测车辆一定时间和空间内的运动轨迹和状态[8]。

(5)应用服务具有多样化：车联网的应用服务较为多样，主要面向车辆和用户两个对象。主要在紧急避险、行驶规划、道路监控、互动娱乐、信息共享等方面提供对应的应用服务。

(6)通信的实时性和可靠性要求高：由于车联网具有一定的自组织特性，且通信模式具有多样性，通信的节点具有广泛性，于是车车之间和车与路边单元之前将会发生频繁的信息交互[9]。同时，车联网中的车辆运行速度快，安全性要求较高，这就对车辆之间通信的实时性和可靠性提出了更高要求。

基于以上特征，未来车联网研究将着力解决毫秒级时延保障、网络安全和信息保密、路况预判和路径规划、通信节点硬切换等关键性问题。

2. V2V 和 V2I 通信技术概述

从通信层面来看，车联网的通信网络就是基于车与外界的信息交换(Vehicle-to-Everything，V2X)模式，即车辆与车联网网络架构内的不同组成部分间的通信，包括其他车辆、行人、网关，以及交通设施如路灯和信号灯等。这一技术在提升和完善道路安全、行人体验、车辆设施服务和车流优化等方面具有巨大的应用潜力和影响力。

V2X 中的信息传输主要包含车与车通信(Vehicle-to-Vehicle，V2V)和车与基础设施通信(Vehicle-to-Infrastructure，V2I)两种方式。V2V 是指车辆与车辆之间的信息通信传输，V2I 是指车辆与 RSU 之间的信息通信传输，本章的研究将聚焦 V2V 和 V2I 传输方式，足以保证车辆与车辆之间，以及车辆与基站或路边单元之间均可以实现可靠的传输。而如何合理选择通信方式关乎实现低时延和高可靠的车联网通信。V2I 通信往往更稳定，且有更高的传输速率，但是需要在路边单元或基站覆盖的区域才可以进行，大量的车辆的接入也会占用较多的频谱资源甚至会导致拥塞[10]。V2V 通信建立于车辆与车辆之间，其适用的范围更广，更符合大数据时代数据资源共享的潮流，但是传输速率和连接稳定性稍逊。本章节研究基于缓存的混合通信模式的 V2V 和 V2I 通信就是实现大容量数据在更短的时间内可靠稳定地完成传输，并尽可能地实现更少次数的链路迁移。

V2V 和 V2I 通信基于多种无线接入技术，包括专用短程通信(Dedicated Short Range Communications，DSRC)技术、无线局域网(Wireless Local Area Network，WLAN)技术、蜂窝网技术等。随着车联网技术的发展，不同的无线技术将实现协作融合，任意一种技术都不能单独支撑目前网络的业务要求。

V2V通信，广义上是指车辆与车辆之间的通信，具体是车载单元(On Board Unit，OBU)之间的信息交互。在车联网发展的初级阶段，V2V 主要是进行数据量有限的消息型数据的传输，用于传递分享包括车辆的位置、速度、转向等信息，主要是用于辅助车辆进行紧急避险从而降低交通事故的发生率提高驾驶的安全系数，同时提高交通效率和实现信息资源共享。狭义上的 V2V 通信技术是指基于车载自组织网络（Vehicular Ad-hoc Network，VANET）的 DSRC 技术，通信范围相对有限，同时相关硬件设施的部署不足，只能提供短时性、阶段性的信息传输进程。广义上 V2V 通信技术还包括 LTE-V 技术，它是通过 LTE 通信网络实现更大范围内的车辆间的通信，并且具有更可靠的传输和更稳定的速率。

V2I 通信，是指车辆与路边单元等网络设施之间的通信，既包括电信基础设施，也包括红绿灯、公交站、电线杆、大楼、立交桥、隧道等基础建筑设施。通过这种方式车辆通过交通枢纽中的无线网接入点或蜂窝网基站连接到互联网，以获得所处区域乃至整个城市的交通信息，在信息整合的基础上对每个驾驶者提供相应的指导和预警服务，在支持的业务种类方面比 V2V 通信更为宽泛，且具有更可靠的传输稳定性和更高效的传输速率[11]。特别是当车辆向核心网请求数据量较大的文件包时，V2I 能够保证最有效的大数据量的下行传输，从而满足车联网用户低时延和高可靠的要求。

3. 虚拟机迁移技术

针对低速运动用户而言，参照图 11.1，在将应用数据卸载给 MEC 处理的过程中，可自适应地调整基站的功率来保证服务的连续性。针对高速运动用户，例如车联网用户，可以通过计算节点间的虚拟机迁移来保证服务的连续性[12]。

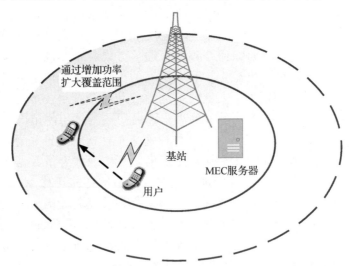

图 11.1　利用功率控制保障业务连续性

针对低速运动用户，通过以下两种功率控制模式保障业务连续性：粗调整模式和细调整模式[13]。粗调整模式下，基站将功率调整到一个固定的门限值。细调整模式下基站根据用户移动的情况自适应地调整功率在粗调整模式下，将功率 P 提升到

设定的功率门限值 P_{def}；在细调整模式下，功率 P 根据用户的移动情况逐步提升到 P_{def}。以上两种模式都需要考虑以下两种因素：①提高功率所带来的开销；②提高功率后对周围小区用户的干扰。两种调整模型均尽可能地在保证服务连续性的同时，节省网络功耗并有效控制对周围用户的干扰。

针对虚拟机迁移技术，系统级虚拟化为用户运行环境提供了完整的计算机系统抽象，并且支持多个虚拟机分时共享底层的物理实体资源，同时又保证各个虚拟机之间的隔离性。虚拟机功能可以在不同物理实体之间平滑自由迁移，提供系统维护、负载均衡、容错、电源管理和绿色计算等功能[14]。虚拟机迁移已经成为虚拟化环境下不可或缺的重要资源管理工具。

系统级虚拟化提供指令集体系结构的抽象，支持多个仿真机器/虚拟机多路复用底层物理机资源。每一个虚拟机运行自己的操作系统和应用软件。虚拟机中运行的操作系统被称为客户操作系统。

虚拟化技术主要有 CPU 虚拟化和内存虚拟化两种：①CPU 虚拟化主要指多个虚拟 CPU 复用物理 CPU，而任意时刻一个物理 CPU 只能被一个虚拟 CPU 使用，虚拟机监视器为虚拟机 CPU 合理分配时间片以维护 CPU 的状态；②内存虚拟化是虚拟机监视器(Virtual Machine Monitor，VMM)的一个重要功能。虚拟机监视器对内存进行页式管理，以页面为基本单位建立不同地址之间的映射关系，并利用内存页面的保护机制实现不同虚拟机间内存的隔离和保护。

虚拟机迁移：是指一个虚拟机从一台主机移动到另一台主机，是虚拟机的重要特征之一。现有虚拟机迁移技术包括两种模式：虚拟机在线迁移(动态迁移)和非在线迁移(静态迁移)。非在线迁移是指先将虚拟机挂起后再进行迁移，即虚拟机在迁移过程中任务被暂停。在虚拟机关机的情况下，只需要简单地迁移虚拟机镜像和相应的配置文件到另外一台物理主机上；如果需要保存虚拟机迁移之前的状态，在迁移之前将虚拟机暂停，然后拷贝状态至目的主机，最后在目的主机重建虚拟机状态，恢复执行。在线迁移是快速透明地将一个运行着的虚拟机从一台主机迁移到另一台主机，并保证虚拟机服务的连续性和不间断性。该过程不会对最终用户造成明显的影响，从而使得管理员能够在不影响用户正常使用的情况下，对物理服务器进行离线维修或者升级。与静态迁移不同的是，为了保证迁移过程中虚拟机服务的可用，迁移过程仅有非常短暂的停机时间。迁移初期，服务在源主机的虚拟机上运行，当迁移进行到一定阶段，目的主机已经具备了运行虚拟机系统的必需资源，经过一个非常短暂的迁移，源主机将控制权转移到目的主机，虚拟机系统在目的主机上继续运行。对于虚拟机服务本身而言，由于迁移的时间非常短暂，用户感觉不到服务的中断，因而迁移过程对用户是透明的。动态迁移适用于对虚拟机服务可用性要求很高的场合。

在虚拟机迁移过程中，主要考虑两个指标，一个是迁移开销 $Cost_M$，代表着虚拟机迁移所带来的骨干网的资源调度损耗和时延；另一个是迁移增益 Gain_M，代表着虚拟机迁移给用户端带来的时延降低和骨干网用户计算结果回传的资源节约。如果迁移开销 Cost_M 大于迁移增益 Gain_M，则不执行本次虚拟机迁移；如果迁移开销 Cost_M 小于迁移增益 Gain_M，则执行本次虚拟机迁移。如图 11.2 所示，eNB1 处的计算进行需要进行虚拟机迁移，在迁移目的地的评估时，如果卸载到 eNB2 或 eNB3 则迁移开销 Cost_M 大于迁移增益 Gain_M，故不选择 eNB2 或 eNB3。待搜索到 eNBn 时，得到迁移开销 Cost_M 小于迁移增益 Gain_M，于是选择 eNBn 进行卸载。

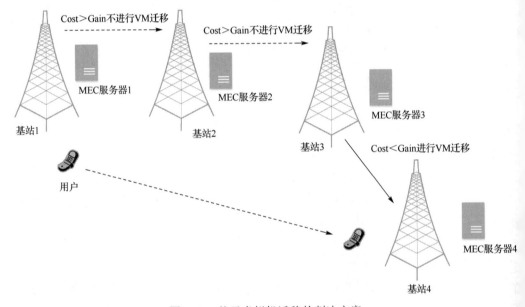

图 11.2　基于虚拟机迁移的判决方案

虚拟机迁移存在以下两个过程：

(1) 数据上传和回传阶段的通信资源分配

MEC 系统中产生的时延主要包括数据上传时延，数据计算时延和数据下载时延。目前，以减小时延为目标的资源分配方法主要是减少数据计算的时延。但当用户需要进行卸载计算的数据量比较大时，在数据上传阶段产生的时延是无法忽视的。在多个用户同时进行数据的上传时，基站可以对用户上传时的通信资源进行合理分配。例如，分配更多的传输带宽给即将离开此基站的用户，使其尽快完成上传工作，否则由于用户移动性引起的传输中断将会引发更大的时延。当业务较为紧急时(如涉及应急处置和公共安全的业务)，应保证其优先传输。在数据的回传阶段，通常计算结果数据量较小，下载时延可忽略。但当回传的数据量比较大时，需要保证回传的连续性和时效性，因此需要考虑下行的通信资源分配。

（2）基于用户移动性的预测的计算迁移和结果回传

由于用户的移动性，有时在 MEC 计算完成之前，用户就已经驶离原基站的覆盖范围。前面已经提过可以通过功率控制和虚拟机迁移解决这个问题。但如果用户移动速度很快，使得基站间的业务迁移或迁移的次数过多，那么骨干网的迁移将会产生大量的开销。因此，可对用户的移动性进行预测，直接将计算任务卸载到用户进行结果下载的 MEC 服务器进行计算，待用户运动到其覆盖后将计算结果进行回传，以适应 MEC 在车联网中的应用。

11.2　多车道混合 V2V/V2I 传输时间分析

1. 系统模型及问题描述

如图 11.3 所示，同向公路车道被划分为三个同向子车道，车辆的初始位置服从独立的泊松点过程（Poisson Point Process，PPP），根据文献[15]，在自然车流的情形下，车辆的速度是一个随机变量，且服从正态分布，如下式所示：

$$f_v(v_i) = \frac{1}{\sqrt{2\pi}\sigma} e^{-\left(\frac{v_i - \bar{v}}{\sqrt{2\pi}\sigma}\right)^2} \tag{11-1}$$

其中，整体车辆的速度的平均值为 $\bar{v}$，标准差为 σ。考虑到车辆的速度不可能为负直，故使用正态分布衍生出的截止正态分布函数来描述论文中的速度变量。同时，定义车道 1 是慢车道，车道 2 是中速车道，车道 3 是快车道，假定在一条车道上的车辆的速度相同，且速度范围为 $\left[v_{\min}^i, v_{\max}^i\right]$，其中 $v_{\min}^i$ 和 $v_{\max}^i$ 分别是车道 i 上最小速度和最大速度。假定每一个车道 i 上的车辆的速度相同。车道 i 上车辆的速度记作 v_i，$=1,2,3$。因此，车道 i 上的车速可以记为

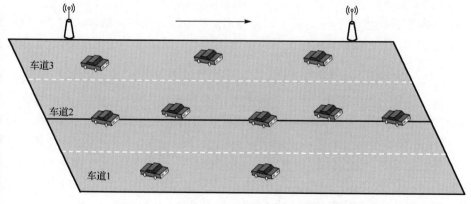

图 11.3　多车道 V2V/V2I 混合传输系统模型图

$$\hat{f}_V(v_i) = \frac{f_v(v_i)}{\int_{v_{\min}}^{v_{\max}} f_v(v_i) \mathrm{d}v_i} = \frac{2 f_v(v_i)}{\mathrm{erf}\left(\dfrac{v_{\max} - \overline{v}}{\sqrt{2\pi}\sigma}\right) - \mathrm{erf}\left(\dfrac{v_{\min} - \overline{v}}{\sqrt{2\pi}\sigma}\right)} \qquad (11\text{-}2)$$

其中,

$$v_{\max}^i = \begin{cases} \overline{v} - \sigma, & i = 1 \\ \overline{v} + \sigma, & i = 2 \ , \\ \overline{v} + 3\sigma, & i = 3 \end{cases} \quad v_{\min}^i = \begin{cases} \overline{v} - 3\sigma, & i = 1 \\ \overline{v} - \sigma, & i = 2 \\ \overline{v} + \sigma, & i = 3 \end{cases}$$

令整体的车流密度为 ρ,车道 i 上的车流密度为 ρ_i,可得:

$$\rho_i = \rho \frac{\int_{v_{\min}^i}^{v_{\max}^i} \hat{f}_V(v) \mathrm{d}v}{\int_{v_{\min}}^{v_{\max}} \hat{f}_V(v) \mathrm{d}v} \qquad (11\text{-}3)$$

如果一辆车产生了数据请求,则把它定义为 r-vehicle(requested vehicle),如果一辆车缓存了 r-vehicle 所请求的目标数据,则把它定义为 c-vehicle(cached vehicle),而位于车道 i 的 c-vehicle 的车流密度记作 ρ_i^{cache},可以表示为

$$\rho_i^{\text{cache}} = \rho_i p_V \qquad (11\text{-}4)$$

其中, $i = 1, 2, 3$, p_V 是车辆的缓存目标数据的概率。

由于单个 RSU 覆盖范围有限,所以将整个道路分成 RSU 覆盖区域和非 RSU 覆盖区域,每一段 RSU 覆盖区域长度和 RSU 未覆盖区域的长度分别服从参数为 d 和的泊松分布。在 RSU 覆盖区域内,r-vehicle 优先采用 V2I 的方式进行数据的下载,因为可以获得更高的传输速率。而在非 RSU 覆盖区域内,r-vehicle 只能采用 V2V 方式进行数据的下载。设定 V2V 传输速率为 r_1,V2V 的传输速率为 r_2。V2I 的传输要比 V2V 的传输速率更快更稳定。同时,车辆的传输半径为 R_v,车辆间距离超出此范围则不能进行数据传输。RSU 以概率 p_R 缓存了目标数据,而当车辆处于 RSU 覆盖范围内并发出数据下载的请求,而 RSU 未缓存目标数据时,RSU 会从核心网进行数据的调度,这会带来时延 T。最后,定义等待下载的数据包的总的数据量为 C。

2. V2V/V2I 混合传输流程概要

在这一部分,将针对基于以上系统模型的多车道混合 V2V 和 V2I 传输模式下的传输时间进行分析。由于 r-vehicle 产生数据下载的请求是随机的,初始位置可能在 RSU 覆盖位置也可能是在 RSU 未覆盖位置,所以把整个数据下载分成两个部分。第一阶段是从数据下载请求的产生时刻到 r-vehicle 驶离初始 RSU 覆盖范围或 RSU 非覆盖范围的时刻。第二阶段是从 r-vehicle 驶离初始 RSU 覆盖范围或 RSU 非覆盖范围的时刻到完成下载任务的时刻。第一阶段 r-vehicle 行驶的路段记作第 0 段,第二阶段 r-vehicle 行驶的路程记作第 j 段, $j = 1, 2, \cdots, n$。第 j 段路程包括第 j 段 RSU

覆盖的部分和第 j 段 RSU 未覆盖的部分，其中第 j 段 RSU 覆盖范围的长度是 l_j，第 j 段 RSU 未覆盖范围的长度记为 d_j。二者各自服从不同参数的泊松分布，彼此独立不相关。

图 11.4 描绘了混合 V2V 和 V2I 场景下，当 r-vehicle 分别在 RSU 覆盖范围和 RSU 非覆盖范围产生数据下载请求时的传输流程。其中，粗线代表 RSU 覆盖范围，细线代表 RSU 未覆盖范围。基于路段分布和车辆下载进程之间的关系，r-vehicle 产生数据下载请求的路段即第 0 段，可能是位于 RSU 覆盖范围也可能是位于 RSU 未覆盖范围。同时，r-vehicle 完成数据下载的路段即第 n 段，同样可能是位于 RSU 覆盖范围也可能是位于 RSU 未覆盖范围内完成数据的下载。值得一提的是，r-vehicle 可能在第 0 段的任意位置产生数据请求的信息，也可能在第 n 段的任意位置结束数据下载进程，因此，这两段均用虚线表示。

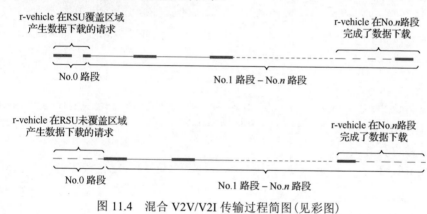

图 11.4　混合 V2V/V2I 传输过程简图(见彩图)

另外，由于高度移动性导致的车辆位置的不断变化，r-vehicle 并不能保证每时刻都在进行实时的数据下载，需要把整体的传输时间也分为两部分：第一部分是 r-vehicle 从 RSU 或者周围车辆实际下载数据的有效时间，将其定义为下载时间。第二部分是车辆等待接入 RSU 和周围 c-vehicle 的时间，将其定义为等待时间，这段时间里 r-vehicle 只是空跑并未进行有效的数据下载。可知：

$$传输时间 = 下载时间 + 等待时间$$

3.　V2I 通信阶段传输时间分析

(1)第 0 段　RSU 覆盖范围

在初始时刻，令 x_{start}^l 为 r-vehicle 与第 0 段 RSU 覆盖区域出口之间的距离，那么第 0 段 RSU 覆盖范围内的传输时间为

$$t_0^l = \frac{x_{\text{start}}^l}{v_2} \tag{11-5}$$

如果第 0 段内的 RSU 以概率 p_R 缓存了 r-vehicle 需求的数据，第 0 段 RSU 覆盖范围的传输数据量为

$$c_0^{R-\text{cache}} = t_0^l r_2 \tag{11-6}$$

如果 RSU 以 $1-p_R$ 的概率没有缓存数据，那么第 0 段 RSU 覆盖范围内的数据传输量为

$$c_0^{R-\text{uncache}} = \begin{cases} 0, & 0 < x_{\text{start}}^l < v_2 T \\ \dfrac{x_{\text{start}}^l - v_2 T}{v_2} r_2, & v_2 T < x_{\text{start}}^l < l_0 \end{cases} \tag{11-7}$$

如果第 0 路段的 RSU 未缓存目标数据，在调度时间 T 内，目标车辆也可能已经驶离了第 0 路段区域，在这一路段将下载不到任何数据，故数据传输量为 0。

(2) 第 1 段～第 n 段 RSU 覆盖范围

定义 t_j^l 为第 j 段 RSU 覆盖范围内的传输时间，其可以表示为

$$t_j^l = \frac{l_j}{v_2} \tag{11-8}$$

首先默认 $t_j^l > T$，及从第 1 段开始 r-vehicle 在 RSU 覆盖范围内保证数据的有效接收，即便 RSU 一开始并未缓存对应的目标数据，从网络高层调度依然可以保证一段时间的数据传输。

如果 RSU 以一定概率 p_R 缓存了目标数据，在第 j 个 RSU 覆盖范围里传输的数据量为

$$c_j^{R-\text{cache}} = t_j^l r_2 \tag{11-9}$$

但是如果 RSU 以概率 $1-p_R$ 未缓存数据，在第 j 个 RSU 覆盖范围内传输的数据量为

$$c_j^{R-\text{uncache}} = (t_j^l - T) r_2 \tag{11-10}$$

4. V2V 通信阶段传输时间分析

在初始时刻，如果车道 2 中存在缓存了目标数据的 c-vehicle 正巧处于 r-vehicle 的通信范围内，由于系统模型中默认同车道的车辆的车速相同，那么 r-vehicle 则会与这辆车建立连接进行数据的传输直到数据分享完成为止。本章聚焦于在初始时刻车道 2 中没有满足条件的 c-vehicle，r-vehicle 只能从相邻两个快车道和慢车道中寻找 c-vehicle 进行链路连接并获取数据的场景。

因为车辆的初始位置服从泊松点分布，故根据泊松分布特征，在任意时刻，在 r-vehicle 的通信范围内，车道 1 中存在一辆 c-vehicle 的概率为

$$p_1^{\text{on}} = 1 - e^{-2R_v \rho p_V} \tag{11-11}$$

而在任意时刻，在 r-vehicle 的通信范围内，车道 3 中存在一辆 c-vehicle 的概率为

$$p_3^{\text{on}} = 1 - e^{-2R_v \rho p_V} \tag{11-12}$$

基于车道 1 和车道 3 上车辆分布的相关特性，在任意时刻，r-vehicle 的通信范围内，在车道 1 和车道 3 中不存在缓存车辆的概率为

$$p^{\text{on}} = p_1^{\text{on}} + p_3^{\text{on}} - p_1^{\text{on}} p_3^{\text{on}} \tag{11-13}$$

(1) 第 0 段 RSU 未覆盖范围

在初始时刻，设定 x_{start}^d 为 r-vehicle 与第 0 段 RSU 未覆盖区域出口之间的距离，那么第 0 段 RSU 未覆盖范围的传输时间为

$$t_0^d = \frac{x_{\text{start}}^d}{v_2} \tag{11-14}$$

在第 0 段 RSU 覆盖范围的有效的下载时间为

$$t_0^V = t_0^d p^{\text{on}} \tag{11-15}$$

在第 0 段 RSU 覆盖范围内的数据传输量为

$$c_0^V = t_0^V r_1 = t_0^d p^{\text{on}} r_1 \tag{11-16}$$

(2) 第 1 段到第 n 段 RSU 未覆盖范围

定义 t_j^d 为第 j 段 RSU 未覆盖范围的传输时间，可表示为

$$t_j^d = \frac{d_j}{v_2} \tag{11-17}$$

第 j 段 RSU 未覆盖范围内 r-vehicle 的下载时间可以表示为

$$t_j^V = t_j^d p^{\text{on}} \tag{11-18}$$

第 j 段 RSU 未覆盖范围内的数据传输量可以表示为

$$c_j^V = t_j^V r_1 = t_j^d p^{\text{on}} r_1 \tag{11-19}$$

5. 总体传输时间

在初始时刻，令事件 A 表示 r-vehicle 出现在 RSU 覆盖范围内，令事件 $\bar{A}$ 表示事件目标车辆出现在 RSU 未覆盖范围内，基于路段的几何分布，可以得到事件 A 和时间 $\bar{A}$ 发生的概率分别为

$$p(A) = \frac{l}{d + l} \tag{11-20}$$

$$p(\overline{A}) = \frac{d}{d+l} \tag{11-21}$$

那么总体的传输时间可以表示为

$$t_{\text{total}} = \begin{cases} t_0^l + \sum_{j=1}^{n}(t_j^d + t_j^l), & A \\ t_0^d + \sum_{j=1}^{n}(t_j^d + t_j^l), & \overline{A} \end{cases} \tag{11-22}$$

如同上一节系统模型里所描述的，因为从第 1 段到第 n 段的所有路段的长度独立同分布，那么在第 0 段 r-vehicle 位于 RSU 覆盖区域内的传输时间 t_0^l，在第 0 段 r-vehicle 位于 RSU 未覆盖区域内的传输时间 t_0^d，以及在第 j 段 r-vehicle 位于 RSU 覆盖区域内和 RSU 未覆盖区域内的传输时间 t_j^l 和 t_j^d 的均值可以表示为

$$E[t_0^l] = \int_0^{l_0} \frac{x_{\text{start}}^l}{v_2} \mathrm{d}x_{\text{start}}^l = \frac{l}{2v_2} \tag{11-23}$$

$$E[t_0^d] = \int_0^{d_0} \frac{x_{\text{start}}^d}{v_2} \mathrm{d}x_{\text{start}}^d = \frac{d}{2v_2} \tag{11-24}$$

$$E[t_j^d] + E[t_j^l] = \frac{d+l}{v_2} \tag{11-25}$$

于是，整体传输时间 t_{total} 的均值可以表示为

$$
\begin{aligned}
E[t_{\text{total}}] &= p(A)E[t_{\text{total}}|A] + p(\overline{A})E[t_{\text{total}}|\overline{A}] \\
&= p(A)\int\int\cdots\int\left(t_0^l + \sum_{j=1}^{n}(t_j^d + t_j^l)\right)f(t_0^l)f(t_1^d)f(t_1^l)\cdots \\
&\quad f(t_j^d)f(t_j^l)\cdots f(t_n^d)f(t_n^l)\mathrm{d}t_0^l \mathrm{d}t_1^d \mathrm{d}t_1^l \cdots \mathrm{d}t_j^d \mathrm{d}t_j^l \cdots \mathrm{d}t_n^d \mathrm{d}t_n^l \\
&\quad + p(\overline{A})\int\int\cdots\int\left(t_0^d + \sum_{j=1}^{n}(t_j^d + t_j^l)\right)f(t_0^d)f(t_1^d)f(t_1^l)\cdots f(t_j^d)f(t_j^l)\cdots \\
&\quad f(t_n^d)f(t_n^l)\mathrm{d}t_0^d \mathrm{d}t_1^d \mathrm{d}t_1^l \cdots \mathrm{d}t_j^d \mathrm{d}t_j^l \cdots \mathrm{d}t_n^d \mathrm{d}t_n^l \\
&= p(A)\left(\int t_0^l f(t_0^l)\mathrm{d}t_0^l + n\left(\int t_j^d f(t_j^d)\mathrm{d}t_j^d + \int t_j^l f(t_j^l)\mathrm{d}t_j^l\right)\right) \\
&\quad + p(\overline{A})\left(\int t_0^d f(t_0^d)\mathrm{d}t_0^d + n\left(\int t_j^d f(t_j^d)\mathrm{d}t_j^d + \int t_j^l f(t_j^l)\mathrm{d}t_j^l\right)\right) \\
&= p(A)(E[t_0^l] + n(E[t_j^d] + E[t_j^l])) + p(\overline{A})(E[t_0^d] + n(E[t_j^d] + E[t_j^l]))
\end{aligned}
\tag{11-26}
$$

定义在第 0 段传输的数据量和第 j 段传输的数据量为 c_0 和 c_j，那么式(11-26

中的 n 可以表示为

$$n = \frac{E[C] - E[c_0]}{E[c_j]} \tag{11-27}$$

由以上分析过程可知

$$C = c_0 + \sum_{j=1}^{n} c_j \tag{11-28}$$

$$E[C] = E[c_0] + nE[c_j] \tag{11-29}$$

其中，

$$E[c_0] = \begin{cases} p_R c_0^{R-\text{cache}} + (1 - p_R c_0^{R-\text{uncache}}), & A \\ t_j^d p^{\text{on}} r_1, & \overline{A} \end{cases} \tag{11-30}$$

$$E[c_j] = E[c_j^R + c_j^V] = p_R c_j^{R-\text{cache}} + (1 - p_R) c_j^{R-\text{uncache}} + t_j^d p^{\text{on}} r_1 \tag{11-31}$$

综上所述，总体传输时间的均值 $E[t_{\text{total}}]$ 的闭式解可以表示为

$$E[t_{\text{total}}] = \frac{d}{d+l} \frac{d}{2v_2} + \frac{d}{d+l} \frac{l}{2v_2}$$

$$+ \frac{d+l}{v_2} \left(\frac{C - \left(\frac{d}{d+l} \frac{d}{2v_2} p^{\text{on}} r_1 + \frac{l}{d+l} \left[p_2 \frac{l_0 r_2}{2v_2} + (1 - p_2) \frac{(l_2 - v_2 T)^2 r_2}{2 v_2 l_0} \right] \right)}{\frac{d}{v_2} p^{\text{on}} r_1 + \left(\frac{l}{v_2} - (1 - p_R) T \right) r_2} \right) \tag{11-32}$$

6. 性能仿真与评估

在这一部分，基于 MATLAB 平台，针对前面提出的多车道场景，对一辆位于车道 2 中的 r-vehicle 通过 V2V 和 V2I 混合传输方式的大数据下载过程进行了系统方真，仿真图像中的每一点是仿真 10000 次的平均值。具体仿真参数如表 11-1 所示。

表 11-1　仿真参数表

参数	数值
V2V 传输速率 (r_1)	2Mbps
V2I 传输速率 (r_2)	3Mbps
整体需求的数据包大小 (C)	200Mbit
RSU 覆盖区域长度 (l)	200m
RSU 未覆盖区域长度 (d)	800m
车辆在 UDM 模型下的通信半径 (R_v)	15m

续表

参数	数值
RSU 缓存目标数据的概率 (p_R)	0.5
车辆缓存目标数据的概率 (p_V)	0.5
RSU 数据调度时延 (T)	4s
车流密度 (ρ)	0.05 辆/m
车辆的平均速度 ($\bar{v}$)	18m/s
车辆的速度标准差 (σ)	2

　　图 11.5 表示一个在之前描述的传输场景下一次数据传输的实时图，其中实心点部分代表 V2V 传输阶段，空心圆部分代表 V2I 传输阶段。平行于横轴的部分表示车辆在此阶段内未进行有效的数据下载，而是处于等待接入的阶段。可以看出，此次数据传输过程中，r-vehicle 在 RSU 覆盖区域发起数据请求，但在第 0 段该 RSU 并未缓存目标数据，车辆等待 RSU 从核心网调度数据后开始进行数据的下载并迅速驶离该路段。进入第 1 个 RSU 未覆盖区域后，r-vehicle 断断续续地遇到不同的 c-vehicle 并进行了两次数据的传输后驶离该区域。余下的数据传输阶段，r-vehicle 在交替地使用 V2V 和 V2I 方式进行数据传输之后，于第 271s 完成了对整个数据包的下载。

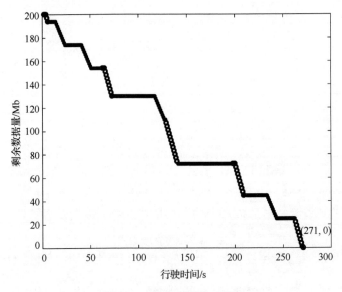

图 11.5　数据传输实时图

　　图 11.6 表示传输时间和 RSU 缓存概率之间的关系图，分别仿真了 RSU 缓存概率以 0.1 为跨度从 0 到 1 时，r-vehicle 接收一个 200Mbit 的数据包对应的总体传输时间的数值。从图中可以看出，随着 RSU 缓存概率的增加，传输时间逐渐减少，二者呈现线性负相关关系，因为随着 RSU 缓存概率的增加，r-vehicle 进入 RSU 覆盖

区域时，需要等待 RSU 从核心网调度数据的等待时间越少，传输效率越高，总体的传输时间也就相应减少。同时，理论推导的结果与仿真值拟合，说明了公式推导的正确性。

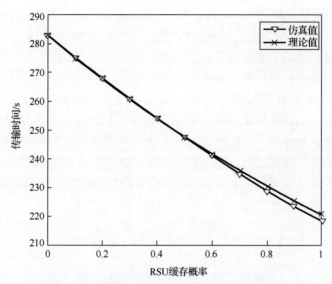

图 11.6　传输时间和 RSU 缓存概率的关系图

　　图 11.7 表示传输时间和 RSU 未覆盖区域长度的关系图，分别仿真了 RSU 未覆盖范围以 100m 为跨度从 100m 到 1000m 时，r-vehicle 接收一个 200Mbit 的数据包对应的总体传输时间的数值。从图中可以看出，随着 RSU 未覆盖区域长度的增加，传

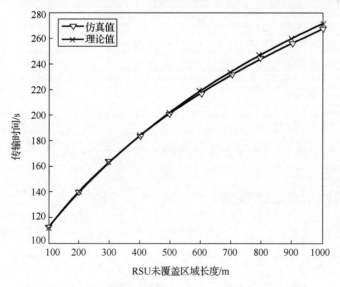

图 11.7　传输时间和 RSU 未覆盖区域长度的关系图

输时间逐渐增加，二者呈现线性正相关关系，原因是 V2I 的传输速率和效率要明显高于 V2V 传输阶段。首先，从传输速率的层面，一般情况下在单位时间内 V2I 的传输速率要高于 V2V 的传输速率。其次，由于车辆分布的稀疏性，在正常车流密度的情况下，同样的传输时间内，r-vehicle 位于 RSU 覆盖区域内时对应的有效下载时间大于 r-vehicle 位于 RSU 未覆盖区域内时对应的有效下载时间。同时，理论推导的结果与仿真值拟合，说明了公式推导的正确性。

图 11.8 表示传输时间和车流密度之间的关系图，分别仿真了车流密度以 0.01 辆/m 为跨度从 0.01 辆/m 到 0.1 辆/m 时，r-vehicle 接收一个 200Mbit 的数据包对应的总体传输时间的数值。从图中可以看出，随着车流密度的增加，传输时间逐渐减小，二者呈现近似线性负相关关系，原因是随着车流密度的增加，车辆在 RSU 未覆盖区域将会以更大概率遇到缓存了目标数据的 c-vehicle，进而在 RSU 未覆盖区域行驶时会有更大比例处于有效下载时间，而减少无效等待时间的时长了。同时，理论推导的结果与仿真值拟合，说明了公式推导的正确性。

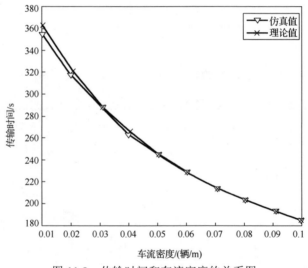

图 11.8　传输时间和车流密度的关系图

11.3　多车道 V2V 传输场景下的业务迁移策略

11.3.1　系统模型及信道模型

1. 系统模型

基于一般情况和前一节的分析，由于 V2I 方式比 V2V 方式更能保证数据传输的稳定性和高效性，所以默认 r-vehicle 处于 RSU 覆盖范围内时优先采用 V2I 方式进行传输。而 V2I 与 V2V 之间的业务迁移只有车辆驶入和驶出 RSU 覆盖范围时发生。所以在本章聚焦于只有 V2V 通信阶段的业务迁移策略研究和分析。车辆 V2V 的传输模式下进行数据的分享,其具体流程是 r-vehicle 产生数据下载的请求,在周围搜索缓存了目标数据的车辆。如果初始时刻在其通信范围内不存在 c-vehicle,此时 r-vehicle 会一直行驶直到 c-vehicle 出现为止。如果初始时刻其通信范围内有一辆满足条件的 c-vehicle,那么与这一辆 c-vehicle 建立连接进行数据的传输。如果初始时刻在其通信范围内有很多辆车,那么 r-vehicle 将按照一定的筛选标准进行通信车辆的选择,这一筛选标准,关系到这一通信模式下的迁移性能的优劣。

参考 11.2 节的系统模型,在本章不再设置路边单元 RSU,即取消了 V2I 传输的环节,只考虑 V2V 传输的部分。如图 11.9 所示,同向公路车道被划分为三个同向子车道,车辆的初始位置服从独立的泊松点过程分布,根据文献[15],在一般情形下,车辆的速度是一个随机变量,且服从正态分布,具体表示为

$$f_v(v_i) = \frac{1}{\sqrt{2\pi}\sigma} \mathrm{e}^{-\left(\frac{v_i-\overline{v}}{\sqrt{2\pi}\sigma}\right)^2} \qquad (11\text{-}33)$$

其中,整体车辆的速度的平均值为 $\overline{v}$,标准差为 σ。考虑到车辆的速度不可能为负值,由正态分布衍生出的截止正态分布函数来描述速度变量。同时,车道 1 是慢车道,车辆 2 是中速车道,车道 3 是快车道,假定在一条车道上的车辆的速度相同,但是考虑到车辆的速度不可能为负值,且速度范围为 $[v_{\min}^i, v_{\max}^i]$,其中 $v_{\min}^i$ 和 $v_{\max}^i$ 分别是第 i 个车道上的最小速度和最大速度。假定个车道 i 上的车辆的速度相同。车道 i 上车辆的速度记作 v_i,且 $i=1,2,3$。因此,车道 i 上的车速的概率密度函数可以表示为

$$\hat{f}_V(v_i) = \frac{f_v(v_i)}{\int_{v_{\min}}^{v_{\max}} f_v(v_i)\mathrm{d}v_i} = \frac{2f_v(v_i)}{\mathrm{erf}\left(\frac{v_{\max}-\overline{v}}{\sqrt{2\pi}\sigma}\right) - \mathrm{erf}\left(\frac{v_{\min}-\overline{v}}{\sqrt{2\pi}\sigma}\right)} \qquad (11\text{-}34)$$

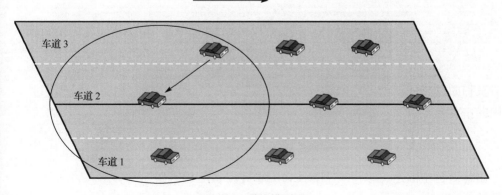

图 11.9　系统模型图

其中，$v_{max}^i = \begin{cases} \bar{v} - \sigma, & i=1 \\ \bar{v} + \sigma, & i=2 \\ \bar{v} + 3\sigma, & i=3 \end{cases}$，$v_{min}^i = \begin{cases} \bar{v} - 3\sigma, & i=1 \\ \bar{v} - \sigma, & i=2 \\ \bar{v} + \sigma, & i=3 \end{cases}$。

令整体的车流密度为 ρ，车道 i 上的车流密度为 ρ_i 可得

$$\rho_i = \rho \frac{\displaystyle\int_{v_{min}^i}^{v_{max}^i} \hat{f}_V(v)\mathrm{d}v}{\displaystyle\int_{v_{min}}^{v_{max}} \hat{f}_V(v)\mathrm{d}v} \tag{11-35}$$

如果一辆车产生了数据请求，把它定义为 r-vehicle，如果一辆车缓存了目标数据，把它定义为 c-vehicle。而位于车道 i 的 c-vehicle 的车流密度记作 $\rho_i^{cache} = \rho_i p_V$，其中 $i = 1,2,3$，p_V 是车辆的缓存概率。

2. 传输信道模型

(1)UDM 系统模型

在数学中，P 点周围的开区间单位圆是指一系列到 P 点的距离小于 1 的点的集合，具体表示为

$$D_1(P) = \{Q : |P - Q| < 1\} \tag{11-36}$$

P 点周围的闭区间单位圆是指一系列到 P 点的距离小于等于 1 的点的集合表示为

$$\bar{D}_1(P) = \{Q : |P - Q| \leqslant 1\} \tag{11-37}$$

将该数学模型引申到车联网领域，UDM 是车联网中一种典型的通信模型，并将圆的半径扩展到通信半径 R_v。如图 11.10 所示，对于中心车辆周围的任何区域内，当存在车辆与中心车辆的距离小于 R_v 时，两车可以建立连接进行数据传输。当存在车辆与中心车辆的距离大于 R_v 时，则无法建立连接。

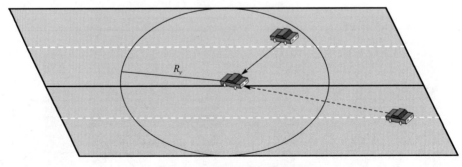

图 11.10　UDM 模型示意图

（2）log-normal 衰落模型

假设车联网中的通信模型符合 log-normal 衰落，即不考虑小范围衰落，并且衰落模型下默认通信范围为无限长的，但是每一点传输成功的概率与距离有关系，在 log-normal 模型下任意距离为 d 的两点间通信链路建立成功的概率 P 为

$$P = \frac{1}{2}\left(1 - \mathrm{erf}\left(\frac{10\eta\log_{10}\left(\dfrac{d}{r_0}\right)}{\sqrt{2\sigma^2}}\right)\right) \tag{11-38}$$

其中，η 是路径损耗指数，σ 是标准差，r_0 等同于对应 UDM 中的传输半径。如图 11.11 所示为 $r_0 = 15\mathrm{m}$ 时的 log-normal 衰落函数曲线，可以看出两点间连接成功的概率随着距离的增加先比较平稳地下降，再呈现急剧下降的趋势并最终趋近于一个平稳值，而横坐标为 r_0 时对应的连接成功的概率为 0.5。

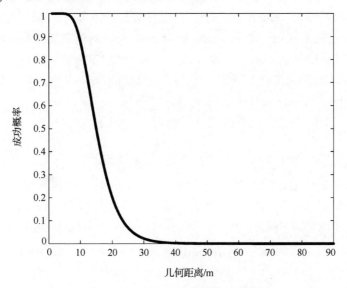

图 11.11　log-normal 函数示意图

11.3.2　基于最小单次下载时间（MSDT）的迁移策略

1. MSDT 业务迁移策略流程

基于车联网中车辆节点的动态特性，在高速移动的场景下，车辆间通信连接的迁移总是不可避免的。同时，车辆的传输半径要明显小于 RSU 的覆盖范围，车辆间的业务迁移要比车辆与路边单元间更加频繁，在这一节中，介绍了一种迁移策略可

以最小化 V2V 传输过程中的迁移次数。在 UDM 模型中，传输时间并没有受到迁移方式的影响，因为传输时间只依赖于缓存车辆处于目标车辆传输范围内的概率。

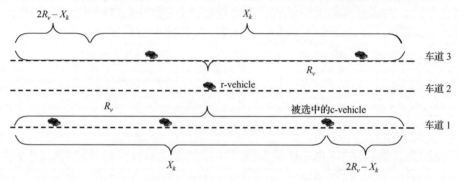

图 11.12　MSDT 迁移策略示意图

如上所述，目标车辆在离开 RSU 之后或者与上一辆通信的 c-vehicle 断开连接之后，继续寻找新的 c-vehicle 以便迁移后进行数据的下载，而 c-vehicle 的选择会对迁移次数产生直接的影响。定义 r-vehicle 与 c-vehicle 从建立连接到传输断开的时间段为 V2V 单次通信时间，而这一过程被定义为一次 V2V 通信阶段。本节介绍一种最大单次下载时间的业务迁移策略，即 MSDT 迁移策略，从而实现总的迁移次数的最小，如图 11.12 所示，MSDT 迁移策略分以下几种情况：

（1）当 r-vehicle 的通信范围内没有车辆时，r-vehicle 继续行驶，等待 c-vehicle 的出现。

（2）当 r-vehicle 的通信范围内只有一辆 c-vehicle 时，与此车辆进行连接通信。

（3）当 r-vehicle 的通信范围内有多辆 c-vehicle 时，则执行以下步骤：首先，r-vehicle 确定其通信范围内，慢车道即车道 1 上位置最前的 c-vehicle 和快车道即车道 3 上位置最后的 c-vehicle。然后，从这两辆车里，r-vehicle 选择能提供最大时长的车辆，传输时间是 $\dfrac{\Delta d_i}{|v_2 - v_i|}$，其中 Δd_i 是目标车辆和缓存车辆之间的距离。

2. MSDT 迁移策略性能分析

假设 r-vehicle 在 V2V 通信过程完成总体的数据接收前执行了 m 次迁移，设定 $C(m)$ 为第 m 次传输后的总数据量，总体应接收的数据总量为 c_{sum}，那么可以得到概率

$$P(M = m) = P(C(m) \geqslant c_{\text{sum}}, C(m-1) < c_{\text{sum}}) \tag{11-39}$$

令 C_k 为第 $k(k \geqslant 1)$ 次 V2V 通信阶段传输的数据量，可得

$$C(m) = C_1 + C_2 + \cdots + C_m \tag{11-40}$$

同时，C_k 的概率密度函数记作 f_{C_k}，根据卷积公式，$C(m)$ 的概率密度函数 $p_m(c)$ 可以表示为

$$p_m(c) = \overbrace{(f_{C_1} * f_{C_2} * \cdots * f_{C_m})}^{m次卷积}(c) \tag{11-41}$$

进一步，得到概率为

$$P(M = m) = P(C(m) \geqslant c_{\mathrm{sum}}, C(m-1) < c_{\mathrm{sum}}) = \int_{c_{\mathrm{sum}}}^{\infty} \int_0^{c_{\mathrm{sum}}} p_{m-1}(c_1) p_m(c_2) \mathrm{d}c_1 \mathrm{d}c_2 \tag{11-42}$$

在这一步中，定义相对位移是 r-vehicle 与 c-vehicle 之间从建立连接到断开连接这个时间段内所产生的位移之差。为了便于分析，当相邻车道的车辆的平均速度差的绝对值相等时，即 $v_2 - v_1 = v_3 - v_2$，整体的传输量 c_{sum}，可以被转化为总的 r-vehicle 与 c-vehicle 之间的相对位移 d_{sum}。其中，

$$d_{\mathrm{sum}} = \frac{c_{\mathrm{sum}}}{r_1} |v_2 - v_i|, \quad i = 1,3 \tag{11-43}$$

本书基于这种特殊的典型场景做进一步的分析。

令 X_k 作为第 k 次 V2V 通信阶段的相对位移，可知有 $0 < X_k < 2R_v$。如图 11.12 所示，如果 c-vehicle 基于 MSDT 迁移策略从车道 1 或车道 3 上选择一辆 c-vehicle，那么 X_k 等于 c-vehicle 到 r-vehicle 通信范围最前方（车道 1）或最后方（车道 3）边界的距离，也就是保证在 r-vehicle 通信范围剩下的 $2R_v - X_k$ 的范围里没有车辆。另外，X_k 的大小受 X_{k-1} 的影响，两者具有相关性，进一步可得：

$$P(X_k \leqslant x_k | X_{k-1} = x_{k-1}) = \mathrm{e}^{-(2R_v - x_k)\rho_1} \mathrm{e}^{-(2R_v - x_k)\rho_3}, 2R_v - x < x_k < 2R_v \tag{11-44}$$

$$P(X_1 \leqslant x_1) = \mathrm{e}^{-(2R_v - x_k)\rho_1} \mathrm{e}^{-(2R_v - x_k)\rho_3}, 0 < x_k < 2R_v \tag{11-45}$$

当 r-vehicle 的通信范围内没有车辆时，下一次对应的 X_k 固定等于 $2R_v$，这是因为 r-vehicle 需要继续行驶等待直到 c-vehicle 出现。因此，X_k 的条件概率密度函数为

$$f_{X_k}(x_k | x_{k-1}) = \begin{cases} (\rho_1 + \rho_3) \mathrm{e}^{-(2R_v - x_k)\rho_1} \mathrm{e}^{-(2R_v - x_k)\rho_3}, & 2R_v - x_{k-1} < x_k < 2R_v \\ \mathrm{e}^{-x_{k-1}\rho_1} \mathrm{e}^{-x_{k-1}\rho_3}, & x_k = 2R_v \end{cases} \tag{11-46}$$

X_1 的概率密度函数可以表示为

$$f_{X_1}(x_1) = \begin{cases} (\rho_1 + \rho_3) \mathrm{e}^{-(2R_v - x_1)\rho_1} \mathrm{e}^{-(2R_v - x_1)\rho_3}, & 0 < x_k < 2R_v \\ \mathrm{e}^{-2R_v\rho_1} \mathrm{e}^{-2R_v\rho_3}, & x_1 = 2R_v \end{cases} \tag{11-47}$$

$X_k(k > 1)$ 的概率密度函数可以表示为

$$f_{X_k}(x_k) = f_{X_k}(x_k | x_{k-1}) f_{X_{k-1}}(x_{k-1} | x_{k-2}) \cdots f_{X_2}(x_2 | x_1) f_{X_1}(x_1) \tag{11-48}$$

经过 m 次 V2V 通信阶段后 r-vehicle 和所有 r-vehicle 总的相对位移被记作

$$D_m = X_1 + X_2 + \cdots + X_m \tag{11-49}$$

运用卷积公式，D_m 的概率密度函数 $p_m(x)$ 可以被记作

$$\begin{aligned}
p_m(x) &= \overbrace{(f_{X_1} * f_{X_2} * \cdots * f_{X_m})}^{m\text{次卷积}}(x) \\
&= \int_0^{2R_v} \int_0^{2R_v} \cdots \int_0^{2R_v} f_{X_1}(x_1) f_{X_2}(x_2) \cdots f_{X_m}(x - x_1 - x_2 - \cdots x_{m-1}) \mathrm{d}x_1 \mathrm{d}x_2 \cdots \mathrm{d}x_{m-1}
\end{aligned} \tag{11-50}$$

最后，发生业务迁移次数的均值可以表示为

$$\bar{M} = \sum_{m=1}^{\infty} m P(M = m) \tag{11-51}$$

3. 性能评估与仿真结果

在这一部分，基于 MATLAB 平台，针对前面提出的多车道场景，对一辆位于车道 2 中的 r-vehicle 通过 V2V 和 V2I 混合传输方式的大数据下载过程进行了系统仿真，图形中的每一点是仿真 10000 次的平均值。本节将比较所提出的 MSDT 迁移策略和随机选择策略在 UDM 和 log-normal 模型下的性能的差异。随机选择策略意味着 r-vehicle 在其通信范围内随机选择 c-vehicle 进行传输。在 log-normal 衰落模型下，对于距离间隔为 z 的两辆车之间的传输成功概率为

$$P = \frac{1}{2}\left(1 - \mathrm{erf}\left(\frac{10\eta \log_{10}\left(\dfrac{z}{r_0}\right)}{\sqrt{2\sigma_0^{\,2}}}\right)\right) \tag{11-52}$$

其中，η 是传输路径损耗，σ_0 是标准差，r_0 等于 UDM 中的传输半径。仿真图像中的每一点是仿真 10000 次的平均值，仿真参数如表 11-2 所示。

表 11-2　仿真参数表

参数	数值
V2V 传输速率 (r_1)	2Mbps
车辆在 UDM 模型下的通信半径 (R_v)	15m
车辆缓存目标数据的概率 (p_V)	0.5
车流密度 (ρ)	0.01～0.1 辆/m
车辆的平均速度 ($\bar{v}$)	18m/s
车辆的速度标准差 (σ)	2
log-normal 衰落模型传输路径损耗 (η)	2
log-normal 衰落模型信道标准差 (σ_0)	4
log-normal 衰落模型半径 (r_0)	15m

　　图 11.13 分别比较在 UDM 和 log-normal 衰落模型下，提出的 MSDT 业务迁移策略和随机选择策略的时延。随着车流密度的增加，传输时间开始急剧下降最后趋近于一个稳定值。当车流密度足够大时，log-normal 衰落模型和 UDM 的传输时间相同。但是，当车流密度很低时，log-normal 衰落模型下的传输时间要明显小于 UDM，因为 log-normal 衰落模型下的通信范围要比 UDM 大得多。在 UDM 和 log-normal 衰落模型下，MSDT 迁移策略的传输时间都和随机选择策略的传输时间拟合，即在本模型下，车辆选择策略不会影响车辆下载数据的传输时间。这是因为在 11.2 节的传输时间的分析中得到，在总体车辆的分布服从泊松点过程的前提下，车辆总体的传输时间，只和其在任意时刻通信范围内是否存在满足条件的 c-vehicle 有关，这一概率受车流密度、车辆缓存概率等因素的影响，而与具体的通信的 c-vehicle 即业务迁移策略无关。

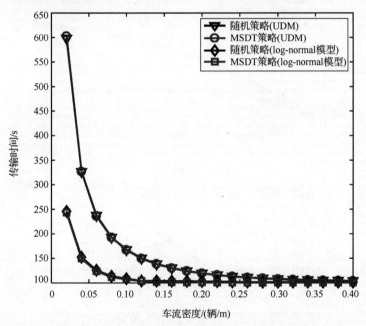

图 11.13　MSDT 策略和随机策略所取得的传输时间随车流密度变化曲线图

　　图 11.14 分别比较在 UDM 和 log-normal 衰落的模型下，提出的 MSDT 迁移策略和随机选择策略的迁移次数的比较。从仿真结果可以看出，对于两种业务迁移策略，其在 log-normal 衰落模型下迁移次数均小于 UDM 下的迁移次数，因为 log-normal 衰落模型下更大的传输范围给 r-vehicle 带来了更长的单次通信时间，所以总体的迁移次数更少。而在同一种信道模型下，对 MSDT 迁移策略和随机策略进行横向比较，可以看出 MSDT 迁移策略在减少迁移次数的方面作用明显，特别是当车流密度逐渐增加的时候。从大体上看，MSDT 迁移策略对于车流密度的变化具有鲁棒性。从细

节上看，随着车流密度的增加，MSDT 迁移策略的迁移次数首先有一个轻微的增长然后平缓地下降到一个稳定值，因为在车流密度足够低的时候，r-vehicle 很难发现一辆车进行连接，在这种情况下，r-vehicle 会一直等待直到它的通信范围内出现c-vehicle 为止，这会导致最久的单次通信时间。类似地，当车流密度很大时，r-vehicle会在其通信范围内发现很多车，从而也有更大概率选择可以为它提供最长单次通信的车辆。基于以上两点原因可以解释为什么在车流密度足够低和足够高的时候，迁移次数呈现下降的趋势。同时，理论推导的结果与仿真值拟合，说明了公式推导的正确性。

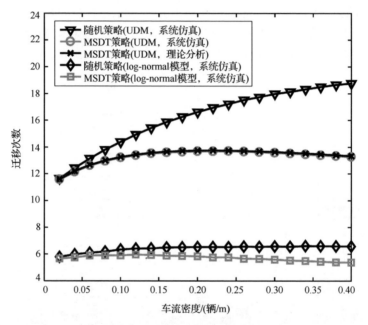

图 11.14　MSDT 策略和随机策略所取得的迁移次数随车流密度变化曲线图

11.4　基于边缘计算的 RSU 间多车道消息回传策略

11.4.1　系统模型及问题描述

如图 11.15 所示，公路上有对向的两个车道，车流由西向东的车道为车道 A，车流由东向西的车道为车道 B。假设两车道上的车辆的车速相同，车道 A 的车速为 v_A，车道 B 的车速为 v_B。对向车道的车辆的到达率服从泊松分布，车流密度为 ρ。沿着路边按一定间距部署了 RSU，假设 RSU 覆盖范围和 RSU 未覆盖范围交替出现分别服从均值为 l 和 d 的泊松分布。

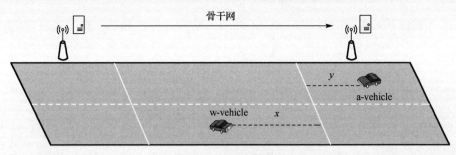

图 11.15　系统模型图

在每个 RSU 处配备一个具备一定计算能力的 MEC 服务器。默认对于大多数应用而言，卸载到 MEC 服务器待计算的数据远大于 MEC 服务器计算完成后输出的数据。

设车辆的任务大小为 C，被分配的数据传输到 RSU 的总带宽为 B，完成某个计算任务需要的资源为 M，MEC 服务器端的计算速度为 s_{MEC}。所以，从任务卸载到计算完成的时间为

$$t_{\mathrm{MEC}} = \frac{C}{B} + \frac{M}{s_{\mathrm{MEC}}} \tag{11-53}$$

本节中，假定车辆在单个 RSU 覆盖范围内完成了待计算数据的卸载，同时在车辆驶离本 RSU 覆盖范围时未能完成计算和回传，即车辆驶离原 RSU 覆盖范围，暂时不能获得计算结果的回传，而 RSU 之间可以通过骨干网进行数据的传输，时延可以忽略不计，故此时设定两种策略完成后面的计算结果回传的步骤如下。

(1) V2I 等待回传策略：车辆等待驶入下一个 RSU 覆盖范围内通过 V2I 方式接收回传结果。

(2) V2V 辅助回传策略：下一个 RSU 在接收到上一个 RSU 的信息后，选择一个对向车道中的车辆作为中继，基于 CSCF 机制进行 V2V 辅助回传。

在 V2V 辅助回传策略下，为了保证以最快的时间进行回传，在计算任务完成并将计算结果传给下一个 RSU 的瞬间，RSU 选择的对向车道的车辆是在其覆盖范围内最靠前的车辆。定义等待回传的车辆为 w-vehicle(waiting vehicle)，被选中的等待辅助的车辆为 a-vehicle(assisted vehicle)，在辅助传输任务开始时刻，w-vehicle 距离下一个 RSU 覆盖范围边界的距离是 x，a-vehicle 距离 RSU 边界的距离是 y。

11.4.2　回传策略性能分析

1. V2I 等待回传策略的性能分析

设定车辆在驶出上一个 RSU 覆盖区域到进入下一个 RSU 覆盖区域的过程中，已卸载的计算任务在任意时刻完成计算，而 RSU 间骨干网间传输时间不计，若计算完成时刻，w-vehicle 距离下一个 RSU 覆盖区域的边界距离是 x，那么车辆在这一过

程中的行驶时间 t_1 为

$$t_1 = \frac{x}{v_A} \tag{11-54}$$

而 t_1 的均值可以表示为

$$E[t_1] = \int_0^d \frac{x}{v_A} \mathrm{d}x = \frac{d}{2v_A} \tag{11-55}$$

2. V2V 辅助回传策略失效率

上述的场景中，如果 RSU 选择一辆 a-vehicle 作为中继进行计算结果的回传辅助，将会出现两种情况：一是辅助生效，即 w-vehicle 在驶入下一个 RSU 覆盖区域之间遇到了 a-vehicle 并通过 V2V 传输完成了信息结果的接收；二是辅助失效，即 w-vehicle 在驶入下一个 RSU 覆盖范围前并未遇到 a-vehicle，而最终的计算结果还要通过 V2I 传输获取。下面将针对这两种情况研究辅助失效的概率，从而尽可能避免车辆的额外的任务负担。另外，w-vehicle 在 RSU 未覆盖区域中余下的行驶时间为

$$t_1 = \frac{x}{v_A} \tag{11-56}$$

如果在时间 t_1 内，a-vehicle 未行驶到 w-vehicle 的通信范围内，那么便出现辅助失效的情况。可得在 t_1 时间内 a-vehicle 行驶的路程 s_B 为

$$s_B = v_B t_1 = x\frac{v_B}{v_A} \tag{11-57}$$

即当系统模型中 $y > s_B + R_v = x\frac{v_B}{v_A} + R_v$ 时，就没有必要再进行辅助传输。设辅助失效的概率为 p_0，根据泊松分布的特性可得

$$p_0 = \int_0^d \mathrm{e}^{-\left(x\frac{v_B}{v_A} + R_v\right)\rho} \mathrm{d}x \tag{11-58}$$

同时，定义临界值 $xv_2/v_1 + R_v$ 为有效距离 l_{valid}，即在计算完成时刻 w-vehicle 与 RSU 边界距离 x，在对向车道存在对应的有效距离 l_{valid}，如果在距离 RSU 边界 $(0, l_{\text{valid}})$ 内存在 a-vehicle，辅助传输则有效，若不存在，辅助传输则失效。

3. V2V 辅助回传策略的性能分析

如果 w-vehicle 选择车辆进行辅助，且能够在进入下一个 RSU 覆盖范围之前遇到对向驶来的 a-vehicle 并建立连接。那么在计算完成的瞬间，假定 w-vehicle 距离下一个 RSU 覆盖区域的边界距离是 x，并定义这个距离为有效距离。而对向行驶而

来的 a-vehicle 与 RSU 行驶边界的距离为 y，那么两车相遇的时间 t_2 可以表示为

$$t_2 = \frac{x + y - R_v}{v_A + v_B} \tag{11-59}$$

由于假定 w-vehicle 在 RSU 未覆盖区域的任意时刻，边缘计算服务器完成了计算卸载并准备开始回传，所以 X 服从在 $(0, d)$ 内的均匀分布，X 的概率密度函数可以表示为

$$f(x) = \frac{1}{d}, \quad 0 \leqslant x \leqslant d \tag{11-60}$$

在辅助有效的前提下，Y 的累积概率函数为

$$P(Y < y) = \frac{1 - e^{-y\rho}}{1 - e^{-\left(x\frac{v_B}{v_A} + R_v\right)\rho}}, \quad 0 < y \leqslant x\frac{v_B}{v_A} + R \tag{11-61}$$

进一步可得，Y 的概率密度函数为

$$f(y) = \frac{\rho e^{-y\rho}}{1 - e^{-\left(x\frac{v_B}{v_A} + R_v\right)\rho}}, \quad 0 < y \leqslant x\frac{v_B}{v_A} + R \tag{11-62}$$

两车相遇时间 t_2 的均值可以表示为

$$E[t_2] = \int_0^d \int_0^{x\frac{v_B}{v_A} + R_v} \frac{1}{d} \frac{\rho e^{-y\rho}}{1 - e^{-\left(x\frac{v_B}{v_A} + R_v\right)\rho}} \frac{x + y - R_v}{v_A + v_B}, \quad 0 < x < d, \quad 0 < y < x\frac{v_B}{v_A} + R \tag{11-63}$$

11.4.3　性能仿真与评估

在这一部分，基于 MATLAB 平台，针对前面提出的等待驶入 RSU 进行 V2I 回传和利用对向车道车辆进行 V2V 辅助传输的场景进行系统仿真，基于仿真结果对辅助回传失效率等指标进行分析讨论，仿真图像中的每一点是仿真 10000 次的平均值，仿真的主要参数如表 11-3 所示。

表 11-3　仿真参数表

参数	数值
RSU 覆盖区域长度 (l)	200m
RSU 未覆盖区域长度 (d)	800m
车流密度 (ρ)	0.01~0.1 辆/m
本车道的车速 (v_A)	15m/s
对向车道车速度 (v_B)	20m/s
车辆在 UDM 模型下的通信半径 (R_v)	15m

图 11.16 表示是失效率与对向车道车流密度之间的关系图，分别仿真了车流密度以 0.01 辆/m 为跨度从 0.01 辆/m 到 0.1 辆/m 时，从对向车道选取 a-vehicle 进行回传辅助的失效率与对向车道车流密度之间的关系。从图中可以看出，失效率和车流密度呈负相关的关系，随着车流密度的逐渐增加，失效率逐渐降低，且初始阶段降速较快，然后逐渐放缓。这是因为随着车辆密度的增加，在有效距离范围内，对向车道将以更大概率会出现可以完成对计算结果进行辅助传输的 a-vehicle，所以总体的辅助失效率会逐渐降低。同时，理论推导的结果与仿真值拟合，说明了公式推导的正确性。

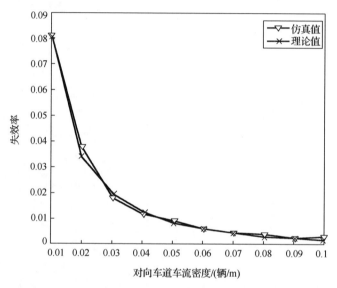

图 11.16　失效率与对向车道车流密度之间的关系图

图 11.17 表示是失效率与对向车道车速之间的关系图，分别仿真了对向车道车速之间以 5m/s 为跨度从 5m/s 到 30m/s 时，从对向车道选取 a-vehicle 进行回传辅助的失效率与对向车道车速之间的关系。从图中可以看出，失效率和对向车道车速呈负相关的关系，随着对向车道车速的逐渐增加，失效率逐渐降低，且初始阶段降速较快，然后逐渐放缓。这是因为随着对向车道车速的增加，在有效距离范围内，被选择的 a-vehicle 将以更快的速度驶离 RSU 覆盖区域并驶入 w-vehicle 的通信范围完成计算结果的回传辅助，所以总体的辅助失效率会逐渐降低。同时，理论推导的结果与仿真值拟合，说明了公式推导的正确性。

图 11.18 表示是初始时刻辅助车辆距离 RSU 边界的距离 y 与对向车道车流密度之间的关系图，分别仿真了对向车道车流密度之间以 0.01 辆/m 为跨度从 0.01 辆/m 到 0.1 辆/m 时，从对向车道选取 a-vehicle 进行回传辅助的初始时刻 a-vehicle 距离 RSU 边界的距离 y 与对向车道车流密度的关系。由仿真结果可知，基于选择距离

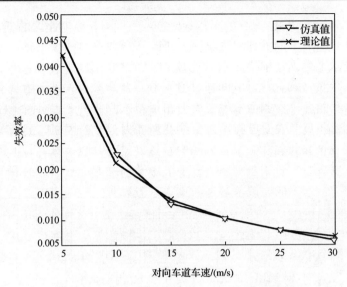

图 11.17 失效率与对向车道车速之间的关系图

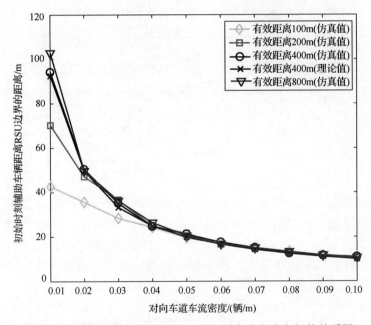

图 11.18 辅助车辆初始位置与对向车道车流密度之间的关系图

RSU 边界最近的车辆作为辅助车辆的策略，在计算结果完成的瞬间，w-vehicle 的位置所界定有效距离一定的情况下，随着车流密度的增加，最终选定的辅助车辆 a-vehicle 到 RSU 边界的距离越来越小，原因是随着车流密度的增加，在有效距离内的车辆的数量也就更多，也就以更大概率能选择到距离 RSU 覆盖边界更近的车辆，便导致辅助车辆距离 RSU 边界的距离逐渐变小。同时，纵向比较的话，在相同车流密度的情况下，当车流密度且有效距离小时，最终选定的辅助车辆 a-vehicle 距离 RSU 边界的距离就越小；而当车流密度高时，在不同有效距离情况下，最终选定的辅助车辆 a-vehicle 距离 RSU 边界的距离大致一致，这是因为在车流密度相等时，如果车流密度较低则车辆分布稀疏，有效距离越小，则更容易选择到距离 RSU 覆盖边界更近的车辆；当车流密度较高时车辆分布紧密，在选择距离 RSU 覆盖边界更近的车辆时，整体的覆盖范围不再是决定性因素，故最终选择的 a-vehicle 距离 RSU 边界的距离大致相近。同时，从图 11.18 可看出理论值与仿真值证明了公式推导的正确性。

图 11.19 表示是在 V2V 和 V2I 不同的回传策略下，总体的回传时间与对向车道车流密度之间的关系图，分别仿真了对向车道车流密度之间以 0.01 辆/m 为跨度从 0.01 辆/m 到 0.1 辆/m 时，从卸载的数据计算完成的时刻，系统分别采用 V2I 和 V2V 两种方式对 w-vehicle 进行计算结果回传的时间。由仿真结果可知，基于车辆回传的策略，只要是在辅助传输有效的前提下，对于 w-vehicle 来说采用 V2I 方式的回传时间要比其等待进入下一个 RSU 的覆盖范围采用 V2I 方式回传的传输时间要短。同时，理论推导的结果与仿真值拟合，说明了公式推导的正确性。

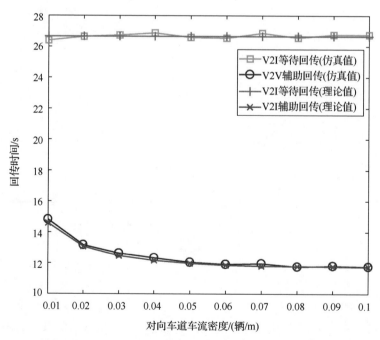

图 11.19　回传时间与对向车道车流密度之间的关系图

11.5　本　章　小　结

本章重点研究了移动过程中的用户业务卸载技术以保证用户移动过程中的服务连续性。首先，介绍了 5G 车联网场景下的业务迁移及分析。接着，本章主要针对车联网中的计算任务卸载问题，从以下几个方面进行了深入的研究分析。针对同向多车道场景下车辆通过 V2V 和 V2I 混合传输方式进行大数据包下载的过程进行传输时间的分析，仿真结果阐述了总体传输时间与车流密度、RSU 覆盖范围间距、车辆缓存概率等关键参数之间的关系。针对同向多车道场景下车辆通过 V2V 方式进行大数据包下载过程中由于空间位置的变化引起的车辆通信对象的迁移，进行迁移策略的设计和迁移次数的求解，仿真结果表明了在不同的衰落信道模型下所提的 MSDT 迁移策略在降低迁移损耗上呈现出优越性。针对双向多车道场景下车辆借助于边缘计算平台进行数据包的卸载计算并获取计算结果的场景，进行 V2I 和 V2V 两种回传方式的分析，仿真结果验证了 V2V 辅助失效率和 V2V 辅助车辆初始位置与车速、车流密度等参数之间的关系，并凸显了 V2V 辅助回传方案在辅助有效的前提下具有降低传输时延的优势。

参 考 文 献

[1]　Mach P, Becvar Z. Mobile edge computing: A survey on architecture and computation offloading. IEEE Communications Surveys & Tutorials, 2017,19(3):1628-1656.

[2]　Abboud K, Zhuang W. Stochastic modeling of single-hop cluster stability in vehicular ad hoc networks. IEEE Transactions on Vehicular Technology, 2016,65(1):226-240.

[3]　Hu Y, Li H, Chang Z, et al. End-to-end backlog and delay bound analysis for multi-Hop vehicular ad hoc networks. IEEE Transactions on Wireless Communications, 2017,16(10): 6808-6821.

[4]　Liu Y, Ma J, Niu J, et al. Roadside units deployment for content downloading in vehicular networks//IEEE International Conference on Communications(ICC), 2013:6365-6370.

[5]　Ding R, Wang T, Song L. Roadside-unit caching in vehicular ad hoc networks for efficient popular content delivery//IEEE Wireless Communications and Networking Conference(WCNC), 2015:1207-1212.

[6]　Zhao W, Qin Y, Gao D. An efficient cache strategy in information centric networking vehicle-to-vehicle scenario. IEEE Access, 2017, 5:12657-12667.

[7]　Zhang M, Luo H, Zhang H. A survey of caching mechanisms in information-centric networking. IEEE Transactions on Vehicular Technology, 2015, 17(3):1473-1499.

[8]　Wisitpongphan N, Bai F, Mudalige P, et al. Routing in sparse vehicular ad hoc wireless networks.

IEEE Journal on Selected Areas in Communications, 2007, 25(8): 1275-1287.

[9]　Zhang Z, Mao G, Anderson B. On the Hop count statistics in wireless multi-Hop networks subject to fading. IEEE Transactions Parallel and Distributed System, 2012, 23(7): 1275-1287.

[10]　Bey T, Tewolde G, Kwon J. Short survey of vehicular communication technology//IEEE International Conference on Electro/Information Technology (EIT), 2018: 1-4.

[11]　Zhu Y, Wu Y, Li B. Trajectory improves data delivery in urban vehicular networks. IEEE Transactions on Parallel and Distributed Systems, 2012, 25(4): 1089-1100.

[12]　Xiong K, Zhang Y, Fan P, et al. Mobile service amount based link scheduling for high-mobility cooperative vehicular networks. IEEE Transactions on Vehicular Technology, 2017, 66(10): 9521-9533.

[13]　Wen C, Zheng J. An RSU on/off scheduling mechanism for energy efficiency in sparse vehicular networks//International Conference on Wireless Communications & Signal Processing (WCSP), 2015: 1-5.

[14]　Sahebgharani S, Shahverdy M. A Scheduling algorithm for downloading data from RSU using multicast technique//The 9th International Conference on Information Technology-New Generations, 2013: 809-814.

[15]　Khabbaz M J, Fawaz W F, Assi C M. A simple free-flow traffic model for vehicular intermittently connected networks. IEEE Transactions on Intelligent Transportation Systems, 2012, 13(3): 1312-1326.

第 12 章　基于车载边缘计算的业务迁移技术

如第 10 章所述，移动边缘计算 MEC 可以通过在无线用户和云资源之间搭建桥梁，满足 5G 网络不断增长的密集计算应用、低时延和低能耗的需求。借助位于无线网络边缘的云资源分布，静态或低速用户可以将计算密集型任务从计算资源受限的设备上迁移到 MEC 服务器上，可有效地降低计算时延和设备能耗。但是，对于高速用户(例如处于汽车上的人)，可能会对预先定义的迁移规则带来新的挑战。例如，当任务迁移目标基站局限于某些特定基站时，距离较远的用户可能会遇到不稳定的连接，不可预测的时延，甚至会遇到迁移失败的情况[1]。车辆即资源(Vehicle as a Resource，VaaR)是一种最近被提出来的有利于计算任务迁移的方案。在同一道路，相同方向上行驶且速度差异较小的车辆具有潜在的长连接持续时间，在这种场景下采用 VaaR 方案将具有明显优势。本章将重点介绍基于 VaaR 的车载边缘计算业务迁移技术。

12.1　车载边缘计算服务器

12.1.1　车载边缘计算服务器的概述

近来，学术界和工业界认为未来所有的车辆都可以并且将配备强大的计算能力[2,3]。但是，更强的计算能力意味着更大的服务器尺寸和更高的能耗。考虑到普通车辆的有限空间和能耗，一种可行的方案是采用公共汽车作为车载服务器的载体。

在公共汽车上安装服务器有三个方面的优点：①公共汽车的固定的路线和时间表减少了不确定性和移动性管理的困难；②公共汽车的空间足以容纳服务器；③安装在公共汽车上的可充电电池可以满足计算操作的电源需求。此外，通过连接到安装在公共汽车上的移动中继(或移动接入点)，车辆用户将公共汽车安装的服务器用作新的计算任务迁移站点是可行的[4]。

如图 12.1 所示，与连接到基站(Base Station，BS)的固定位置的分布式 MEC 服务器相比，移动的公共汽车对其 On-Bus 用户(即公共汽车上的用户)相对静止，对于 Off-Bus 用户(即其他车辆上的用户)，速度差也可能很小，特别是当公共汽车和其他车辆上的用户在相同的道路和方向上行驶时。因此，不同于传统的 MEC 服务器作为计算任务迁移站点，车辆用户可以通过将计算任务迁移到安装在公共汽车上的服务器来获得更好的服务质量(Quality of Service，QoS)。在这里，仅将 MEC 服务器定义为静止的路边服务器,将车载边缘服务器定义为安装在公共汽车上并且连接到移动中继的服务器[5]。相邻公共汽车上的移动中继可以:①直接使用 V2V 链路进行通信;②通过无线前程链路与路边静态基站通信。

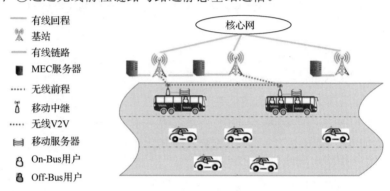

图 12.1　MEC 增强的车载边缘服务器辅助的公交系统模型

12.1.2　计算任务迁移到车载移动计算服务器

假设在时间 t,On-Bus 用户和 Off-Bus 用户向公共汽车 1 上的移动服务器提出计算任务迁移请求,如图 12.2 所示。我们将进一步讨论如何通过后续计算任务迁移过程将计算结果取回,该过程主要涉及具有移动中继的公共汽车,移动服务器,带有 MEC 服务器的基站以及核心网组件[6]。

On-Bus 用户——一旦公共汽车 1 上的移动中继接收到来自 On-Bus 用户(即图 12.2 中的用户 1)的计算任务迁移请求,它将用户数据转发到移动服务器进行处理。当任务在 $t'>t$ 完成时,计算结果将传送到移动中继,然后发送给 On-Bus 用户 1。

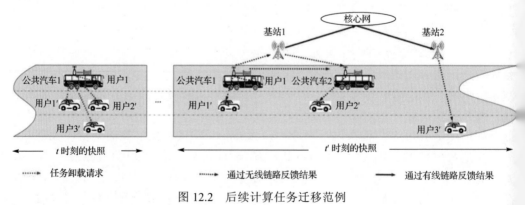

图 12.2　后续计算任务迁移范例

Off-Bus 用户——当 Off-Bus 用户将计算任务通过安装在公共汽车 1 上的移动中继迁移到移动服务器时，根据用户和公共汽车位置的不同，用户有以下四种可能的传输路径来取回计算结果：

(1) 情况 1：对于 Off-Bus 用户 1′，在计算任务完成时刻 t'，如果公共汽车 1 仍然在通信覆盖范围内，那么计算结果返回路径是公共汽车 1→用户 1′。

(2) 情况 2：对于用户 2′，如果在 t' 时刻，用户 2′，另一辆公共汽车 2 在通信覆盖范围内并且两辆公共汽车都在彼此的无线通信覆盖范围内，那么计算结果的返回路径是公共汽车 1→公共汽车 2→用户 2′。

(3) 情况 3：对于用户 2′，当公共汽车 2 和公共汽车 1 都不在彼此的无线传输范围内但都处于同一基站(BS1)的通信覆盖范围内，基站将作为连接两辆公共汽车的桥梁通过无线传输链路，这样计算结果反馈给用户 2′的路径是公共汽车 1→基站 1→公共汽车 2→用户 2′。

(4) 情况 4：对于用户 3′，当它移动出基站 1 的通信覆盖范围，计算结果将在核心网的帮助下取回。特别地，用户 3′根据以下路径取回计算结果：公共汽车 1→基站 1→核心网→基站 2→用户 3′。

根据图 12.2 中的计算任务迁移请求提交和计算结果取回规则，可以得出结论，服务器的选择将影响跳数。跳数是在每个计算任务迁移过程中数据必须通过的中间设备的数量。跳数又间接指示了计算任务迁移过程中发生的时延和能耗。接下来，将为 Off-Bus 用户设计服务器选择方案。由于相对"静态"移动服务器优于相对"移动"的路边 MEC 服务器，因此 On-Bus 用户没有被讨论。

12.2　基于深度强化学习的业务迁移方案

12.2.1　系统模型

图 12.3 显示了移动服务器增强 MEC 的拓扑，它由一个 Off-Bus 用户，一组集合为 $\mathcal{M} = \{1,2,\cdots,M\}$ 的公共汽车和集合为 $\mathcal{N} = \{1,2,\cdots,N\}$ 的路边基站组成。由于公共汽车位置和车辆速度具有随机性，因此部署在用户设备上的基于学习的代理将在不确定的情况下选择计算任务迁移的站点，从而使计算任务迁移过程中的跳数期望值最小化[7]。

基站的无线传输距离是 R，公共汽车上的移动中继和用户的无线传输距离是 $R' < R$。对于长度为 Len 的路段，Off-Bus 用户代理最初位于道路的起点。假设用户在移动车辆上的实时位置为 p'_t，其具体表示为

$$p'_t = v't \tag{12-1}$$

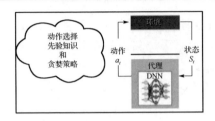

(a) 基于先验知识的深度Q学习

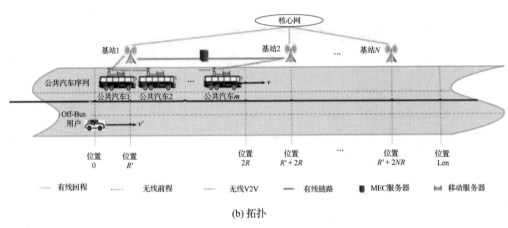

(b) 拓扑

图 12.3　服务器选择方案的系统拓扑(在 $t=0$ 的时间快照,忽略了车道宽度)(见彩图)

其中,用户的随机速度 v' 服从均匀分布 $v' \sim U(v_{\min}, v_{\max})$,$U$ 代表均匀分布,$v_{\min}$ 和 $v_{\max}$ 分别代表最小和最大车速。

为了在起点为用户提供无线连接,基站 1 位于 R',同时以距离间隔为 $2R$ 的距离部署后续的基站,来为移动用户提供无缝的覆盖。定义第 i 辆公共汽车的实时位置为 p_t^i,$i \in \mathcal{M}$,该初始位置在位置 0 到 $2R$ 之间统一随机选择,即 $p_0^i \sim U(0, 2R)$。公共汽车按其初始位置排序,例如,公共汽车 1 最接近路段的起点。假设公共汽车上的所有 M 个移动服务器保持速度 v,则

$$p_t^i = p_0^i + vt, i \in \mathcal{M} \tag{12-2}$$

其中,$v \sim U(v_{\min}, v_{\max})$。由于公共汽车总以相同的方向和不变的速度移动,因此公共汽车的索引将保持不变。

12.2.2　先验知识

为了成功提交计算任务迁移请求并获取相应的计算结果,将可用于计算任务迁移的候选服务器集定义为 C_t,包括移动服务器和 MEC 服务器。利用公共汽车初始位置的概率分布和行驶速度信息,可以获得有关 C_t 的以下先验知识。

(1)提交请求——在时刻 $t=0$,我们定义 $\Pr[C_0 \bigcap \mathcal{M} = \varnothing]$ 作为用户代理的覆盖范

围内没有移动服务器的概率。

$$\Pr[C_0 \bigcap \mathcal{M} = \varnothing] = \left(\frac{2R - R'}{2R} \right)^M \tag{12-3}$$

其中，等式右边是所有车辆位置在 $t=0$ 时刻大于 R' 的概率。

假设服务器 $i^* \in C_0$ 被选择作为接受计算任务请求的服务器，下面给出了将计算任务请求提交到迁移站点所需的时间。

$$T_{up}^{i^*} = \frac{B}{\text{Rate}_{i^*}} \tag{12-4}$$

其中，B 是需要传输到迁移站点的计算任务的大小。上行数据速率为 $\text{Rate}_{i^*} = W \log_2(1 + (PA_0 D_i^2) / N_0)$。分配给用户的带宽为 W，P 是用户的传输功率。无线信道状态被建模为 $A_0 D_i^2$，其中 $A_0 = 17.8\text{dB}$，D_i^2 代表用户和第 i^* 个接入点在 $t=0$ 时刻的距离。N_0 是白噪声功率。

（2）计算任务处理——一旦服务器 i^* 接收到所有的用户数据，那么计算任务结果将在时刻 T 进行反馈，T 具体表示为

$$T = T_{up}^{i^*} + \frac{\omega B}{f} \tag{12-5}$$

其中，ω 是连接到基站或者移动服务器的服务器计算强度，f 是 CPU 频率。

（3）结果反馈——假设选择的计算任务请求提交站点是其中一辆公共汽车，即 $i^* \in \mathcal{M}$。则在 T 时刻，用户无法从任何一辆公共汽车获取计算结果的条件概率如下所示

$$\Pr[C_T \bigcap \mathcal{M} = \varnothing \mid i^* \in \mathcal{M}] = \Pr[p_T' < P_T^1 - R'] + \Pr[p_T' > p_T^M + R'] \\ + \sum_{i=1}^{M-1} \Pr[p_T^i + R' < p_T' < p_T^{i+1} - R'] \tag{12-6}$$

其中，第一项是用户落在公共汽车后面且无法从最近的公共汽车 1 取回结果的概率，即 $\Pr[p_T' < p_T^1 = R'] = \Pr[(v - v')T > R' - p_0^1]$。第二项 $\Pr[p_T' > p_T^M + R']$ 是用户驶过所有的公共汽车并且无法从公共汽车 M 取回结果的概率。最后一项 $\Pr[p_T^i + R' < p_T' < p_T^{i+1} - R']$ 是用户在公共汽车 i 和公共汽车 $i+1$ 并且没有公共汽车在用户的覆盖范围内的概率。通过对随机变量 v, v', p_0^i 和 T 应用多元函数的积分规则，可以获得明确的概率。

12.2.3　基于强化学习的车载计算服务器迁移方案

为了在 $t=0$ 和 $t=T$ 时刻自适应选择服务器并提高计算任务迁移的总体性能，定义以下系统参数。

(1) 状态：当前状态(在 t 时刻)被表达为

$$s_t = \{v', v, B, \boldsymbol{C}_t\} \tag{12-7}$$

可通过等式(12-1)获得用户的实时位置。公共汽车的位置对于用户是未知的，因此被排除在状态之外 。

(2) 奖励：当前奖励 r_t 将保持为 0，直到用户在时刻 T 开始下载计算结果。我们将 r_t 定义为跳数的反比例函数。值得注意的是，图 12.3 中绿色的有线链路被排除在跳数之外，因为它是专用的信道并且可以忽略资源的消耗。

(3) 动作：当前动作为 $a_t \in \boldsymbol{C}_t$，允许用户从候选移动服务器和 MEC 服务器的集合中选择计算任务迁移站点。

用户可以利用等式(12-3)和等式(12-6)中的瞬时概率来选择动作，代替随机动作选择方式。等式(12-3)和等式(12-6)作为先验知识，指导自适应的动作选择以及加速学习算法的收敛。假设在时刻 t 有 K 个候选服务器在集合 C_t 中，包括 k 个移动服务器和 $K\text{-}k$ 个固定服务器。动作选择概率可以被表示为 $\varepsilon_1 = \varepsilon_2 = \cdots = \varepsilon_k = \dfrac{(1 - \Pr[\boldsymbol{C}_0 \bigcap \mathcal{M} = \varnothing])(1 - \Pr[\boldsymbol{C}_T \bigcap \mathcal{M} = \varnothing \mid i^* \in \mathcal{M}])}{k}$ 和 $\varepsilon_k = \varepsilon_{k+1} = \cdots = \varepsilon_K = \dfrac{\Pr[\boldsymbol{C}_0 \bigcap \mathcal{M} = \varnothing] + (1 - \Pr[\boldsymbol{C}_0 \bigcap \mathcal{M} = \varnothing])\Pr[\boldsymbol{C}_T \bigcap \mathcal{M} = \varnothing \mid i^* \in \mathcal{M}]}{K - k}$ 。

如图 12.3 所示，对于基于先验知识的深度 Q 学习方案，采用深度神经网络(Deep Neural Networks，DNN)逼近 Q 函数 $Q(s, a; \theta)$，θ 是神经网络的一组参数。每个状态下的最佳策略都是能带来最大奖励的动作，即动作选择如下式所示，

$$a_t = \operatorname*{argmax}_{a \in \boldsymbol{C}_t} Q(s_t, a; \theta) \tag{12-8}$$

在学习过程中，利用经验回放技术来提高学习效率，将学习经验存储在回放记忆库中，其中包含观察到的服务器以及历史动作的奖励 $(s_t, a_t, r_{t+1}, s_{t+1})$。在 Q 学习更新期间，从回放记忆库中随机抽取一批已经存储的经验 $(s_j, a_j, r_{j+1}, s_{j+1})$，并用作样本来训练 Q 网络中的参数 θ，最小化 Q 网络的损失函数 $L(\theta)$，其具体表达式如下，

$$L(\theta) = \mathrm{E}[(Q_{\text{target}} - Q(s, a; \theta))^2] \tag{12-9}$$

其中，Q_{target} 是 Q 函数的最优值，具体表示为，

$$Q_{\text{target}} = r_j + \gamma Q(s_{j+1}, \operatorname*{argmax}_{a' \in \boldsymbol{C}_{t+1}} Q(s_{j+1}, a'; \theta); \theta^-) \tag{12-10}$$

其中，θ^- 是目标 Q 网络的参数，γ 是衰减系数。

本小节采用随机梯度下降法训练 Q 网络并使损失函数 $L(\theta)$ 最小。算法 12-1 中给出了提出的深度 Q 学习任务迁移方案的详细流程。

算法 12-1　基于深度 Q 学习任务迁移方案

输入：

1: 初始化记忆库

2: 初始化动作值和 Q 网络参数

3: 当迭代次数小于最大迭代次数时，进行如下循环

4: 　　观察初始状态 s_0

5: 　　对于 $t \in \{0,\cdots,T\}$，每一步都进行如下循环

6: 　　　　以概率 $\bar{\varepsilon} = \{\varepsilon_1,\cdots,\varepsilon_2\}$ 选择动作 $a_t \in C_t$

7: 　　　　否则选择 $a_t = \mathrm{argmax}_a Q(s,a;\theta)$，当按概率选择没有回报时

8: 　　　　执行动作 a_t

9: 　　　　观察奖励 r_{t+1} 和下一状态 s_{t+1}

10: 　　　　存储经验 $(s_t,a_t,r_{t+1},s_{t+1})$ 在记忆库中

11: 　　　　在记忆库中取出一批样本

12: 　　　　根据公式 (12-10) 计算 Q_{target}

13: 　　　　更新深度 Q 网络参数 θ

14: 　　　　根据 replace-target-iter 参数，每隔 δ 步，更新目标 Q 网络参数 θ^-

15: 　　结束循环

16: 结束循环

12.2.4　仿真结果与分析

在本节中，我们评估本节所介绍的基于深度 Q 学习任务迁移方案的 Off-Bus 用户的计算任务迁移性能。我们将采用以下两种对比方案：①只有固定的 MEC 服务器的计算任务迁移方案；②只有移动服务器的计算任务迁移方案。只有固定的 MEC 服务器的方案（或只有移动服务器的方案）意味着车辆用户始终将计算任务迁移到固定的 MEC 服务器（公共汽车中的移动服务器）。为简单起见，我们假设每辆公共汽车装有移动服务器，每对相邻的基站共享一个 MEC 服务器。其余的详细仿真参数见表 12-1。

表 12-1　仿真参数

描述	值
路段长度 Len	1800m
覆盖范围 R 和 R'	150m 和 100m
公共汽车数量 M	5
公共汽车速度 v 和用户速度 v'	U(13,17) m/s
传输功率 P	0.1W
信道带宽 W	10MHz
噪声功率 N_0	10^{-13}W

续表

描述	值
计算强度 ω	1000 CPU 周期数/bit
学习率 α	0.01
奖励衰减系数 γ	0.9
ε 贪心	0.9
替换目标间隔	200
记忆库大小	2000

平均跳数与速度差 $(v'-v)$ 之间的关系如图 12.4 所示，其中公共汽车速度保持为 $v=10\text{m/s}$。从图中可以看出，平均跳数将随着速度差的增加而增大，因为服务器在接收到计算任务迁移请求后更可能在任务计算完成时不在移动速度更快的用户的覆盖范围内。因此，在小的速度差下，移动服务器的部署可以减少跳数。当速度差不断增大时，固定服务器和移动服务器之间的性能差距逐渐减小。此外，两种深度 Q 学习方案在速度差较小的情况下，总是以相似的优势优于其他方案。这证明了所设计的先验知识可以加速收敛，但不会改变优化结果。因此在以后的仿真结果中，我们只讨论所介绍的具有先验知识的深度 Q 学习方案的性能。

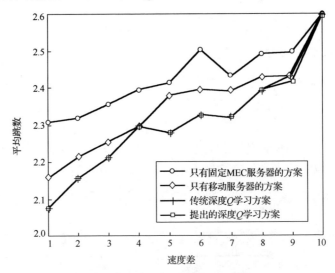

图 12.4　平均跳数与速度差之间的关系

图 12.5 表明了三种不同方案在不同的 MEC 服务器和移动服务器的 CPU 频率下的性能对比，其中计算任务大小保持为 $B=20\text{Mbit}$。在只有固定 MEC 服务器的方案下，平均跳数随着 CPU 频率的增加而降低，其原因是在较高的 CPU 频率下，完成计算任务的计算所需的时间较短，同时，车辆驶出当前 MEC 服务器的通信覆盖范围的可能性较小。对于只有移动服务器的方案，无论服务器的计算能力如何，平均

跳数始终保持在 2.3 左右。曲线的波动是由公共汽车和车辆用户随机速度和相对位置变化引起的。当 CPU 频率很高时，只有固定 MEC 服务器的方案比只有移动服务器的方案更有优势。此外，还可以看出，如果采用所提出的具有先验知识的深度 Q 学习方案，则平均跳数保持在 2.1 左右，明显优于其他两种方案。尽管所提出的具有先验知识的深度 Q 学习方案仅仅将平均跳数降低了 8.7%，但是对于大量的计算任务迁移来说，产生的收益还是很可观的。

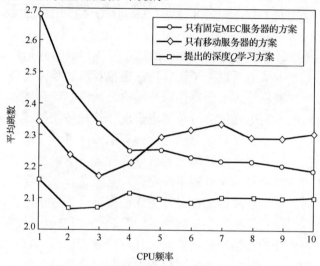

图 12.5　平均跳数与 CPU 频率之间的关系

　　图 12.6 展示了随着计算任务大小的改变，平均跳数的动态变化。随着计算任务量的增加，只有 MEC 服务器方案的平均跳数呈线性增加，而只有移动服务器的方

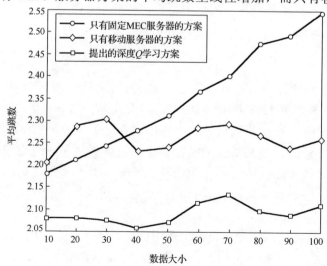

图 12.6　平均跳数和数据大小 B 之间的关系

案和具有先验知识的深度 Q 学习方案平均跳数比较稳定。具体而言，对于任务量较大的计算任务，只有移动服务器的方案优于只有固定 MEC 服务器的方案，并且所提出的具有先验知识的深度 Q 学习方案始终能取得最少的平均跳数。

仿真结果证明了所提的具有先验知识深度 Q 学习方案的有效性，该方案能够有效地降低平均计算任务迁移的跳数。

12.3　基于 MAB 的车载边缘服务器任务迁移方案

12.2 节主要考虑计算任务迁移所经历的通信过程以及车辆运动对任务迁移的影响。在此基础之上，本节主要讨论了计算任务迁移算法的具体实施过程。计算任务迁移算法需要考虑车辆环境的不确定性以及不同公共汽车计算资源的差异性[8,9]。目前，大多数的研究都是利用强化学习技术来实现计算任务迁移[10-12]。然而，当前的研究存在一个很重要的问题是：计算任务迁移算法该由谁作为学习代理？目前，大多数的研究都是以车辆作为学习代理来实现计算任务迁移。然而，从车辆的角度来看，由于其高度动态性和移动轨迹的不确定性，它不适合作为学习的代理。如果以基站作为学习代理，可以利用固定在道路边缘的基站收集并学习道路上的信息，以实现车联网的高效的计算迁移。在实际场景中，以基站作为学习代理的计算任务迁移方法可能会引入额外的传输时延。然而，计算密集型任务的计算时延比其传输时延要大得多[13]。因此，以基站作为学习代理的计算任务迁移方法所引入的额外传输时延是可以接受的。

基于上述观察，本节从以基站作为学习代理的角度出发，介绍了一种能够在动态车辆网络中制定计算任务迁移决策的有效算法。

12.3.1　系统模型

1) 网络架构

考虑一个车辆边缘计算系统，该系统由 Off-Bus 用户、公共汽车和路边基站组成，系统模型图如图 12.7 所示。系统以时刻化结构 $t \in T = \{1, 2, \cdots, T\}$ 基础上工作，每个时刻的持续时间都是相同的，T 为总的时刻个数。在时刻 t 的开始，Off-Bus 用户会将其计算任务迁移到最近的基站。然后，该基站在其通信覆盖范围内选择一辆公共汽车并将计算任务迁移至该公共汽车。由于本节只考虑除公共汽车外其他车辆用户的任务需求，因此有计算任务迁移需求的车辆用户都统称为 Off-Bus 用户。

在基站无线传输距离内通常有多个可用的公共汽车，它们的 CPU 频率是不同的。如图 12.7 所示，在基站 1 的无线传输距离内有三辆可用的公共汽车。

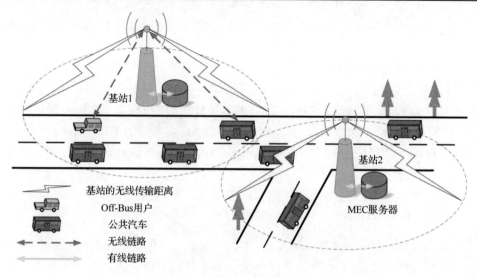

图 12.7 车辆边缘计算系统示意图

在时刻 t 内，基站无线传输距离内可用的公共汽车集合为 $\mathcal{N}(t)$。由于每辆公共汽车都按照指定的路线和间表行驶，因此即使是在不同的日期，基站无线传输距离内的可用公共汽车集合也是相同的。令 t_n 表示每辆公共汽车 $n \in \mathcal{N}(t)$ 在基站无线传输距离内的出现时刻，即该公共汽车刚进入基站无线传输距离的时刻。

公共汽车 n 在时刻 t 内的 CPU 频率为 $f_{t,n}$。公共汽车可以采用动态频率电压缩放 (Dynamic Voltage and Frequency Scaling，DVFS) 技术，动态地调整其 CPU 频率，并同时处理多个计算任务。因此，每辆公共汽车的 CPU 频率 $f_{t,n}$ 会随时间变化。

2) 计算任务迁移过程

本节以某个基站为例，构建计算任务迁移过程的模型。基站和计算任务之间的传输时间可以忽略不计，因为它与计算任务迁移决策无关。在每个时刻 t 内，计算任务迁移过程可以具体地分为三个过程：

(1) 任务迁移

当 Off-Bus 用户生成的计算任务通过无线信道上传至基站后，基站会在其无线传输距离内选择一辆公共汽车 $n \in \mathcal{N}(t)$ 并通过无线链路将该计算任务迁移到公共汽车 n。此时，下行数据速率 $\mathrm{Rate}_{t,n}^{\mathrm{down}}$ 的表达式为：

$$\mathrm{Rate}_{t,n}^{\mathrm{down}} = W \log_2 \left(1 + \frac{PA_0 D_{t,n}^2}{N_0} \right) \qquad (12\text{-}11)$$

其中，P 表示基站的传输功率，N_0 表示白噪声功率，W 代表信道的带宽，$A_0 = 17.8\mathrm{dB}$。此外，$D_{t,n}^2$ 代表时刻 t 内公代表基站和公共汽车 n 的距离。此时，该计算任务迁移到公共汽车 n 时延为：

$$T_{\text{down}}^{t,n} = \frac{B_t}{\text{Rate}_{t,n}^{\text{down}}} \tag{12-12}$$

其中，B_t 代表计算任务的大小。

(2)任务计算

在时刻 t 内产生的计算任务所需的 CPU 循环次数为 $D_t w_0$，其中 w_0 是计算强度 (CPU 周期数/比特)，它表示执行单个比特的计算任务所需的 CPU 周期数。为简单起见，假设每个计算任务的计算强度 w_0 是相同的。该任务在公共汽车 n 处的计算时间为

$$T_{\text{com}}^{t,n} = \frac{B_t w_0}{f_{t,n}} \tag{12-13}$$

本节假设任一辆公共汽车 $n \in \mathcal{N}(t)$ 的 CPU 频率 $f_{t,n}$ 在每个时刻 t 内保持不变。根据文献[14]、[15]可知，当某个计算任务的计算量比较大的时候，该计算任务可以被划分为多个子任务。这样划分后的每个子任务都可以保证在一个时刻内完成。

(3)结果回传

当计算完成后，计算结果将从公共汽车 n 传输给基站。类似于前文下行数据速率 $\text{Rate}_{t,n}^{\text{down}}$ 的表达式，此时的上行数据速率 $\text{Rate}_{t,n}^{\text{up}}$ 的表达式为

$$\text{Rate}_{t,n}^{\text{up}} = W \log_2\left(1 + \frac{PA_0 D_{t,n}^2}{N_0}\right) \tag{12-14}$$

该计算结果由公共汽车 $n \in \mathcal{N}(t)$ 传输到基站的传输时延的计算表达式为

$$T_{\text{up}}^{t,n} = \frac{B_t'}{\text{Rate}_{t,n}^{\text{up}}} \tag{12-15}$$

其中，B_t' 表示计算结果的大小。综上，计算任务的总时间为

$$T_{\text{sum}}^{t,n} = T_{\text{up}}^{t,n} + T_{\text{com}}^{t,n} + T_{\text{down}}^{t,n} \tag{12-16}$$

对于基站来说，$\text{Rate}_{t,n}^{\text{down}}$、$f_{t,n}$ 以及 $\text{Rate}_{t,n}^{\text{up}}$ 都是未知量，这也就意味着基站应通过不断迁移计算任务来学习各辆公共汽车的计算服务性能。

12.3.2　基于学习的 CPU 频率变化感知的车辆边缘计算任务迁移方案

(1)问题定义

本节定义计算任务的单比特时延为

$$b(t,n) = \frac{T_{\text{sum}}^{t,n}}{B_t} \tag{12-17}$$

其中，$b(t,n)$表示处理单个比特的计算任务所需的时延。在本节中，单比特时延可以用来反映每辆公共汽车$n\in\mathcal{N}(t)$的计算服务性能。综上，本节所考虑的优化问题的表达式为

$$\textbf{P1:}\ \min_{a_1,\cdots,a_T}\frac{1}{T}E\left[\sum_{t=1}^{T}B_t b(t,a_t)\right] \tag{12-18}$$

其中，$a_t\in\mathcal{N}(t)$为在时刻t内被基站选择的公共汽车。

为了最小化计算任务的平均时延，基站负责设计最优的计算任务迁移策略。如果在时刻t的开始时刻基站就已经知道$\text{Rate}_{t,n}^{\text{down}}$、$f_{t,n}$以及$\text{Rate}_{t,n}^{\text{up}}$的准确值，基站就只需要计算每辆公共汽车的单比特时延$b(t,n),n\in\mathcal{N}(t)$，并根据下式选择最优的公共汽车即可，

$$a_t^*=\underset{n\in\mathcal{N}(t)}{\arg\min}\,b(t,n) \tag{12-19}$$

然而，由于车辆的移动性，无线信道状态始终在变化，这使得预测$\text{Rate}_{t,n}^{\text{down}}$以及$\text{Rate}_{t,n}^{\text{up}}$的准确值变得极其困难。此外，每辆公共汽车的 CPU 频率也会随时间变化。如果基站要求获知准确的$f_{t,n}$的数值，那么系统的通信开销将变得非常高，系统的时延性能也会受到严重影响。因此，在实际的车联网应用场景中，基站不可能准确预测每辆公共汽车的单比特时延。

(2)基于学习的计算任务迁移算法

本节基于多臂老虎机理论(Multi-armed Bandits，MAB)，提出了一种可以有效地学习不同服务器的 CPU 频率的变化情况的计算任务迁移算法，并命名为基于学习的 CPU 频率变化感知迁移算法(FALCO)，其具体流程总结在算法 12-2。具体地，FALCO 算法将基站作为计算迁移的决策者，在t时刻的可用的公共汽车集合便是其在该时刻下的可选的动作集合。基站通过将每个时刻产生的计算任务迁移到不同公共汽车来学习每辆可用的公共汽车的时延性能，从而最小化整个系统的平均计算任务迁移时延。

算法 12-2　基于学习的 CPU 频率变化感知迁移算法

1: **输入：**w_0，β，θ与γ

2: 令$t=1$

3: **重复**

4: 检测在当前时刻是否有公共汽车刚刚进入基站的无线传输距离内，

　　　如果**是**：

　　　　则将该时刻的计算任务迁移给它，并更新$\tilde{u}_{t,n}=T_{\text{sum}}^{t,n}/B_t$，$m(t,n)=1$，

　　　如果**否**：

　　　　计算每辆公共汽车的效用函数：

$$\hat{u}_{t,n} = \frac{1}{\tilde{u}_{t-1,n}} + \sqrt{\frac{\beta \ln(t-t_n)}{m(t,n)}}, n \in \mathcal{N}(t)$$

计算每辆公共汽车的选择概率：

$$p_{t,n} = \frac{\mathrm{e}^{\theta}/\hat{u}_{t,n}}{\sum_{n=1}^{N(t)} \mathrm{e}^{\theta}/\hat{u}_{t,n}}$$

根据每辆公共汽车的选择概率做出迁移决策 a_t，得到计算任务的总时间 $T_{\mathrm{sum}}^{t,n}$ 并更新 $\tilde{u}_{t-1,n}$ 与 $m(t,n)$。

5: $t \leftarrow t+1$

6: **直至** $t = T$

在 FALCO 算法中，基站通过观测由每个时刻的单比特时延组成的序列 $b(1,a_1), b(2,a_2), \cdots, b(t,a_t)$ 来学习每辆公共汽车的计算服务性能，而不需要再向外界获取额外的信息。与现有的基于 MAB 的计算任务迁移算法不同，本节将传统算法中的效用函数 $\hat{u}_{t,n}$ 定义为一种新的形式为

$$\hat{u}_{t,n} = \frac{1}{\tilde{u}_{t-1,n}} + \sqrt{\frac{\beta \ln(t-t_n)}{m(t,n)}}, \quad n \in \mathcal{N}(t) \tag{12-20}$$

其中，常数 β 为负责调整效用函数 $\hat{u}_{t,n}$ 中的附加项 $\sqrt{\dfrac{\beta \ln(t-t_n)}{m(t,n)}}$ 的权重。$\tilde{u}_{t,n}$ 的计算表达式为

$$\tilde{u}_{t,n} = \begin{cases} \dfrac{\gamma \cdot \tilde{u}_{t-1,n} + b(t,a_t)}{\displaystyle\sum_{k=0}^{m(t-1,n)} \gamma^k}, & a_{t-1} = n \\[6pt] \tilde{u}_{t-1,n}, & a_{t-1} \neq n \end{cases} \tag{12-21}$$

其中，γ 为折损因子，为介于 0 和 1 之间的实数。$m(t,n)$ 表示截止到时刻 t 时公共汽车 n 被选择的次数，它的更新公式为，

$$m(t,n) = \begin{cases} m(t-1,n)+1, & a_{t-1} = n \\ m(t-1,n), & a_{t-1} \neq n \end{cases} \tag{12-22}$$

效用函数 $\hat{u}_{t,n}$ 可以评估每辆公共汽车的计算服务性能。通过观察上式可以发现：越靠近当前时刻 t 的时延观测结果在效用函数中的权重越高，这意味着当某个公共汽车的 CPU 频率发生变化的时候，该算法可以快速地感知其变化。

当前，MAB 目前已经被广泛地研究。许多基于 MAB 理论的算法已经被提出，例如简单并有效的上置信界算法 (the-upper-confidence-bound-algorithm, UCB) [16]。然而，目前这些算法往往都存在缺陷。具体地，在时刻 t 时，当某个公共汽车的单比特时延与该时刻的最优选择的单比特时延 $b_t^* = \min_{n \in \mathcal{N}(t)} b(t,n)$ 很接近时，基站会容易避开最优解而去选择该次优解。当基站多次选择次优解的时候，算法累积的学习损失（见式

(12-23))便会增大，这会导致学习效果的下降。

$$R_T = \sum_{t=1}^{T} B_t(b(t,a_t) - b_t^*) \tag{12-23}$$

　　该算法中累积的学习损失反映的物理意义为：每个时刻 t 的实际计算任务迁移时延与该时刻最优的计算任务迁移时延的差值的总和。显然，算法累积的学习损失的数值越小，代表算法的学习性能越好。

　　为了解决上述的问题，本书将 Softmax 函数引入到 FALCO 算法的迁移决策当中。在 FALCO 算法中，基站不再是通过简单地比较每辆公共汽车的效用函数的大小来决策，而是通过 Softmax 函数与每辆公共汽车的效用函数结合，得到每辆公共汽车的选择概率 $p_{t,n}, n \in \mathcal{N}(t)$ 并基于该概率进行决策。这样，即便是某辆公共汽车的单比特时延与最优选择的单比特时延 $b_t^* = \min\limits_{n \in \mathcal{N}(t)} b(t,n)$ 接近，它的选择概率 $p_{t,n}$ 也会明显地小于最优选择的选择概率 p_{t,a_t} 。因此，FALCO 算法可以在学习的过程中有效地避免过多地选择次优情况，从而降低算法累积的学习损失。

　　FALCO 算法的具体步骤如下：在每个时刻 t 的开始，基站会接收来自 Off-Bus 用户的计算任务。然后基站会检测其通信覆盖范围内是否有新的公共汽车出现。如果有的话，基站会把接收到的计算任务迁移给新出现的公共汽车。受文献[17]的启发，FALCO 算法在效用函数的附加项中考虑了不同公共汽车的出现时刻 t_n（公共汽车 n 首次出现在基站的通信覆盖范围内的时刻）。这样，FALCO 算法能够根据车辆环境的变化进行动态的调整。具体来讲，当公共汽车 n 的出现时间较晚的时候（即 t_n 较大），效用函数的附加项会适当地减小，这样基站就不会因为公共汽车 n 的出现时间较晚而盲目地去选择它，从而实现了探索与利用之间的权衡。每辆公共汽车的选择概率 $p_{t,n}, n \in \mathcal{N}(t)$ 的计算表达式如算法 12-2 所示，其中 θ 为控制选择的随机程度的超参数。θ 越小，随机程度越高。显然，当 $\theta = 0$ 时基站为迁移用户随机选择公共汽车。在得到每辆公共汽车 $n \in \mathcal{N}(t)$ 的选择概率之后，基站便根据其做出具体的迁移决策 $a_t \in \mathcal{N}(t)$ ，并得到时刻 t 的迁移时延 T_{sum}^{t,a_t} 。最后，基站根据算法 12-2 分别更新效用函数 $\hat{u}_{t,a_t}$ 以及 $m(t,a_t)$ 。

　　在 FALCO 算法中，计算每辆可用公共汽车的效用函数的计算复杂度为 $O(|\mathcal{N}(t)|)$ ，其中，$|\mathcal{N}(t)|$ 表示时刻 t 内基站通信覆盖范围内的可用公共汽车的总数。同样地，计算每辆可用公共汽车的选择概率的计算复杂度也为 $O(|\mathcal{N}(t)|)$ 。此外，基站做出选择决策 $a_t \in \mathcal{N}(t)$ ，更新效用函数 $\hat{u}_{t,a_t}$ 以及更新 $m(t,a_t)$ 的计算复杂度皆为 $O(1)$ 。综上，FALCO 算法的整体的计算复杂度为 $O(T|\mathcal{N}(t)|)$ 。

12.3.3　仿真结果与分析

　　本节将对提出的 FALCO 算法的性能进行评估。假设基站的通信覆盖范围为

1000m，总的时刻个数 $T=1200$。在基站的通信覆盖范围内，共有 5 辆公共汽车会先后出现。每辆公共汽车的 CPU 频率随时间的变化如图 12.8(a)所示。所有的 1200个时刻可以分为 6 个连续的时间段，每个时间段持续 200 个时刻。如果某辆公共汽车还没有出现在基站的无线传输距离内或已经驶出基站的无线传输距离内的话，则其 CPU 频率设置为零。

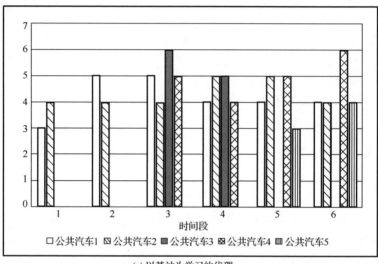

(a) 以基站为学习的代理

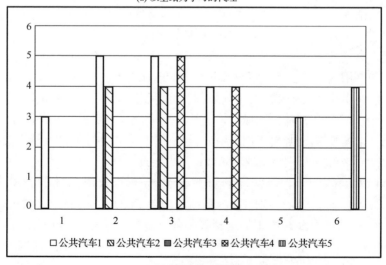

(b) 以车辆为学习的代理

图 12.8　公共汽车 1～6 的 CPU 频率变化

对于每个时刻产生的计算任务，其计算强度 w_0 统一设置为 1000 CPU 周期数/比特。其余的仿真参数设置为：传输功率为 $P=0.1\text{W}$，信道带宽为 $W=10\text{MHz}$，噪声

功率为 $N_0 = 10^{-3}\,\mathrm{W}$,折损因子 $\gamma = 0.9$, $\theta = 5$, $\beta = 2$ 。每个时刻产生的计算任务的大小 B_t 服从[0.2,1]区间上的平均分布,其单位为兆比特。

(1)FALCO 算法与以车辆为学习的代理的算法对比

本节将通过仿真来比较 FALCO 算法和以车辆为学习代理的算法的时延性能。对于以车辆为学习代理的算法,它们使用移动车辆代替固定基站作为学习的代理,其通信覆盖范围设置为 200m。此时,每辆公共汽车的 CPU 频率随时间的变化如图 12.8(a)所示。同样地,如果某辆公共汽车还没有出现在车辆的无线传输距离内或已经驶该车辆的无线传输距离内的话,则其 CPU 频率设置为零。

如图 12.9 所示,FALCO 算法的平均迁移时延的曲线收敛速度快于以车辆作为学习代理的算法,并能取得接近最优的时延性能。这是因为在 FALCO 算法中,基站可以固定地收集道路上的车辆信息,其可用的公共汽车集合相对来说会更稳定。此外,与车辆相比,基站的通信覆盖范围更广,这意味着它可用的公共汽车集合范围更大。

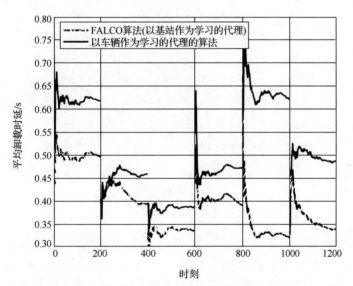

图 12.9 FALCO 算法与以车辆作为学习的代理的算法在平均迁移时延方面的对比

(2)FALCO 算法与现有的基于学习的算法对比

本节通过仿真进一步地对比了 FALCO 算法和现有的基于学习的算法的时延性能。在这里,考虑两种现有的基于学习的算法:①UCB1 算法,其效用函数中的附加项为 $\sqrt{\dfrac{\beta \ln(t)}{m(t-1,n)}}$,②VUCB 算法[18],其效用函数中的附加项为 $\sqrt{\dfrac{\beta \ln(t-t_n)}{m(t-1,n)}}$ 。

上述三种算法各自的累积的学习损失曲线如图 12.10 所示。从图中可以看出,FALCO 算法的学习性能明显优于其他两种算法。在图 12.10 中最开始的 800 个时刻里，VUCB 算法的累积的学习损失曲线与 UCB1 算法的累积的学习损失曲线几乎重合，这是因为公共汽车 1 和公共汽车 2 是在同一时刻出现在基站的通信覆盖范围内的。FALCO 算法通过应用 Softmax 函数将不同的迁移决策进行概率化的表示，从而有效地避免了基站过多选择次优解。从时刻 601 开始，VUCB 和 UCB1 算法的累积的学习损失曲线均显著升高，这是因为它们无法及时地学习到公共汽车的 CPU 频率的变化。相对地，FALCO 算法的累积的学习损失曲线的升高幅度则不明显，这是因为 FALCO 算法中的效用函数可以使其迅速地感知不同公共汽车的 CPU 频率的变化。与 VUCB 和 UCB1 算法对比，FALCO 算法最终的累积学习损失可以分别减少62%与66%。此外，FALCO 算法的累积学习损失曲线在时刻 1100 之后将接近收敛，这表明 FALCO 算法可以最终学习到最优策略。

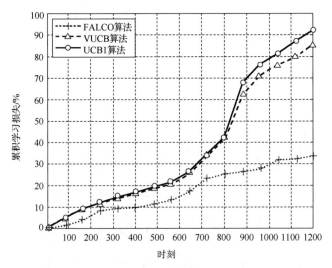

图 12.10　FALCO 算法与现有基于学习的算法的对比

参数 β 对学习损失的影响如图 12.11 所示。在最初的 600 个时刻中，一共有 4 辆可用的公共汽车(图 12.8(a)中的公共汽车 1～4)。在之后的 600 个时刻中，公共汽车 3 驶离了基站无线传输距离，公共汽车 5(图 12.8(a)中的公共汽车 5)则在第 1001 个时刻进入了基站的无线传输距离内。在前 600 个时刻内，$\beta=0$ 时的学习损失比其他情况要低。然而，在新的公共汽车出现之后，$\beta=0$ 时的学习损失相较于其他情况会明显地升高。这说明 $\beta=0$ 时的算法的探索性是很差的。综上，$\beta=0.2$ 时的算法性能是最优的。

参数 θ 对学习损失的影响如图 12.12 所示。仿真中考虑的公共汽车为图 12.8(a)中时刻 401～600 内的公共汽车 1～4。此时，每辆公共汽车的 CPU 频率保持不变。β 被统一设置为 0.2。当 $\theta=0$ 时，基站的迁移决策为平均随机选择，因此此时的算法性能也是最差的。当 $\theta>0$ 时，学习损失会随着 θ 的增大而减少。

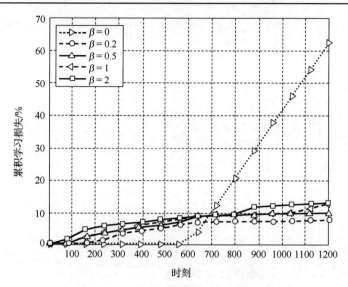

图 12.11 参数 β 对学习损失的影响

(3)道路真实情况模拟

本节中模拟了一个真实的道路情况。通过使用开放街道地图(Open Street Map,OSM)获得了北京某段道路的公交网络。该网络由 6 条预先设计的公交路线组成。假设每辆公共汽车的速度限制在 50km/h。每辆公共汽车的 CPU 频率分布在 3~6GHz 内。其他的参数设置与 12.2.1 节一样。

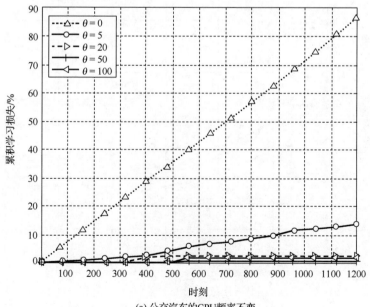

(a) 公交汽车的CPU频率不变

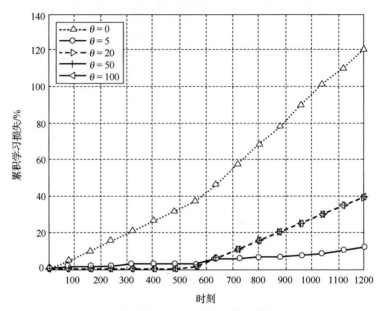

(b) 公交汽车1~3的CPU频率在时刻601改变

图 12.12　参数 θ 对学习损失的影响

图 12.13 展示了 FALCO 算法与其他算法在平均迁移时延性能上的对比，其中 FALCO 算法的时延性能要明显优于其他三种算法。这是因为 FALCO 算法在效用函

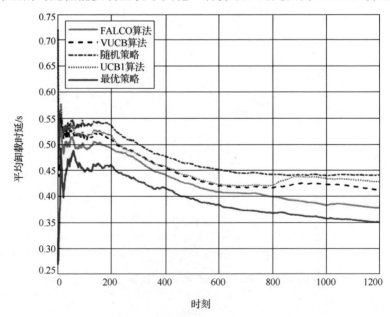

图 12.13　FALCO 算法在实际情况下的平均迁移时延性能

数设计方面考虑了多种因素，可以有效地感知每辆公共汽车的 CPU 频率的变化。此外，通过应用 Softmax 函数，FALCO 算法能有效区分最优选择与其他次优选择，使问题避免陷入次优解。

12.4　基于整数规划的最小化时延迁移方案

尽管车载边缘计算 (Vehicular Edge Computing，VEC) 带来了低时延低能耗的优势，但如何获得最佳时延性能仍然是新网络架构中亟待解决的难题。接下来，将以最小化车辆的计算任务执行完成时延为目标，考虑计算结果在网络中的迁移，分析车辆在 VEC 网络中进行任务迁移的时空相关性，并介绍一种时空联合计算迁移方案。

12.4.1　系统模型

(1) 车载边缘计算系统架构

如图 12.14 所示，是一个典型的一维 VEC 系统架构，其中沿着道路部署的 RSU 的索引集合为 $\mathcal{M} = \{1,2\cdots,M\}$。此外，相邻 RSU 之间部署了无线回程链路用于计算结果的回传。假设 RSU i 的部署位置在该一维单向道路中被记为 C_i，其中如果有 $j > i$ $(i,j \in \mathcal{M})$，则满足 $C_j > C_i$。每个 RSU 配备有与相应 RSU 标记相同索引的 VEC 服务器以提供较强的计算能力，其通过有线的方式连接到相应的 RSU，之间的传输时延可以忽略不计。同时，有一车辆的初始位置为 L_0，并以恒定速度 v 从 RSU$_1$ 朝向 RSU$_m$ 的方向行驶。考虑到车辆计算能力的有限，因此该 VEC 系统中的车辆需将任务迁移到附近合适的 VEC 服务器以加速任务的执行速度并减小能量消耗。

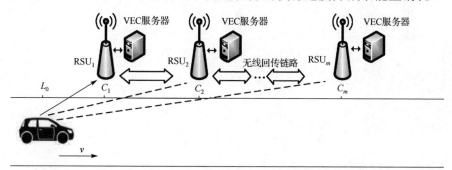

图 12.14　边缘服务器部署于 RSU 侧的 VEC 系统架构

(2) 任务和信道模型

假设车辆在 $t = 0$ 时刻有一个计算量较大的任务需要执行。此外，随着时间的推移，车辆的位置也一直在变动，则车辆在某个具体的时刻 t 所处的位置 L_t 可以表示为

$$L_t = L_0 + vt \tag{12-23}$$

本节采用了一种较为通用的任务模型，其中待计算任务 T 可以由二元组参数 (w,b) 表示，即 $T=(w,b)$，w 代表完成计算任务所需的 CPU 周期数，b 表示任务的输入数据的大小（比特数）。

为了将计算任务放置于边缘服务器执行，车辆需先通过无线信道将数据上传到对应选择迁移的 RSU。车联网相关的研究指出，在郊区场景下，大尺度衰落（传播路径损耗）带来的影响通常比小尺度衰落带来的影响明显。在不考虑小尺度衰落对信道增益变动造成影响的条件下，接收信号强度主要由车辆和对应 RSU 距离来决定。因此，通过以上的分析，令 $g_t(k)$ $(k \in \mathcal{M})$ 表示车辆与 RSU_k 在时刻 t 的信道增益，其可以表示为

$$g_t(k) = G_0 \left(\frac{d_0}{d_t(k)} \right)^{\theta} \tag{12-24}$$

其中，$d_t(k)$ 是车辆传输天线与 RSU_k 接收位置的在时刻 t 的距离，G_0 是路径损耗常数，d_0 是参考距离，θ 表示路径损耗指数（通常 $\theta \geq 2$）。

在车辆将数据上传到边缘服务器的过程中，车辆与每个 RSU 之间的距离将随着时间的推移而变化，这将导致信道增益 $g_t(k)$ 也在随着时间 t 波动。与之前静态场景下对 MEC 传输信道建模不同，它们通常假设传输速率在整个传输过程固定不变，而本节将考虑传输速率对距离的变化而变化。将车辆传输功率表示为 P_{tx}^V，另外，B 表示为带宽，N_0 是 RSU 接收机处的噪声功率谱密度。因此，从车辆到 RSU_k 的上行传输速率 $R_t^{\text{up}}(k)$ 是时间 t 的函数，并且可以利用香农公式来计算：

$$R_t^{\text{up}}(k) = B \log_2 \left(1 + \frac{P_{tx}^V g_t(k)}{N_0 B} \right) \tag{12-25}$$

在该场景下，考虑计算结果将通过 RSU 之间的无线链路回传到更靠近车辆位置的 RSU 上。由于相邻两个 RSU 的距离是固定的，RSU_k 和 RSU_{k+1} 之间回传速率 $R_{k,k+1}^{\text{back}}$ 的速率与时间变量无关，类似地应用香农公式可得到相邻 RSU 之间的回传速率为

$$R_{k,k+1}^{\text{back}} = B \log_2 \left(1 + \frac{P_{tx}^R G_0 \left(\dfrac{d}{C_{k+1} - C_k} \right)^{\theta}}{N_0 B} \right) \tag{12-26}$$

当任务计算完成并回传给对应的 RSU 后，车辆将从 RSU 接收计算结果。与上传业务数据不同的是，作为数据发送方的车辆在此过程中变成了接收方，而 RSU 转而成了发送数据方。在结果数据回传完成之后，假设此时的时刻 t'，为接收开始时刻。给定 RSU 传输功率 P_{tx}^R，车辆在时刻 t' 从 RSU_k 接收数据速率 $R_{t'}^{\text{down}}(k)$ 为

$$R_{t'}^{\text{down}}(k) = B \log_2 \left(1 + \frac{P_{tx}^R g_{t'}(k)}{N_0 B} \right) \tag{12-27}$$

(3) 计算迁移模型

在任务计算开始之前，车辆将选择某个 RSU 发送任务输入数据，与将业务数据放置在本地计算相比，这将引入额外的上行信道传输时延。用 a_u ($a_u \in \mathcal{M}$) 表示车辆选择的上传数据的目标 RSU 索引。由于信道增益是实时变化的，车辆上传数据所需的传输时延 $t^{\mathrm{up}}(a_u)$ 可通过求解下面的等式得出：

$$\int_0^{t^{\mathrm{up}}(a_u)} R_t^{\mathrm{up}}(a_u)\mathrm{d}t = b \tag{12-28}$$

用 $\{f_1, f_2, \cdots, f_m\}$ 分别表示各个边缘计算服务器的计算能力，令 β 表示单位比特的数据所需的 CPU 周期数，其选择迁移到索引为的 a_u 服务器进行所需要的计算时延为

$$t^{\mathrm{com}}(a_u) = \frac{w}{f_{a_u}} = \frac{\beta b}{f_{a_u}} \tag{12-29}$$

由于车辆的高速移动性，当任务完成时车辆可能已经远离原始上传的 RSU，距离的变长将导致更长的结果返回时延，而采用任务回传的方法可以有效减小时延。假设 α 是输出数据大小与输入数据大小的比率。将结果数据从 RSU_k 传输到下一个相邻的 RSU_{k+1} 的回传时延可以通过以下公式计算：

$$t_{k,k+1}^{\mathrm{back}} = \frac{\alpha b}{R_{k,k+1}^{\mathrm{back}}} \tag{12-30}$$

若任务计算所处 RSU 位置和需要回传 RSU 位置不相邻，可以经由无线回程链路以多跳传输的方式传输计算结果，那么总的回传时延将是每一跳传输之和。因此，对于将计算结果从 RSU_{a_u} 回传到 RSU_{a_d} 的情况，总回传时延 $t^{\mathrm{back}}(a_u, a_d)$ 由下式给出：

$$t^{\mathrm{back}}(a_u, a_d) = \sum_{k=\min(a_u,a_d)}^{\max(a_u,a_d)-1} t_{k,k+1}^{\mathrm{back}} \tag{12-31}$$

回传过程完成后，车辆将从 RSU_{a_d} ($a_d \in \mathcal{M}$) 接收结果，其接收时延可以表示为

$$\int_0^{t^{\mathrm{down}}(a_d)} R_{t'}^{\mathrm{down}}(a_u)\mathrm{d}t' = \alpha b \tag{12-32}$$

根据以上四部分的时延分析，此过程中的总的任务完成时延 $T^{\mathrm{total}}(a_u, a_d)$ 为

$$T^{\mathrm{total}}(a_u, a_d) = t^{\mathrm{up}} + t^{\mathrm{com}} + t^{\mathrm{back}} + t^{\mathrm{down}} \tag{12-33}$$

此外，由于车辆将计算任务迁移到附近的 VEC 服务器涉及传输和接收过程，这也将导致车辆有一定程度的能量消耗。假设在任务执行完成过程中能量总消耗表示为 E^{total}，其包括传输和接收能量消耗两部分[20,21]。给定车辆接收计算结果所消耗的功率 P_{rx}^V，则整个过程消耗的总能量可由下式计算：

$$E^{\mathrm{total}}(a_u, a_d) = P_{tx}^V t^{\mathrm{up}} + P_{rx}^V t^{\mathrm{down}} \tag{12-34}$$

12.4.2　时延最小时空联合计算迁移决策方案

1）最优化时延问题建立及分析

在该动态场景下，由于车辆位置的不断改变，采用不同的计算迁移方案可能会产生时延性能差异。一方面，当计算任务到达时，车辆可以选择立即将任务迁移到离它当前位置最近的 VEC 服务器。直观地，选择离它更近的 VEC 服务器实现了更低的上传时延，但是由于位置变动，在将计算输出结果返回时，车辆可能距离放置任务计算的服务器很远，这会导致更长的回传和接收时延。另一方面，由于更远的服务器位于远离车辆的位置，因此计算迁移到更远的服务器可能导致更高的上传时延。相反，在接收任务时，车辆可能已经到达距离放置任务计算服务器更靠近的位置，这将有效地减少回传和接收时延。因此，这揭示了不同空间计算迁移方案之间的时延权衡。

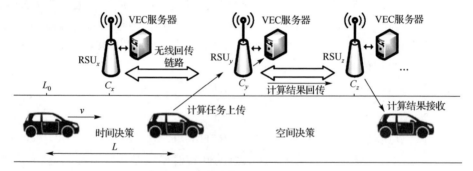

图 12.15　时空联合优化计算迁移方案

另外，各个 VEC 服务器的计算能力也是设计计算迁移方案的重要考虑因素。由于计算资源在空间分布的不同，车辆初始位置可能不是最佳的迁移位置，而对低时延的需求也提高了寻找更优的迁移位置的必要性。如图 12.15 所示，提出了一种时空联合迁移决策从时间和空间两方面进行优化，该方案包括两个阶段。首先，车辆不是在任务到达时立即迁移，而是时延任务迁移的时间并通过高速移动快速将任务带到新的迁移位置。其次，车辆根据这个新的迁移位置决定空间上迁移和接收的 VEC 服务器位置。

通过分析上述过程，时空联合优化计算迁移方案实际上创造了一个将任务迁移到计算资源更强的 VEC 服务器的机会，且能考虑到车辆上传和接收数据的位置变化。因此，需综合考虑空间决策和时延决策之间的权衡。将 L 定义为车辆承载任务的前进距离（时延迁移的时间乘上车辆速度），则该能耗限制下最小化任务完成总时延优化问题 P_1 可以表述为

$$P_1: \quad \min_{L,a_u,a_d} T^{\text{total}}(L_0 + L, a_u, a_d) + L/v$$

$$\text{s.t.} \quad E^{\text{total}}(a_u, a_d) \leqslant E_{\max} \tag{12-35}$$

$$a_u, a_d \in \mathcal{M}$$

$$L \geqslant 0$$

上式的优化目标为完成任务所需要的总时延，包含上述的上传、计算、回传、接收时延，以及时延迁移的时延。由于优化的变量包含连续变量 L 和整数变量 a_u, a_d，因此上式是一个非线性混合整数规划(Mixed Integer Non-Linear Programming, MINLP)问题。且目标函数为非凸函数，此类优化问题不容易直接进行求解，需要另外寻找一种最优化算法求解。

2)最小任务完成时延问题求解

在本小节中，为解决原始优化问题非凸以及时空相关性的问题，基于分离连续优化任务放置变量和时延迁移前进距离变量的思想，提出了一种优化算法。在该算法中，将研究的问题解耦拆分为任务放置问题和时延迁移问题两个子问题进行求解。具体地，子问题一是最优的空间迁移决策方案，根据车辆当前所处位置选择最优的 VEC 服务器进行迁移和接收；子问题二是时延的迁移决策问题，决定车辆要前进多少距离才进行迁移，即寻找最优的迁移位置。

(1)空间任务放置问题求解

空间任务放置问题将基于当前车辆位置，并考虑车辆移动性对传输、计算、回传、接收带来的影响，决定将任务迁移至哪些服务器进行计算和接收，因此，这是一个空间决策问题。实际上，根据时空联合计算迁移方案的过程，时间和空间的选择是一个顺序选择的过程，车辆先做出时间决策，将任务携带到新的位置，在新位置上进行空间上服务器的选择。基于此，先针对某个具体的位置进行空间选择，将整数变量从 P_1 中解耦，暂时不考虑优化连续变量 L，可将原优化问题 P_1 转换为整数规划(Integer Programming，IP)问题 P_2：

$$P_2: \quad \min_{a_u,a_d} T^{\text{total}}(a_u, a_d)$$

$$\text{s.t.} \quad E^{\text{total}}(a_u, a_d) \leqslant E_{\max} \tag{12-36}$$

$$a_u, a_d \in \mathcal{M}$$

对于上式中需要优化的两个整数变量，可以通过穷举的方法检索所有可能的选择组合直接求解得到最优的空间决策，其时间复杂度为 $O(|\mathcal{M}| \times |\mathcal{M}|)$。为进一步降低复杂度，基于分支定界法类似树形检索的思想，在求解过程中，可根据每轮求解得到的结果，排除一些不必要的搜索以缩小搜索空间，对后续检索的可能进行剪枝。得益于此，本小节介绍一种两阶段的树形搜索算法，用于求解得到在某个位置直接进行迁移时的最优时延以及相应的迁移和接收 RSU 索引。

　　根据任务执行的过程，可将其拆分成两个独立的阶段。第一阶段为计算任务的上传和计算，第二阶段包括计算结果的回传和接收。对于第一阶段，首先任务需要先上传到迁移选择的服务器上，由于存在路径传播损耗，若车辆选择将任务上传到距离车辆当前位置特别远的服务器，会导致传输时延过高以至于超过能耗限制。为保障车辆能量消耗条件，需要保证第一阶段选择的服务器索引 a_u 能够满足 $P_{tx}^V t^{up}(a_u) \leqslant E_{max}$。将满足上述条件的迁移选择集合记为 S_1，其可以表示为

$$S_1 = \left\{ a_u \mid t^{up}(a_u) \leqslant \frac{E_{max}}{P_{tx}^V}, a_u \in \mathcal{M} \right\} \tag{12-37}$$

　　对于第一阶段的计算部分，当选择上传数据的服务器接收完毕时，任务将接着进行计算，需要一定的计算时延。定义第一阶段选择索引为 a_u 的服务器作为迁移目标完成需要的总时延记为 $t^1(a_u)$，其应为相应的传输时延和计算时延之和，计算如下：

$$t^1(a_u) = t^{up}(a_u) + t^{com}(a_u) \tag{12-38}$$

　　考虑一种情况，如果有 $x < y(x, y \in S_1)$，并且对应的位置关系为 $C_x < L_0 < C_y$，同时满足 $t^{up}(x) > t^{up}(y)$，$t^1(x) > t^1(y)$。在这种情况下，选择 x 的时延性能将差于 y，这是由于选择 y 不仅在第一阶段花费时延小于 x，且在第一阶段完成时，服务器 y 离车辆的位置更近，需要更少的回传和接收时延。这意味以 x 作为第一阶段选择来进行第二阶段将不会得到最优的时延，因此，这种情况下没有必要进行第二阶段搜索，相当于被过滤掉了。将可以被滤掉的集合表示为 F_1，可以表述如下：

$$F_1 = \{x \mid x < y, C_x < L_0 < C_y, t^1(x) > t^1(y), t^{up}(x) > t^{up}(y), x, y \in S_1\} \tag{12-39}$$

　　综合上述分析，在第一阶段中可能成为最优的索引集 S_2 将被表示成 S_1 与 F_1 的差集：

$$S_2 = S_1 - F_1 \tag{12-40}$$

　　对于第二阶段的迁移选择，将建立在第一阶段选择的基础之上。令 $(a_u, t^1(a_u), L_{t^1(a_u)})$ 代表选择索引为 a_u 的服务器进行任务上传和计算后的状态，分别表示选择的索引号，第一阶段完成所花费的时延，以及第一阶段完成后车辆的位置。其中所处的位置通过时延和速度可由下式进行计算：

$$L_{t^1(a_u)} = L_0 + vt^1(a_u) \tag{12-41}$$

　　为了进一步缩小在第二阶段的搜索空间，探索当前位置与第二阶段迁移选择的关系。对于集合 S_2 中的元素，若 $C_{a_u} \leqslant L_{t^1(a_u)}$，此时不应该选择索引号小于 a_u 的服务器作为回传和接收目标，这是由于选择处于 a_u 与车子前进方向一致，会得到更短的回传和接收时延，假设将这类选择的集合记为 $F_2(a_u)$，则可表示成：

$$F_2(a_u) = \{a_d \mid a_d < a_u, C_{a_u} \leqslant L_{t^1(a_u)}, a_u \in S_2, a_d \in \mathcal{M}\} \tag{12-42}$$

同理，将这部分选择从可能的候选集中排除，即对于第一阶段为 a_u 的选择决策，在第二阶段可选的集合记为 $D(a_u)$，并描述如下：

$$D(a_u) = \mathcal{M} - F_2(a_u) \tag{12-43}$$

根据上述得到的搜索空间，能够得到其中满足能耗限制且最小时延为 $T_s^*(L_0)$ 的迁移选择组合。由于在搜索过程进行了剪枝操作以缩小搜索空间，所以其时间复杂度可表示为 $O(|S_2| \times |D(a_u)|)$。

（2）时延迁移子问题求解

上部分讨论的空间任务放置问题，能够在某一固定位置下找出车辆最优的迁移选择。而在本小节中，将在空间放置问题的基础上，研究车辆在迁移前是否需要承担一段时间的计算任务。某种意义上说，找到最佳移动距离等于确定要时延多长时间。实际上，这是一个时间决策问题，涉及关键搜索以寻求更好的迁移时间点进一步探索在哪个位置进行迁移能减小时延。

设置任务时延迁移机制的目的是减少总时延，所以将任务上传到服务器的时延不能大于由空间任务放置算法获得的最佳时延 $T_s^*(L_0)$。基于这一点，可以推导出车辆向前移动距离的一个粗略的上界 $\bar{L}$，其具体表示为

$$\bar{L} = T_s^*(L_0)v \tag{12-44}$$

此外，由于车辆在携带任务前进时，任务还没有用于计算，所以在估算最大前进距离时应该先去除计算带来的时延。给出将计算执行时延考虑在内，得出一个更为精确的前进距离上界 $\bar{L}'$：

$$\bar{L}' = \bar{L} - v\frac{w}{\max\limits_{i \in \mathcal{M}} f_i} \tag{12-45}$$

如果车辆在任务到达后前进距离为 L，则处理任务放置问题的新位置将变为 $L_0 + L$，该问题可视为动态规划问题，其最佳前进距离 L^* 由下式给出：

$$L^* = \arg\min\limits_{0 \leqslant L \leqslant \bar{L}'} \left\{ T_s^*(L_0 + L) + \frac{L}{v} \right\} \tag{12-46}$$

综上所述，采用时空联合计算迁移方案时，延时迁移的前进距离 L^* 可根据式（12-41）获得，其中 $T_s^*(L_0 + L)$ 可由空间任务放置算法求得。在文献[22]所提算法基础上，添加搜索上界 $\bar{L}'$，提出了一种一维迭代搜索算法获取最优前进距离使得总任务完成时延能进一步减小。

结合上述对空间放置子问题以及时延迁移子问题的分析，所提出的时空联合计算迁移方案的具体步骤总结如算法 12-3 所示：

算法 12-3　时空联合计算迁移方案

1：　初始化：车辆速度 v，初始位置 L_0

2：　　利用式(12-44)和式(12-45)计算前进距离的一个上界 $\overline{L}'$

3：　　设置当前位置变量 $L=L_0$，最大迭代次数为 J，方案得到的最优时延 $T_{ts}^*=T_s^*(L_0)$，
最佳前进距离 $L^*=0$

4：　　　for $i=1:J$

5：　　　　更新当前位置变量 $L\leftarrow L+\overline{L}'/J$

6：　　　　根据式(12-39)，式(12-40)，式(12-43)求解得到当前位置下的最优空间选择并得相应的时延为 $T_s^*(L)$

7：　　　　if $T_{ts}^*<T_s^*(L)$

8：　　　　　$T_{ts}^*\leftarrow T_s^*(L)$

9：　　　　　$L^*\leftarrow i\times\overline{L}'/J$

10：　　　　end if

11：　　　end for

12：　　输出得到时空计算迁移最优时延 T_{ts}^* 以及最佳前进距离 L^*

12.4.3　仿真结果与分析

为了评估本章所提时空联合计算迁移决策方案的有效性，本节选取空间最优计算迁移和最近位置迁移方案与其进行对比。对于空间最优计算迁移方案，其为直接求解上述空间任务放置子问题而得到的迁移选择。而最近迁移方案将直接选择距当前位置最近的服务器作为上传、计算和接收选择。本小节将利用仿真对各个方案的计算任务总完成时延进行分析比较。

(1) 仿真场景及参数

在长 100m 道路上随机部署了 5 台 VEC 服务器，在默认条件下，设置仿真参数 $v=120\,\mathrm{km/h}$，$b=80\,\mathrm{Mbit}$，其余仿真参数设置如表 12-2 所示。

表 12-2　仿真参数

仿真参数	
系统带宽 B	10 MHz
噪声功率谱密度 N_0	4×10^{-15} W/Hz
RSU 发送功率 P_{tx}^R	1.2 W
车辆发送功率 P_{tx}^V 和接收功率 P_{rx}^V	0.1 W
每个 MEC 的计算能力	$10^8\sim10^9$ 周期/s(均匀分布)
参考距离 d_0	1 m
路径损耗指数 θ	3.5
任务复杂度系数 β	1.25
输出输入数据大小比率 α	0.2

(2) 仿真结果及分析

图 12.16 展现了不同计算迁移方案下任务总完成时延随车速的变化关系图。可以看到，无论车速如何变化，介绍的时空计算迁移方案时延表现上均优于其他两个对比方案。这是由于相关方案联合优化了迁移时间和迁移位置，能够考虑整个任务执行过程中的车辆位置变化并动态地做出迁移选择。而随着车速的增加，相关方案的总时延整体升高。原因在于较快的速度会导致车辆与任务计算的服务器位置距离更远，这导致了计算结果回传和接收过程中的时延增加。除此之外，在更快车速的情况下，回传和接收时延将在总时延中起主导作用，这降低了选择更好的迁移时间带来的增益，所提方案和空间计算迁移方案的时延差距会缩小。

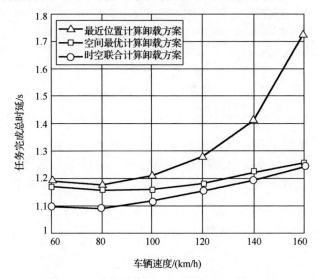

图 12.16　不同迁移方案的总时延与车速的关系

图 12.17 比较了不同计算迁移方案在不同任务数据量输入时的时延性能差别。直观上来看，随着计算任务的数据量的增大，任务完成所需的时延更长。另外，相比其他两种方案，相关的时空联合计算方案能实现更短的任务完成时延。这是因为，时空联合计算迁移方案提供了更灵活的迁移策略，充分利用了高速移动的特性，在移动到最佳位置时进行任务迁移来减少时延。当输入数据量很小时，由于较小的传输和计算成本导致在这种情况下获得较低的时延，这三种计算迁移方案的时延几乎相同。而在输入任务数据量足够大时，时空联合计算迁移方案和空间最优迁移方案时延性能接近，因为此时所提方案能够迁移到计算能力更强的服务器的特性带来的优势并不明显。

图 12.18 评估了不同计算迁移方案任务完成总时延在不同 RSU 部署密度场景下的变化趋势。一方面，由于本节所提方案可以自适应 VEC 服务器的空间分布，更密

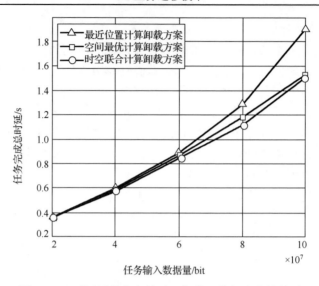

图 12.17　不同迁移方案总时延与输入数据大小的关系

集的部署提供了更多迁移选择，因此，在更密集的 RSU 部署的环境下，所提方案的任务完成总时延更低。而在另一方面，随着 RSU 密度的增加，时空迁移与空间迁移方案之间的时延性能差距在不断缩小。这是因为在更密集的 RSU 环境中，RSU 之间更短的回传距离和更多的迁移选择降低了所提方案选择更优迁移时间点的增益。

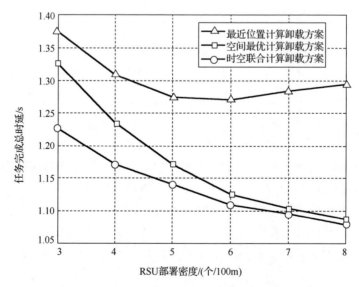

图 12.18　不同迁移方案总时延与 RSU 部署密度的关系

12.5　基于 MDP 的车载边缘任务迁移方案

12.5.1　车载边缘计算与 MDP 介绍

在车载边缘计算(VEC)的迁移中，车辆总是选择距离最近或信号质量最佳的基站(BS)或路边单元(RSU)来进行迁移，因此由于短距离通信范围和高移动性会导致频繁切换。频繁切换不仅会导致通信失败，还会导致 VEC 服务器之间的任务迁移带来更高的时延。当车辆在任务执行期间移出服务 VEC 服务器时，就会发生任务迁移。在这种情况下，必须将未完成的任务迁移到车辆新关联的 MEC 服务器。因此，如何根据车辆的轨迹顺序选择服务器来实现有效的迁移是 VEC 中的重要问题。

序列决策一直是 VEC 研究的重点[23,24]，而马尔可夫决策过程(Markov Decision Process，MDP)是一种用于序列决策的公认的强大分析工具。MDP 的要素包括系统状态，动作空间，状态和动作相关的转换概率，以及状态和动作相关的奖励或成本。MDP 问题的解决方案是对所有可能的状态和动作的奖励函数进行迭代评估，直到收敛到最优解为止。在 MDP 问题中，不正确的迁移模型导致不确定的转移概率，从而导致当前状态下的值函数错误(状态转移在接下来直至最后阶段均使用不确定转移概率)。因此，如何减少转移概率的不确定性对任务迁移性能的影响是一个需要考虑的问题。

基于上述观察，本节考虑了在确定和不确定的转移概率下的 VEC 系统的任务迁移。下面将以最小化相对于通信、计算、迁移的时延为目标，通过构造成有限时域的马尔可夫决策过程，在不确定性环境下，提出一种基于 MDP 的鲁棒时间感知的任务迁移算法(RTMDP)。

12.5.2　系统模型

考虑一个车辆边缘计算网络系统，该系统由一个车辆和 M 个嵌入 VEC 服务器的基站组成，基站位置以均匀随机分布散布在二维区域 $\mathcal{A} \subset R^2$，系统模型图如图 12.19 所示。$\mathcal{M} = \{1, 2, \cdots, M\}$ 表示 VEC 服务器的索引集合，VEC 服务器的位置表示为 $z_i \in \mathcal{A}, \forall i \in \mathcal{M}$。系统以时隙化结构 $t \in \mathcal{T} = \{1, 2, \cdots, T\}$ 上工作，时隙长度为 τ。车辆按照特定的移动模型在道路上移动，如一维高速公路场景，二维街道场景，二维实际数据场景等。用 r_t 表示车辆在时隙 t 的位置。车辆的计算任务需要迁移到 VEC 服务器来降低任务处理时延来提升安全驾驶性能，如车辆通过分析处理四周的实时图像数据能够很大程度避免潜在的交通事故。

1)计算任务模型

车辆在行驶过程中生成计算任务并且需要迁移至 VEC 服务器进行处理。我们假

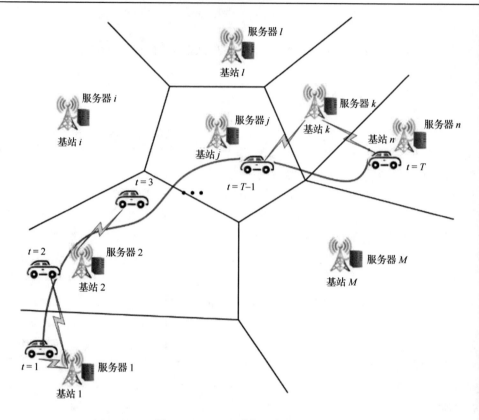

图 12.19　VEC 系统示意图

设计算任务能够划分成多个子任务，并按照序列进行处理，其中后续计算任务处理需要之前任务计算结果的反馈。用 $\mathcal{X} \triangleq [D, \kappa D, \mathcal{O}(D)]$ 来参数化表示车辆的计算任务，其中 D 表示子任务的大小，所需的进行任务计算处理的 CPU 周期为 κD，并且需要迁移的任务大小为 $\mathcal{O}(D)$ 以支撑后续子任务的计算。此外，κ 为计算强度，即处理 1 比特计算任务需要的 CPU 周期数。为表示方便，后续的计算任务均表示为计算任务划分后的子任务。

2) 网络模型

车辆生成的计算任务需要通过无线信道上传至 VEC 服务器进行处理。我们假设车辆与 VEC 服务器间的无线信道满足平坦块衰落，其在时隙 t 的频谱效率为

$$e_i(r_t) = \log_2\left(1 + \frac{P\|r_t - z_i\|^{-\alpha} h}{N_0}\right), \quad \forall i \in \mathcal{M} \tag{12-47}$$

其中，P 表示车辆的传输功率，N_0 表示噪声功率，α 和 h 分别表示路损指数和小尺度衰落常数。

在计算任务迁移后，VEC 服务器执行计算任务，然后将计算结果反馈至车辆。

用 $f_c(i)$ 表示 VEC 服务器的计算速率,即第 i 个 VEC 服务器对于任务处理的可用 CPU 频率。计算任务的中间结果能够通过无线回程迁移到当前任务迁移的 VEC 服务器。用 $f_h(i)$ 表示 VEC 服务器间的迁移速率,如果相邻计算任务迁移到相同服务器则无需任务迁移。

3)移动模型

考虑车辆行驶过程中触发的网络切换和任务迁移的影响,车辆的移动模型在任务迁移中扮演着关键角色,因此需要进行重点研究。本节引入三个移动性模型场景来刻画移动模型和任务迁移的关系,即一维高速公路场景、二维街道场景和二维实际数据场景。

(1)高速公路场景:对于长度为 L 的高速公路一维车辆网络如图 12.20 所示,其中车辆按照时序均匀分布模型移动。利用移动性模型,能够用在 T 时隙车辆位置 r_t 的时序统计的概率分布可以表示为

$$f_{R_{(t)}}(r_t) = \frac{T!}{(t-1)!(T-t)!}[F_R(r_t)]^{t-1}[1-F_R(r_t)]^{T-t}f_R(r_t) \tag{12-48}$$

其中,$f_R(r_t)$ 和 $F_R(r_t)$ 分别表示在车辆位置均匀分布下的概率密度函数和累积分布函数。通过引入时序统计,表征了车辆行驶中的时空相关性。

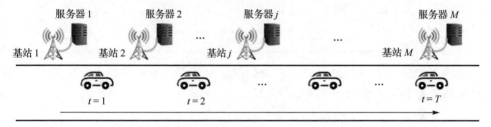

图 12.20　一维高速公路场景示意图

(2)二维街道场景:二维街道场景的移动模型用来指导车辆在网格街道水平与垂直行驶,如图 12.21 所示。在每个十字路口车辆需要决策行驶方向,假设车辆向每个方向的行驶(包括直行,左转,右转和掉头)概率为 0.25,并且车辆在每个决策时隙处于十字路口位置。用 $(b_1(t), b_2(t))$ 表示十字路口位置索引,其中 $b_1(t) = 1,2,3,\cdots,N$,$b_2(t) = 1,2,3,\cdots,N$。等式 $\text{Pr}(i|b_1(\cdot), b_2(\cdot)) = 1$ 表示车辆在路口 $(b_1(\cdot), b_2(\cdot))$ 距离基站 i 最近。当车辆移动到区域边界(非边角位置)时,左转,右转和掉头概率均为 $1/3$,在边角位置左拐(或右拐)与掉头概率各为 $1/2$。

(3)实际数据场景:考虑来自车辆真实移动轨迹数据的真实移动场景,其中数据采集自北京电动车移动数据,包括 114 辆车跨度一个月(2018/06/01~2018/06/30)的 1500 万条数据集,数据格式如表 12-3。

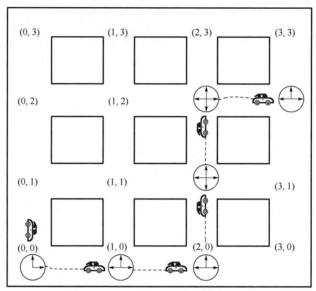

图 12.21　二维街道移动场景示意图

表 12-3　真实电动车数据集格式

ID	时间	速度	经度	纬度
327127	20180601043733	50.6	116.104277	39.674999
327127	20180601043734	50.6	116.104189	39.675112

所选车辆的位置数据集足够大来进行评估车辆的位置转移概率和模拟车辆的真实移动场景，车辆的位置分布如图 12.22 所示。

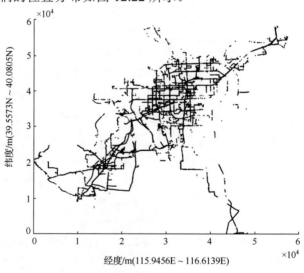

图 12.22　北京市电动车所选数据集一月内位置分布示意图

12.5.3　基于马尔可夫决策过程的车辆边缘计算任务迁移方案

通过综合考虑数据传输、计算执行及任务迁移，VEC 下任务迁移问题可以构造为 MDP 模型，该模型能够通过优化何时迁移及迁移到哪个服务器的问题来最小化任务时延。

（1）状态空间和动作空间

状态空间的构造是转移概率计算的基础，且对于有效降低 MDP 中的维度灾难问题至关重要。通过映射车辆位置至最近的基站来描述车辆移动的时空相关性，并将移动位置的无限状态空间转换为有限状态空间。用 $S = \Phi \times \Omega$ 表示状态空间，其中 $\Phi = \{1, 2, \cdots, M\}$ 表示距离最近基站的索引集合，$\Omega = \{0, 1, 2, \cdots, M\}$ 表示基站集合，$A = \{1, 2, \cdots, M\}$ 表示可能动作集合，即可迁移的 VEC 服务器的索引集合。

（2）状态转移概率

在有限时间尺度的 MDP 模型中，系统状态从当前 t 时隙的状态 $s = [i, m]$ 转移到下一个 $(t+1)$ 时隙状态 $s' = [i', m']$，状态转移概率能够表示为

$$\Pr(s' | s, a, t) = \int_{r_t \in A} \Pr(s' | s, a, r_t) f_{R_{(t)}}(r_t | s, a) \mathrm{d}r_t \qquad (12\text{-}49)$$

其中，r_t 表示 t 时隙车辆的位置，$f_{R_{(t)}}(r_t | s, a)$ 表示给定当前状态 s 和动作 a 的条件概率分布，基于位置的条件状态转移概率表示为

$$\Pr(s' | s, a, r_t) = \Pr[i', m' | a, r_t] = \Pr[i' | r_t]\Pr[m' | a] \qquad (12\text{-}50)$$

其中，当下一个关联状态与当前动作一致时 $\Pr[m' | a]$ 返回 1，否则返回 0，即

$$\Pr[m' | a] = \begin{cases} 1, & \text{如果 } m' = a \\ 0, & \text{其他} \end{cases} \qquad (12\text{-}51)$$

并且在当前车辆处于位置 r_t 条件下，下一个时隙距离基站 i' 最近的概率表示为

$$\Pr[i' | r_t] = \int_{r_{t+1} \in A} f_{R_{(t+1)} | R_{(t)}}(r_{t+1} | r_t)\mathrm{d}r_{t+1} = \int_{r_{t+1} \in A} \frac{f_{R_{(t+1)}, R_{(t)}}(r_{t+1}, r_t)}{f_{R_{(t)}}(r_t)}\mathrm{d}r_{t+1} \qquad (12\text{-}52)$$

其中，$f_{R_{(t)}, R_{(t+1)}}(r_t, r_{t+1})$ 是车辆位置在 t 和 $t+1$ 时隙位置的联合概率分布。

通过使用贝叶斯定理能够推导出在 t 时隙状态和动作条件下车辆位置的条件概率为

$$f_{R_{(t)}}(r_t | s, a) = f_{R_{(t)}}(r_t | i) = \frac{\Pr[i | r_t] f_{R_{(t)}}(r_t)}{\Pr[i]} = \frac{\Pr[i | r_t] f_{R_{(t)}}(r_t)}{\int_{r_t \in A} f_{R_{(t)}}(r_t)\mathrm{d}r_t} \qquad (12\text{-}53)$$

因此状态转移概率可表示为

$$\text{Pr*}(s'|s,a,t) = \text{Pr}[m'|a] \int_{r_t \in A} \frac{\int_{r_{t+1} \in A} f_{R_{(t+1)}|R_{(t)}}(r_{t+1}|r_t)\mathrm{d}r_{t+1}}{\int_{r_t \in A} f_{R_{(t)}}(r_t)\mathrm{d}r_t}\mathrm{d}r_t$$

$$= \text{Pr}[m'|a] \frac{\int_{r_t \in A} \text{Pr}[i|r_t] \int_{r_{t+1} \in A} f_{R_{(t)},R_{(t+1)}}(r_t,r_{t+1})\mathrm{d}r_{t+1}\mathrm{d}r_t}{\int_{r_t \in A} f_{R_{(t)}}(r_t)\mathrm{d}r_t} \quad (12\text{-}54)$$

$$= \text{Pr}[m'|a] \frac{\int_{r_t \in A} \int_{r_{t+1} \in A} f_{R_{(t)},R_{(t+1)}}(r_t,r_{t+1})\mathrm{d}r_{t+1}\mathrm{d}r_t}{\int_{r_t \in A} f_{R_{(t)}}(r_t)\mathrm{d}r_t}.$$

在一维高速运动场景满足时序均匀分布时，车辆 T 时隙内在时隙 t 联合概率密度函数表示为

$$f_{R_{(t)},R_{(t+1)}}(r_t,r_{t+1}) = \frac{T!}{(t-1)!(T-t-1)!}[F_R(r_t)]^{t-1}[1-F_R(r_{t+1})]^{T-t-1}f_R(r_t)f_R(r_{t+1}) \quad (12\text{-}55)$$

该移动模型下状态转移概率可表示为

$$\text{Pr}(s'|s,a,t) =$$

$$\begin{cases} \text{Pr}(m'|a)\left[\dfrac{\Gamma(y_{i'-1},y_i)}{\Gamma(y_{i-1},y_i)} - \dfrac{(L-y_{i'})^{T-t}(y_i^t-y_{i-1}^t)-(L-y_{i'-1})^{T-t}(y_{i'-1}^t-y_{i-1}^t)}{(T-t)!t!\Gamma(y_{i-1},y_i)}\right], & y_{i'-1} < y_i \\ \text{Pr}(m'|a)\left[\dfrac{(L-y_{i'-1})^{T-t}(y_i^t-y_{i-1}^t)-(L-y_{i'})^{T-t}(y_i^t-y_{i-1}^t)}{(T-t)!t!\Gamma(y_{i-1},y_i)}\right], & y_{i'-1} \geqslant y_i, \end{cases}$$

$$(12\text{-}56)$$

其中，对于 $1 \leqslant i < M$ 满足 $y_i = \dfrac{z_i + z_{i+1}}{2}$，$y_0 = 0$ 和 $y_M = L$，可以得到：

$$\Gamma(y_{i-1},y_i) = \sum_{j=0}^{T-t} \frac{(-1)^{T-t+j}[(y_i-L)^{T-t-j}y_i^{t+j}-(y_{i-1}-L)^{T-t-j}y_{i-1}^{t+j}]}{(T-t-j)!(t+j)!} \quad (12\text{-}57)$$

当移动模型满足二维街道场景时，状态转移概率表示为

$$\text{Pr}(s'|s,a,t) = \text{Pr}[m'|a]\frac{\int_{r_t \in A}\int_{r_{t+1} \in A} f_{R_{(t)},R_{(t+1)}}(r_t,r_{t+1})\mathrm{d}r_{t+1}\mathrm{d}r_t}{\int_{r_t \in A} f_{R_{(t)}}(r_t)\mathrm{d}r_t} = \text{Pr}[m'|a]\text{Pr}(i'|i,t) \quad (12\text{-}58)$$

其中，位置转移概率为

$$\text{Pr}(i'|i,t) = \frac{\text{Pr}(i',i,t)}{\text{Pr}(i,t)}$$

$$= \frac{\displaystyle\sum_{b_1(t+1),b_2(t+1),b_1(t),b_2(t)} \Pr(i',i|b_1(t+1),b_2(t+1),b_1(t),b_2(t))\Pr(b_1(t+1),b_2(t+1),b_1(t),b_2(t))}{\displaystyle\sum_{b_1(t),b_2(t)} \Pr(i|b_1(t),b_2(t))\Pr(b_1(t),b_2(t))}$$

$$(12\text{-}59)$$

在 t 时隙的位置概率为

$$\Pr(b_1(t),b_2(t)) = \sum_{b_1(t-1),b_2(t-1)} \cdots \sum_{b_1(2),b_2(2)} \Pr(b_1(t),b_2(t)|b_1(t-1),b_2(t-1))\cdots\Pr(b_1(2),b_2(2)|b_1(1),b_2(1)) \quad (12\text{-}60)$$

联合位置概率为

$$\Pr(b_1(t+1),b_2(t+2),b_1(t),b_2(t)) = \Pr(b_1(t+1),b_2(t+2)|b_1(t),b_2(t))\Pr(b_1(t),b_2(t)) \quad (12\text{-}61)$$

（3）价值函数

定义价值函数表示综合考虑通信，计算，切换和迁移的时延值，即

$$d_t(s,a) = d_t^{tr}(s,a) + d_t^c(s,a) + d_t^h(s,a) + d_t^m(s,a) \quad (12\text{-}62)$$

其中，$d_t^{tr}(s,a)$ 为通信时延，表示为

$$d_t^{tr}(s,a) = \frac{D}{B \times \int_{r_t \in A} e_m(r_t) f_{R_{(t)}}(r_t)\mathrm{d}r_t} \quad (12\text{-}63)$$

$d_t^c(s,a)$ 为计算时延，可表示为

$$d_t^c(s,a) = \frac{D\kappa}{f_c(m)} \quad (12\text{-}64)$$

$d_t^h(s,a)$ 为相对信令交互开销的切换时延，即

$$d_t^h(s,a) = 1(m \neq a)\delta \quad (12\text{-}65)$$

$d_t^m(s,a)$ 为任务迁移时延，可表示为

$$d_t^m(s,a) = 1(m \neq a)\frac{O(D)}{f_h(m)} \quad (12\text{-}66)$$

（4）基于 MDP 的时间感知的任务迁移算法设计

基于上述定义和推导，构造有限时域任务迁移 MDP 问题如下：

$$\min_{\pi \in \Pi} C_T(\pi, \mathcal{Pr}) \quad (12\text{-}67)$$

其中，$\pi = (a_1, a_2, \cdots, a_T)$ 表示车辆任务迁移策略，$\mathcal{Pr} \triangleq \{\Pr(s'|s, a_t, t), \forall s \in \mathbf{S}, \forall a_t \in \mathbf{A}, \forall t \in \mathcal{T}\}$ 表示状态转移概率的集合，$C_T(\pi, \mathcal{Pr})$ 表示任务迁移策略 π 和状态转移概率 $\mathcal{Pr}$ 下的期望时延价值，表示如下

$$C_T(\pi, \mathcal{P}r) = \mathbb{E}\left(\sum_{t=1}^{T} d_t(s, a_t)\right) \tag{12-68}$$

时隙 t 的动作能够通过后向动态规划算法来解决贝尔曼优化等式实现,即

$$V_t(s) = \min_a\left\{d_t(s, a) + \sum_{s' \in S} \Pr(s'|s, a, t) V_{t+1}(s')\right\} \tag{12-69}$$

其中, $V_t(s)$ 表示状态值函数。经典的后向归纳法能够用来解决该问题,其时间复杂度为 $O(T|A| \cdot |S|^2)$, $|A|$ 为动作集合的数量, $|S|$ 为状态集合的数量。通过替换车辆位置为最近的基站索引,我们将无限维度的状态空间转换为有限维度状态空间以达到较低的算法复杂度。因此,该 MDP 问题能够以离线方式工作,并命名为基于 MDP 的时间感知的任务迁移(TMDP),其总结在算法 12-4。离线工作方式能够通过与周围环境交互较少信息来提供较低的时延。

算法 12-4　基于 MDP 的时间感知的任务迁移算法流程

1: 初始化 $t = T$ 并且对于状态 $s \in S$ 根据(12-69)计算 $V_T(s) = \min_{a \in A} d_T(s, a)$

2: 令 $t = T - 1$

3: 重复

4: 对于每个状态 $s \in S$ 和动作 $a \in A$,根据(12-60)和(12-62)计算状态转移概率 $\Pr(s'|s, a, t)$ 和时延价值函数 $d_t(s, a)$,然后更新动作值函数

$$V_t(s, a) = d_t(s, a) + \sum_{s' \in S} \Pr(s'|s, a, t) V_{t+1}(s')$$

5: $t \leftarrow t - 1$

6: 直至 $t = 1$

7: 对于每个状态 $s \in S$ 和时隙 $t \in T$,选择迁移动作为

$$a_t(s) = \arg\min_{a \in A} V_t(s, a)$$

12.5.4　在非确定性转移概率下对于车辆边缘计算的任务迁移研究

在 12.5.3 节中,任务迁移被转化为在确定性转移概率下的 MDP 问题。但在实际场景中,状态转移概率会因来自实际和噪声数据的评估会出现一定的差错。因此序列决策的实际性能对于模型的差错很敏感。因此,本小节解决针对评估转移概率不确定性的鲁棒性问题。本节中鲁棒性的本质在于寻找最优-最差策略,即构建其为 min-max 优化问题。

首先,我们给出一些需要在非确定转移概率下的定义和假设。在本节中,不确定模型基于似然约束[25], $\hat{\Pr}(\cdot)$ 表示对于所有状态和动作的不确定转移概率并满足 $\sum_{s' \in S} \hat{\Pr}(s'|s, a, t) = 1$ 。 $\hat{V}_t(s)$ 表示在 t 时隙不确定转移概率下的状态值。引入参数 U_L 来表示不确定性,则 $1 - U_L$ 表示在大样本评估下置信等级。令 β 表示不确定性等级。

在本节中，我们使用似然约束来表示状态转移概率矩阵的不确定性。U_L 和 β 的关系满足如下

$$1 - U_L = F_{\chi^2_{M^2(M^2-1)}}(2(\beta_{\max} - \beta)) \qquad (12\text{-}70)$$

其中，$F_{\chi^2_n}(\cdot)$ 在自由度为 n 的卡方分布下的累积概率密度函数，最大的不确定性等级表示为 $\beta_{\max} = \sum_{i,j} \Pr(j|i)\log\Pr(j|i)$。

不确定性转移概率 $\hat{\Pr}(\cdot|\cdot)$ 和 β 的关系为

$$\left\{ \hat{\Pr}(\cdot|\cdot) \in \boldsymbol{R}^{m*m} : \hat{\Pr}(\cdot|\cdot) \geqslant 0, \hat{\Pr}(\cdot|\cdot)\mathbf{1} = 1, \sum_{i,j} \hat{\Pr}(j|i)\log\Pr(j|i) \geqslant \beta \right\} \qquad (12\text{-}71)$$

与确定性转移概率 MDP 问题相比，不确定性转移概率下的 MDP 问题最大的差异在于确定性转移概率中状态转移概率是固定和准确的，而在该问题中，它们是时变的，需要寻找最大差值如下：

$$\tilde{\rho}(s,a) = \max_{\hat{\Pr}(s'|s,a,t) \in P} \sum_{s' \in S} \hat{\Pr}(s'|s,a,t)\hat{V}_{t+1}(s') \qquad (12\text{-}72)$$

在此基础上，考虑鲁棒性需求，我们目标是寻找最差情况下的最优策略，即构建其为 min-max 优化问题，如图 12.23 所示。

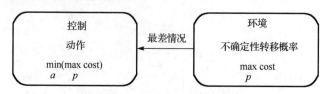

图 12.23　鲁棒迁移思路图

最差情况由 $\tilde{\rho}(s,a)$ 来表示，其得到获得不确定性转移概率下的最差情况对应的最大状态值。最小化最差情况下状态值函数来获得相应的最优策略 $a = \mathop{\arg\min}\limits_{a}[R_{t-1}(s,a) + \tilde{\rho}(s,a)]$。为简化标记，我们省略下标 t 来重新表达 $\tilde{\rho}(s,a)$ 如下：

$$\tilde{\rho} = \max_{p} p^{\mathrm{T}} v \qquad (12\text{-}73)$$

其中，p 表示不确定转移概率下的矩阵行向量。

我们利用拉格朗日乘子法来解决考虑约束问题。拉格朗日函数能够表示为

$$L(v, \varsigma, \mu, \lambda) = p^{\mathrm{T}} v + \varsigma^{\mathrm{T}} p + \mu(1 - p^{\mathrm{T}}\mathbf{1}) + \lambda(\hat{p}^{\mathrm{T}}\log p - \beta) \qquad (12\text{-}74)$$

其中，ς, μ 和 λ 为拉格朗日乘子，拉格朗日对偶函数为对于 p 的拉格朗日函数的最大值表示如下：

$$\sup_{p} L(v, \varsigma, \mu, \lambda) = \sup_{p}(p^{\mathrm{T}} v + \varsigma^{\mathrm{T}} p + \mu(1 - p^{\mathrm{T}}\mathbf{1}) + \lambda(\hat{p}^{\mathrm{T}}\log p - \beta)) \qquad (12\text{-}75)$$

通过解决一阶偏导 $\dfrac{\partial L}{\partial p}=0$，最优值能够获得 $p^*=\underset{p}{\arg\sup}\,L(v,\varsigma,\mu,\lambda)$，表示如下：

$$p^*(i)=\frac{\lambda\hat{p}(i)}{\mu-v(i)-\varsigma(i)} \tag{12-76}$$

联合最优 p^*，对偶问题重新写为

$$\min_{\varsigma,\mu,\lambda}\left(\mu-(1+\beta)\lambda+\lambda\sum_j\hat{p}(j)\log\frac{\lambda\hat{p}(j)}{\mu-v(j)-\varsigma(j)}\right) \tag{12-77}$$

$$\text{s.t.}\quad \varsigma\geq0,\lambda\geq0,\varsigma+v\leq\mu\mathbf{1}$$

由于(12-77)的凸性，因此没有对偶间距。由于（12-75)关于 ς 的单调递减属性，因此对偶函数能够简化为两变量函数为

$$\rho=\min_{\mu,\lambda}h(\lambda,\mu) \tag{12-78}$$

其中，

$$h(\lambda,\mu)=\begin{cases}\mu-(1+\beta)\lambda+\lambda\displaystyle\sum_j\hat{p}(j)\log\frac{\lambda\hat{p}(j)}{\mu-v(j)}, & \lambda>0,\mu>v_{\max}:=\max_j v(j)\\ +\infty, & \text{其他}\end{cases} \tag{12-79}$$

其梯度表示为

$$\nabla h(\lambda,\mu)=\begin{bmatrix}\dfrac{\partial h(\lambda,\mu)}{\partial\lambda}\\[2mm]\dfrac{\partial h(\lambda,\mu)}{\partial\mu}\end{bmatrix}=\begin{bmatrix}\displaystyle\sum_j\hat{p}(j)\log\dfrac{\lambda\hat{p}(j)}{\mu-v(j)}-\beta\\[2mm]1-\lambda\displaystyle\sum_j\dfrac{\hat{p}(j)}{\mu-v(j)}\end{bmatrix} \tag{12-80}$$

寻找最小化对偶函数的必要条件是令 $\dfrac{\partial h(\lambda,\mu)}{\partial\mu}=0$，得到对偶变量 λ 值为

$$\lambda=\left(\sum_j\frac{\hat{p}(j)}{\mu-v(j)}\right)^{-1} \tag{12-81}$$

归纳单变量优化问题为

$$\rho=\min_{\mu}h(\lambda(\mu),\mu) \tag{12-82}$$

由于该问题为相对于 μ 的凸函数，能够通过二分法来解决在 ε 不确定性下的 $\tilde{\rho}(s,a)$

在此基础上，提出了基于马尔可夫决策过程(MDP)的鲁棒时间感知的任务迁移算法(RTMDP)，如算法 12-5，该任务迁移算法的鲁棒性以一定时间复杂度为代价

主要复杂性源于二分法，如果 $\mu_k = \dfrac{\mu_{k-1}^+ - \mu_{k-1}^-}{2}$ 为间隔 $[\mu_{k-1}^-, \mu_{k-1}^+]$ 的中点，其与最优解差距有界，表示为

$$\left| \mu_k - \mu^* \right| \leqslant \frac{\mu_0^+ - \mu_0^-}{2^k} \leqslant \frac{\varepsilon}{T} \qquad (12\text{-}83)$$

由二分法造成的时间复杂性为 $O\left(\log\left(\dfrac{T}{\varepsilon} \right) \right)$，所提出的 RTMDP 算法整体复杂性为

$O\left(T|\boldsymbol{A}| \cdot |\boldsymbol{S}|^2 \log\left(\dfrac{T}{\varepsilon} \right) \right)$。

算法 12-5　基于 MDP 的鲁棒时间感知的任务迁移算法流程

1：设置 $\varepsilon > 0$，$t = T$，并且根据(12-69)对于所有状态 $s \in \boldsymbol{S}$ 初始化 $\hat{V}_T(s) = \min\limits_{a \in A} d_T(s, a)$．

2：重复

3：对于每一个状态 $s \in \boldsymbol{S}$ 和动作 $a \in \boldsymbol{A}$，计算 $\hat{\rho}(s, a)$ 来满足

$$\hat{\rho}(s, a) - \frac{\varepsilon}{N} < \tilde{\rho}(s, a) < \hat{\rho}(s, a)$$

其中 $\tilde{\rho}(s, a) = \max\limits_{\hat{P}r(s'|s, a, t) \in P} \sum\limits_{s' \in \boldsymbol{S}} \hat{P}r(s'|s, a, t) \hat{V}_{t+1}(s')$

4：更新 $\hat{V}_{t-1}(s) = \min\limits_a [d_{t-1}(s, a) + \hat{\rho}(s, a)]$

5：$t \leftarrow t - 1$

6：直至 $t = 1$

7：对于每个状态 $s \in \boldsymbol{S}$ 和时隙 $t \in T$，选择迁移动作为

$$a_t(s) = \arg\min\limits_{a \in A} [d_{t-1}(s, a) + \hat{\rho}(s, a)]$$

12.5.5　仿真结果与分析

在本节中，针对不同移动性场景(高速公路场景、二维街道场景和实际数据场景)，评估了所介绍的 TMDP 和 RTMDP 的算法性能，并与最近任务迁移方案和基于在线门限的任务迁移方案进行比较。这两个对比基准方案描述如下。

(1)最近任务迁移方案：车辆迁移至距离最近的 VEC 服务器，这个方案为最简单且广泛使用的迁移和切换策略。直观上，该方案会带来频繁的切换，能够考虑作为切换次数的上界值。

(2)基于在线门限的任务迁移方案：如果当前迁移关联的时延与可用的最小时延差值大于预定义门限时，触发切换/迁移，即在满足如下条件时切换触发

i.
$$\theta_t(s, m) - \min\limits_{\substack{a \in \Omega \\ a \neq m}} \{\theta_t(s, a)\} > \gamma \qquad (12\text{-}84)$$

ii. 其中 $\theta_t(s, a) = d_t^{tr}(s, a) + d_t^c(s, a)$。基于此，通过引入门限值能够避免频繁切换，

并通过在线行为来获取实时状态。基于门限的切换触发已经在标准 TS 36.331[26]中使用，且其性能较好。但需要注意的是由于实时观测造成的时延并没有包括在 $\theta_t(s,a)$ 中，因此该方案实际性能较差。

1) 仿真设置

仿真中，每个数据点由 1000 个仿真回合评估。时隙数等于任务迁移决策的数量对于高速公路场景，BS 和 VEC 由均匀分布随机部署，车辆的轨迹由时序均匀移动模型生成。对于二维街道和实际数据场景，BS 和 VEC 在 $5000 \times 5000 \text{ m}^2$ 的方形区域按照标准网格网络部署。在二维街道场景中，车辆从预定义的起始十字路口(0,0)按照定义的移动模型移动。对于实际数据场景，采用热点区域内电动车活动时段(12:00~13:00)对应的 7615 个轨迹点来估计位置转移概率，并模拟车辆实际移动性，如图 12.24 所示。另外本文利用线性差值法，按照时隙长度 $\tau = 30\text{s}$ 进行插值来解决抽样时间的不均匀性并保证时隙对齐[27]。

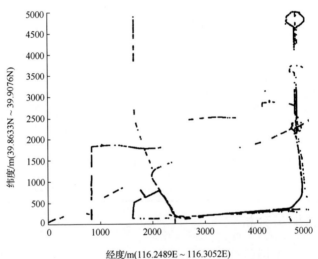

图 12.24　对于电动车热点区域活跃时间段(12:00~13:00)的轨迹点示意图

2) 对于不同移动场景下的状态转移概率验证

由于状态转移概率等于示性函数与位置转移概率的乘积，其中示性函数是确定性的，因此状态转移概率的有效性与位置转移概率一致。在车辆移动轨迹按照各自的移动模型(即高速公路场景中的位置概率密度函数和二维场景中相对于路口位置转移概率)生成 10000 次。高速公路场景和二维街道场景中位置转移概率的评估值和理论值的差值如图 12.25 所示，其中车辆位置被映射至距离最近的基站索引。仿真结果显示概率差值基本保持为 0，并且对于高速公路场景和二维街道场景的最大差值分别为 0.369 和 0.038。根据大数定理，由于位置转移概率的评估值和理论值紧密重合，因此状态转移概率推导的正确性被验证。

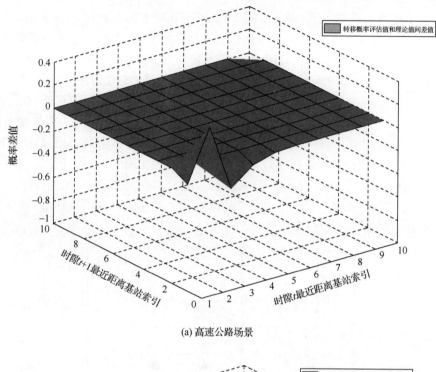

(a) 高速公路场景

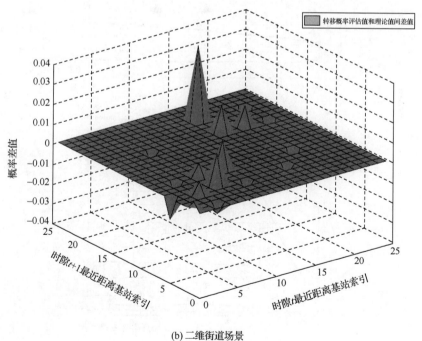

(b) 二维街道场景

图 12.25　在高速公路场景和二维街道场景下位置转移概率验证图

3)对于不同数量的 VEC 服务器的 TMDP 算法的性能分析

图12.26评估了对于三种不同移动性场景所提出的基于MDP的时间感知的任务迁移(TMDP)算法在不同基站/VEC 服务器部署个数下的性能,即综合考虑通信、计算、切换和迁移的平均时延。仿真结果显示,相比其他两个对比方案,所提出的 TMDP 任务迁移方案能够取得更低的平均任务时延,因此,我们所提出的算法对于一维移动性场景和二维移动性场景均有效。对于最近任务迁移方案在基站大规模/密集部署时,频繁切换问题会导致时延剧增。基于在线门限的迁移方案通过设置迁移决策改变的条件,能够降低切换/迁移次数,从而从一定程度上降低时延,但其一方面存在由于错误迁移至最优 VEC 服务器导致的时延损耗,另一方面,对候选 VEC 服务器的实时时延性能评估造成了严重信令开销问题,因此在实际应用特别是大规模基站部署下存在性能远小于实验值的情况。

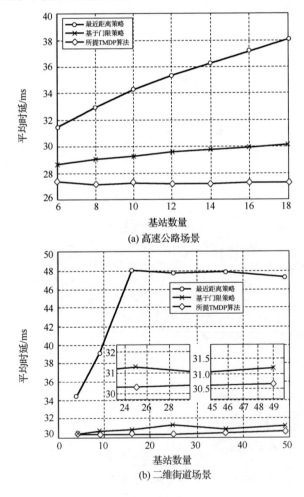

(a) 高速公路场景

(b) 二维街道场景

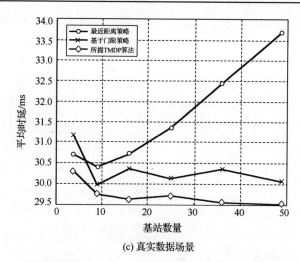

(c) 真实数据场景

图 12.26　三种移动模型场景下，对于基站数 *M* 变化下平均时延性能变化图

图 12.26 所显示的提出的 TMDP 算法能够有效地降低时延。因为所提算法在时延价值函数中综合长期考虑通信、计算、切换和迁移因素，在每个时隙的迁移决策是通过最小化状态值函数来完成，这考虑了车辆在不同基站部署情况下的移动性模型，因此其性能远远优于每个时隙的优化迁移。

4）对于不同迁移任务大小的 TMDP 算法的性能分析

图 12.27 为三种不同移动模型下迁移任务大小与迁移平均时延之间关系的仿真结果。仿真结果显示，对于所提出的 TMDP 算法，其平均时延性能对于不同迁移任务量的变化不敏感（在高速公路场景和二维街道场景中基本平稳，在真实数据场景中缓慢增加），并且优于其他两个对比方案，这是由于 TMDP 算法在时延价值函数和状态值函数中考虑了对于不同任务迁移量由改变迁移动导致的任务迁移时延的影响。

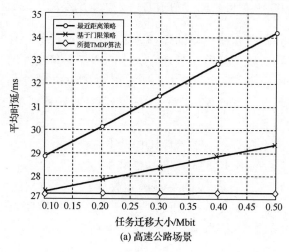

(a) 高速公路场景

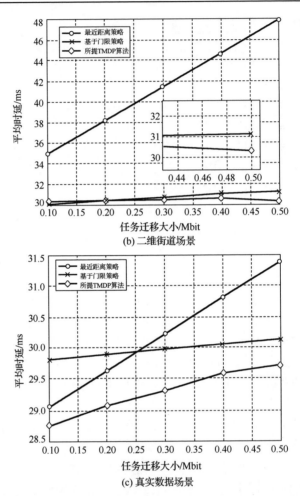

图 12.27　三种移动模型场景下，对于任务迁移数 $\mathcal{O}(\boldsymbol{D})$ 变化下平均时延性能变化图

对于最近任务迁移和基于在线门限的迁移方案，由于在任务迁移决策中没有考虑迁移的影响，因此平均时延值随着任务迁移大小的增加而呈线性增长。图 12.26 和图 12.27 显示了在三种不同移动性场景中，所提出的 TMDP 算法的任务迁移性能优于其他两种迁移方案，并在基站/VEC 服务器密集部署和迁移任务计算量较大情况下，其性能优越性更加显著。

5）对于不同不确定性等级下的 RTMDP 算法性能分析

图 12.28 描述了在高速公路场景、二维街道场景和实际场景下，当 BS 和 VEC 的数量固定时，位置转移概率不确定性等级和 RTMDP 性能的关系。从图 12.28 中，能够看到在 $U_L = 0$ 处（即状态转移概率准确下）RTMDP 算法与 TMDP 算法有相同的时延平均值。在固定任务迁移大小下，平均时延先快速上

升至峰值然后随着不确定等级增加而保持水平。也就是说，所提的 RTMDP 方案能够在较高的状态转移概率不确定等级情况下能够取得稳定性能(即取得鲁棒的时延性能)，这是由于 RTMDP 方案最小化了最差情况的时延。此外，所提的 RTMDP 算法的平稳时延性能值随着任务迁移大小的增加而线性上升，这与 TMDP 方案的结论保持一致。

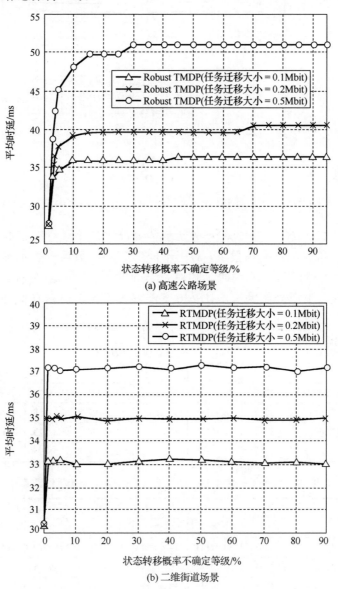

(a) 高速公路场景

(b) 二维街道场景

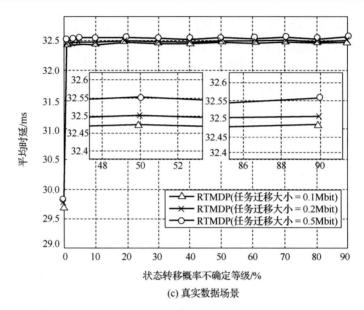

(c) 真实数据场景

图 12.28　三种移动模型场景下，对于不确定性等级和任务迁移数 $\mathcal{O}(D)$ 变化下平均时延性能变化图

　　表 12-4、表 12-5、表 12-6 分别展示了 RTMDP 迁移方案在高速公路场景、二维街道场景和实际数据场景下，对于不同 BS/VEC 数量对于不确定性等级的时延性能。从表格可以看出平均时延相对于不同的不确定等级具有鲁棒性，也就是在不同 BS/VEC 下所介绍的 RTMDP 方案能够容忍不准确转移概率的抖动影响。

表 12-4　高速公路场景下，RTMDP 对于不确定等级和 BS/VEC 部署数的时延性能

BS/VEC 部署数 M	不确定等级 U_L/%							
	0	2	4	5	15	30	60	90
2	27.29024	27.27078	34.60684	34.67137	35.76975	35.76979	36.40809	36.40823
6	27.26931	32.80801	32.96723	32.82186	32.80602	32.81658	32.80981	32.81335
8	27.26974	31.81332	31.80162	32.16127	31.81834	31.82823	31.81908	31.83389
10	27.26937	31.83654	31.57385	31.02906	31.84499	31.56535	31.00929	31.69796

表 12-5　二维街道场景下，RTMDP 对于不确定等级和 BS/VEC 部署数的时延性能

BS/VEC 部署数 M	不确定等级 U_L/%							
	0	2	4	5	15	30	60	90
4	30.37777	34.82628	34.91133	34.87059	34.81089	34.92990	34.88527	34.86461
9	30.26905	33.11478	33.10632	33.14283	33.11832	33.11478	33.08747	33.03166
16	30.27339	30.18365	30.20948	30.26182	30.24711	30.24372	30.24301	30.24020
25	30.51095	30.47277	30.48272	30.61094	30.52833	30.50450	30.55354	30.44683

表 12-6　实际数据场景下，RTMDP 对于不确定等级和 BS/VEC 部署数的时延性能

BS/VEC 部署数 M	不确定等级 U_L/%							
	0	2	4	5	15	30	60	90
4	28.57048	30.32812	30.36992	30.35600	30.35277	30.33697	30.33978	30.32674
9	29.64754	32.47271	32.43240	32.45404	32.45607	32.44445	32.47544	32.47602
16	30.54093	33.22603	33.24651	33.22917	33.27099	33.21907	33.23829	33.22462
25	30.76201	33.31476	33.31518	33.32148	33.28184	33.33116	33.31646	33.29061

12.6　基于分布式学习的车载边缘计算迁移方案

目前，大多数基于学习方法的边缘计算迁移方案采用集中式决策的方式，这类方法通过设置一个中央控制器收集所有决策需要的信息，综合全局信息并训练机器学习模型进行迁移选择以提升性能指标[28]。集中式学习通常能获取到最佳的迁移选择，但因为涉及与周围环境进行频繁信息交换，需要较大的信令开销来更新系统状态，并且算法复杂度较高。为弥补集中式方法的不足，分布式学习被认为是一种潜在的解决方法，即在终端缺少周边环境信息的条件下，终端通过尝试对未知的环境进行学习，独立进行计算迁移选择。

在缺乏任何环境信息的条件下，若使用分布式的方法进行迁移选择，必然涉及对未知环境的学习和探索。相比于位于车辆侧的服务器，虽然 RSU 侧服务器能提供最大的计算能力，但是因为覆盖范围更广，某一时刻可能被更多的用户所共享从而导致其可用的计算能力比车辆侧变化更快。所以，充分考虑计算能力变化差异性，设计更优的迁移方案以减小任务完成时延至关重要。

基于以上讨论，本节将考虑在车载终端无任何先验环境信息的条件下，提出一种分布式计算迁移方案，解决边缘计算服务器同时部署于 RSU 侧和附近车辆的 VEC 场景下的计算任务迁移的时延优化问题。

12.6.1　系统模型

1) 车载边缘计算系统架构

本章将考虑如图 12.29 所示的 VEC 系统，根据上一节所述，道路上的车辆可以划分为 TaV 和 SeV 两种类型。其中，TaV 将产生计算任务并进行迁移选择。可选择的服务器类型也分成两种，一种为固定位置的边缘服务器，部署在 RSU 侧，对应的 RSU 集合记为 U。而另一种为搭载在 SeV 上的 VEC 服务器，其集合记为 M，也具有一定的计算资源并提供任务计算的服务。为了加速执行任务，TaV 能够将计算任务迁移到邻近的 RSU 或者是 SeV 上进行计算。

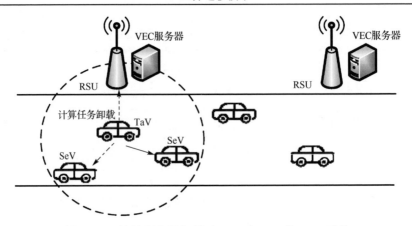

图 12.29　边缘服务器部署于 RSU 和 SeV 的 VEC 系统

本章所研究的计算任务迁移决策均是以分布式的方式做出的。每个 TaV 将根据算法独立制定自适应的任务迁移选择，不需要与其他 TaV 和 SeV 或是 RSU 进行信息交换，以避免大量的信令交换开销。因此，对于该系统下的时延优化，本章将聚焦于单个 TaV 在 T 个时间周期内迁移执行任务时延进行优化。在每个时间周期 t 的开始，TaV 将产生一个计算任务，并选择一个周围 SeV，将任务迁移到 SeV 并在计算完成后返回给 TaV。使用 $S(t)$ 表示在时间周期 t 内处于 TaV 的通信范围，并能为 TaV 提供计算能力的边缘计算服务器集合。同时，假设在任意一个时间周期内 t，候选边缘计算服务器集合不为空，即有 $S(t) \neq \varnothing$，且因车辆在不断移动，$S(t)$ 也将随时间不断变化。

2) 计算任务及迁移执行模型

对于 t 时刻产生的计算任务 Q_t，同样参考文献[29]，其可以使用一个三元组 $Q_t = (w_t, b_t, y_t)$ 来描述，其中 w_t 表示执行任务 Q_t 需要的 CPU 周期数目，b_t 代表任务输入数据大小，y_t 为任务计算完成输出数据大小。进一步地，给定输入输出任务比例参数 α 以及每比特计算需要的 CPU 周期数 β，w_t 和 y_t 可分别由 b_t 线性表示，则任务可以表征如下[30]：

$$Q_t = (\beta b_t, b_t, \alpha b_t) \tag{12-85}$$

(1) 选择 RSU 侧服务器进行计算

若 TaV 在某时刻选择将任务迁移到 RSU 侧服务器计算，在任务计算之前，TaV 将通过 V2I 的传输方式将上传到对应服务器。在时间周期 t 内，将任务上传到迁移选择的 RSUu 的传输速率记为 $R_{\mathrm{FES}}(t,u)$，该速率将主要取决于 TaV 与对应 RSU 在时间周期 t 的信道增益 $g_{\mathrm{FES}}(t,u)$。在给定信道带宽 B、传输功率 P、噪声功率 σ^2 的条件下，任务上传速率可由如下公式进行计算[31]：

$$R_{\text{FES}}(t,u) = B\log_2\left(1 + \frac{Pg_{\text{FES}}(t,u)}{\sigma^2}\right) \tag{12-86}$$

在计算方面，对于位于 RSU 侧的边缘计算服务器，其能提供的最大计算能力记为 $F_{\text{FES},u}$（每秒完成的 CPU 周期数），并且服务器可使用动态电压频率调整技术（Dynamic Voltage and Frequency Scaling，DVFS）同时处理多个任务，为各个任务分配计算资源来共享其计算能力。所以，假设在时间周期 t 内给 TaV 分配的计算能力记为 $f_{\text{FES}}(t,u)$，且 $f_{\text{FES}}(t,u) \in [0,F_{\text{FES},u}]$ 并且在时间周期 t 内不会改变。因此，在时间周期 t 内，选择将任务放置在该服务器上执行所需要的计算时延为

$$d_{\text{FES}}^{\text{com}}(t,u) = \frac{\beta b_t}{f_{\text{FES}}(t,u)} \tag{12-87}$$

而对于任务结果的接收，一般计算结果的数据量 y_t 将远小于输入数据量 b_t，所以接收所花费的时延可以忽略不计。由于整个任务的执行依次涉及任务上传，任务计算过程，所以将计算任务迁移索引为 u 的 RSU 的任务完成时延可计算为

$$d_{\text{FES}}(t,u) = \frac{b_t}{R_{\text{FES}}(t,u)} + \frac{\beta b_t}{f_{\text{FES}}(t,u)} \tag{12-88}$$

(2) 选择 SeV 侧服务器进行计算

在时间周期 t 内，TaV 也可通过 V2V 传输方式将任务迁移到处于其通信范围内的 SeV 进行计算。假设在一个时间周期 t 内，TaV 与 SeV m 之间的信道传输增益为 $g_{\text{VES}}(t,m)$，类似于式 (12-88)，其任务上传速率为

$$R_{\text{VES}}(t,m) = B\log_2\left(1 + \frac{Pg_{\text{VES}}(t,m)}{\sigma^2}\right) \tag{12-89}$$

相应地，记在时间周期 t 内 SeV 给 TaV 分配的计算能力为 $f_{\text{VES}}(t,m) \in [0,F_{\text{VES}}(m)]$，其计算时延为

$$d_{\text{VES}}^{\text{com}}(t,m) = \frac{\beta b_t}{f_{\text{VES}}(t,m)} \tag{12-90}$$

在不考虑接收时延的条件下，整个计算任务完成过程需要的总时延（包括计算任务的上传和计算结果接收）可由下式进行计算：

$$d_{\text{VES}}(t,m) = \frac{b_t}{R_{\text{VES}}(t,m)} + \frac{\beta b_t}{f_{\text{VES}}(t,m)} \tag{12-91}$$

12.6.2　分布式学习计算迁移方案

(1) 最小化任务执行平均时延问题建立及分析

本章将考虑优化每个任务的计算迁移来最小化总共 T 个时间周期的平均任务执

行时延，其优化表达式如下：

$$\min_{a_1,a_2\cdots a_T} \frac{1}{T}\sum_{t=1}^{T} Z(a_t \in U)d_{\mathrm{FES}}(t,a_t) + Z(a_t \in M)d_{\mathrm{VES}}(t,a_t) \tag{12-92}$$

其中，a_t 为需要优化计算迁移决策变量，代表在第 t 个时间周期 TaV 选择的服务器。并且，TaV 只能选择在时间周期内处于其通信范围内的边缘服务器作为计算任务迁移目标，因此，满足 $a_t \in S(t)$，且有 $S(t) \subseteq (U \bigcup \mathcal{M})$。此外，使用指示函数 $Z(x)$ 来区分选择的是 RSU 侧服务器还是 SeV 侧服务器，若 $x=1$，$Z(x)=1$，反之 $Z(x)=0$。

影响时延性能的状态信息可分成两种，一类是用户侧的信息，即包括所需计算任务的数据量。计算需要花费的 CPU 周期数以及候选的服务器集合等。另一类则是外部获取到的信息，包含每个 SeV 和 RSU 在第 t 个时间周期内的计算能力，以及该时间周期内的通信信道增益。

对于优化式(12-92)，对状态信息的获取程度不同，则优化的方法也会有一定区别。若每个任务车辆除了知道自身需要执行的计算任务相关信息外，还能通过与外界通信交换获取服务器计算能力以及信道条件状况，即 $R_{\mathrm{FES}}(t,u)$、$f_{\mathrm{FES}}(t,u)$、$R_{\mathrm{VES}}(t,u)$ 和 $f_{\mathrm{VES}}(t,m)$ 均是已知的，进而相应的时间周期内的所需任务完成时延可计算求得，则该时延优化问题可转化为由求解下式获得：

$$a_t^* = \min_{i \in S(t)}\{d_{\mathrm{FES}}(t,i), d_{\mathrm{VES}}(t,i)\} \tag{12-93}$$

实际上，上述信息的获取需要 TaV 与 t 时刻处于通信范围内的 RSU 和 SeV 通过信息交换获取，这通常需要大量的信令开销。并且，由于车辆的移动性，信道状态将会快速变化且变得难以预测。同时，因为 TaV 之间没有信息交互，缺乏其他 TaV 的迁移选择信息，RSU 以及 SeV 上可用的计算资源将动态变化。综上所述，TaV 想要获取准确的服务器计算能力以及信道条件并不容易。

为了应对不能获取外部信息带来的挑战，本章将介绍一种分布式算法，通过观察相应迁移选择下的执行时延，不断调整改变计算迁移以得到最优的平均时延。在计算能力和信道条件均未知的条件下，式(12-94)计算所得时延将是随机变量，因此，原优化平均时延问题将转变为优化任务执行总时延的期望，记为

$$\min_{a_1,a_2\cdots a_T} \frac{1}{T}E\left[\sum_{t=1}^{T} Z(a_t \in U)d_{\mathrm{FES}}(t,a_t) + Z(a_t \in \mathcal{M})d_{\mathrm{VES}}(t,a_t)\right] \tag{12-94}$$

为了综合衡量某时刻下每个服务器的计算能力和传输信道条件，以时间周期下完成单位比特数据所需的时延来表征每个服务器的效用。因此，定义 t 时刻迁移任务到 RSU 和 SeV 的效用函数分别为

$$u_{\mathrm{FES}}(t,u) = \frac{d_{\mathrm{FES}}(t,u)}{b_t} = \frac{1}{R_{\mathrm{VES}}(t,u)} + \frac{\beta}{f_{\mathrm{VES}}(t,u)} \tag{12-95}$$

$$u_{\text{VES}}(t,m) = \frac{d_{\text{VES}}(t,m)}{b_t} = \frac{1}{R_{\text{VES}}(t,m)} + \frac{\beta}{f_{\text{VES}}(t,m)} \tag{12-96}$$

（2）分布式学习算法求解

对于式（12-94）的时延最优化问题，本质上是要对各个时刻下各服务器的计算能力和信道条件进行预测，即设计算法对 $u_{\text{FES}}(t,u)$ 和 $u_{\text{VES}}(t,m)$ 进行精准预估以选择最优的迁移目标。由于缺乏环境信息，本小节将介绍一种分布式的学习方法，通过对历史选择获取的回报进行观测，学习数据中的规律，不断改善计算迁移策略。为评估分布式算法所学到的迁移选择 a_t' 与最优时延选择 a_t^* 的差距，定义其相应时延差值为累积遗憾值 V_T：

$$V_T = \sum_{t=1}^{T} d(t,a_t') - d(t,a_t^*) \tag{12-97}$$

由于 TaV 在每一时刻需要评估当前各个处于其通信范围的服务器对于该时刻带来的收益进而来选择一个边缘服务器作为迁移目标，该过程将是一个序贯决策过程，而 MAB 框架为序贯决策问题提供了一个有效的求解方法[32]。面对未知的环境下的多个选择，决策者将会根据自身制定的策略给出选择，并基于所得到反馈，不断对选择策略进行调整以求在后续选择获得更大的收益。

MAB 理论涉及探索和利用过程，利用是做出当前信息下的最佳决定，探索则是尝试不同的行为继而收集更多的信息。利用可能可获取当前最大的收益，但探索提供了寻找更大收益的机会，所以，探索和利用是一对矛盾，是需要在决策中进行权衡的。

基于 MAB 理论框架，初始时，TaV 无任何先验信息，TaV 将优先选择没有历史预估值的服务器进行探索。为消除任务数据量的量纲影响，设 t 时刻前最大任务数据量 $b_{\max}$，最小任务数据量为 $b_{\min}$，对其进行最大最小归一化得：

$$\tilde{b}_t = \max\left\{\min\left\{\frac{b_t - b_{\min}}{b_{\max} - b_{\min}}, 0\right\}, 1\right\} \tag{12-98}$$

为平衡探索与利用过程，对于被多次选择的服务器应该适当降低其被选择的概率，而对于长时间未被选择的也应该提升其被选择概率。而对于数据量较大的任务，应该提升被调度的概率，这样不至于对服务性能产生较大的影响。$k_{t,n}$ 表示在第 t 个时间周期之前，服务器 n 被 TaV 迁移选择的次数。而 t_n 表示服务器 n 上一次出现在候选集 $S(t)$ 的时刻，令 γ 表示控制添加项的影响程度系数，其预估值表示如下：

$$r_{t,n} = \overline{u(t-1,n)} - \gamma\sqrt{\frac{(1-\tilde{b}_t)^2 \ln(t-t_n)}{k_{t-1,n}}} \tag{12-99}$$

如式（12-99）所示，对于时间周期 t 内对边缘计算服务器 n 的预估值由两部分组成，第一部分为历史的预估值，另一部分为额外的控制项，其将根据输入任务数据量、被选择次数，以及当前时刻与最近一次出现时刻的差距动态调整预估值。

为在决策时避免陷入局部最优，可根据预估值推导概率，基于概率进行决策选择，提升选择的多样性。定义 Softmax 函数权重因子为 λ，将预估值输入至 Softmax 函数[33]得到各个选择的概率分布如下：

$$p_{t,n} = \frac{e^{-\lambda r_{t,n}}}{\sum_{i\in S(t)} e^{-\lambda r_{t,i}}} \tag{12-100}$$

在预估数据更新方面，由于部署在 RSU 侧计算服务器最大能提供的计算能力相比 SeV 更强，且 RSU 覆盖范围更大，各个 TaV 将有更大的概率将任务迁移到 RSU 侧的服务上执行。因此，每个时间周期内 RSU 侧边缘计算服务带来的收益相比 SeV 侧服务器波动更大，即应分别采用不同的方法进行数据更新。

对于收益波动较大 RSU 侧服务器预估计算能力的更新，应该降低最近一次获取收益的权重，假设加权系数为 ρ_{FES}，衰减指数为 δ，其可以表示为

$$\overline{u_{\text{FES}}(t,u)} = \frac{\rho_{\text{FES}}}{(t-t_n)^\delta}u(t,u) + (1-\frac{\rho_{\text{FES}}}{(t-t_n)^\delta})\overline{u_{\text{FES}}(t-1,u)} \tag{12-101}$$

而对于 SeV 的服务器，相较而言，收益变化不变，所以，对其收益的预估应该加大最近一次收益的权重，定义 ρ_{VES} 为加权系数，其数据更新方程为

$$\overline{u_{\text{VES}}(t,m)} = \rho_{\text{VES}}u(t,m) + (1-\rho_{\text{VES}})\overline{u_{\text{VES}}(t-1,m)} \tag{12-102}$$

基于上述考虑，对于所提出的分布式学习计算迁移方案，算法的具体步骤如算法 12-6 所示。

算法 12-6　分布式学习计算迁移方案

1：	初始化系数 λ，δ，γ，ρ_{FES}，ρ_{VES}，RSU 侧服务器集合 U，SeV 侧服务器集合 $\mathcal{M}$
2：	设置当前时间周期 $t=1$
3：	如果 $t<T$，进行如下循环
4：	如果 $S(t)$ 中存在未被选择一次的索引为 i 服务器
5：	将其作为本次迁移选择，更新 $\overline{u(t,n)} \leftarrow d(t,n)/b_t$，$t_n=t$，$k_{t,n}=1$
6：	否则
7：	对输入数据量使用式 (12-98) 进行归一化得 b_t
8：	对于 $S(t)$ 中的每一个索引，分别使用式 (12-99) 计算得到预估值 $r_{t,n}$
9：	根据预估值通过 (12-100) 的 Softmax 输出选择概率分布
10：	根据输出概率分布选择一个服务器作为迁移目标，其索引为 a_t
11：	如果 $a_t \in U$
12：	根据式 (12-101) 更新 $\overline{u(t,a_t)}$
13：	否则
14：	根据式 (12-102) 更新 $\overline{u(t,a_t)}$

15:　　　　更新 $k_{t,a_t} \leftarrow k_{t,a_t} + 1$

16:　　　　更新时间周期数，$t \leftarrow t + 1$

17: 结束循环

12.6.3　仿真结果与分析

（1）仿真场景及参数

本节针对所提的基于分布式学习的优化的计算迁移方案性能进行仿真验证。考虑的场景包括 6 个 SeV 以及 2 个 RSU，时间周期总数 $T = 1200$。对于 SeV 每个服务器在某个时间周期的计算能力，其在最大计算能力的 20%～50%随机波动。相较于 SeV 侧服务器，RSU 侧服务器计算能力波动更大，波动范围为 10%～60%。其余仿真参数设置如表 12-7 所示。

表 12-7　仿真参数

系统带宽 B	10MHz
噪声功率 σ^2	10^{-13} W
发送功率 P	0.1W
计算任务数据量 b_t 取值范围	[20,100] Mbit
SeV 侧服务器最大计算能力取值范围	$[3 \times 10^9, 7 \times 10^9]$ 周期/s
RSU 侧服务器最大计算能力取值范围	$[8 \times 10^9, 10^{10}]$ 周期/s
任务复杂度系数 β	10
预估加权系数 ρ_{FES}, ρ_{VES}	0.9
预估衰减指数 δ	1.5
预估控制项权重 γ	2

（2）仿真结果及分析

为了有效评估本章所提出的分布式学习计算迁移算法的性能，选取置信区间上界（Upper Confidence Bound，UCB）[34] 和变动置信区间上界（Volatile Upper Confidence Bound，VUCB）算法[35]作为其对比方法。对于这两种算法，最大的区别在于其权衡探索利用过程的控制项不同，UCB 算法的控制项为 $\sqrt{\ln t / k_{t-1,n}}$，而 VUCB 算法额外考虑了出现时间带来的影响，控制项为 $\sqrt{\ln(t - t_n) / k_{t-1,n}}$。

图 12.30 给出了采用三种不同算法下累积遗憾值随时间周期数的变化。本章所介绍的方案在三种算法中的累积遗憾值最低，其累积遗憾值相比于 UCB 和 VUCB 算法分别减少了 83.5%和 81.9%。这意味着所提算法更接近潜在的最优时延方案的时延性能，能适应环境做出更优的迁移决策。另外，在权衡探索-利用过程中，VUCB 相比 UCB 加入了对服务器出现时刻的考虑，性能整体优于 UCB 算法。而所提算法同时考虑了服务器出现时刻、选择次数，以及输入数据量对迁移选择的影响来综合进行决策，这种机制也使得所提方案有更好的性能表现。

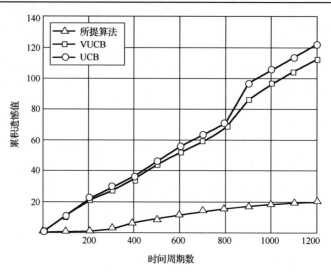

图 12.30　不同算法下累积遗憾值随时间周期数的变化

图 12.31 评估了所提算法在采用不同 Softmax 函数系数 λ 条件下累积遗憾值随时间周期数的变化。当 λ 等于 0 时，这意味着，TaV 将从候选服务器中进行随机迁移，即完全进行探索，而这时候累积遗憾值随时间周期数增加急剧上升。而当 λ 在一定范围内增大时，其累积遗憾值不断减小，这是由于 TaV 将有更大的概率选择到当前带来收益更大的服务器，使得性能得到了一定的提升。而当 λ 继续增大到一定值时，会进一步增加每轮选择历史预估最佳的服务器的概率，一定程度上降低了探索其他服务器收益的程度，使得获取的性能陷入局部最优，降低了时延性能。

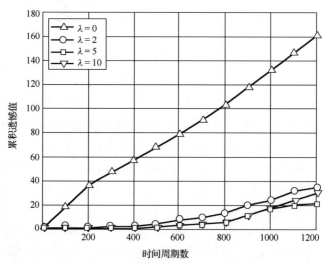

图 12.31　不同的 Softmax 系数下所提算法累积遗憾值随时间变化

图 12.32 表示的是采用不同控制项系数的条件下所提算法累积遗憾值随时间周期增加的关系图。特别地，当 $\gamma=0$ 时，将会忽略探索利用控制项带来的影响，将直接以历史的预估值作为评估标准进行选择，其累积遗憾值相比更大的 γ 的情况增长更快。这表明适当增加 γ 值将能带来更好的时延性能。同时，当 γ 进一步增大时，累积遗憾值会增加，时延性能将变差。所以，在应用中需适当调整 γ，可以获得更优的时延性能。

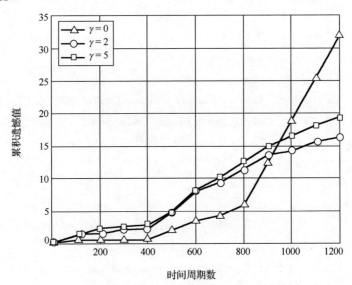

图 12.32　不同的控制项系数下所提算法累积遗憾值随时间变化

12.7　本 章 小 结

本章介绍了以车辆作为边缘服务器的业务迁移技术。首先，介绍了车载边缘计算服务器的特征，并分析了将计算任务迁移到车载移动计算服务器的流程。接着，重点介绍了在智能车联网场景下的基于强化学习的业务迁移方案、基于 MAB 的业务迁移方案、基于整数规划的最小化时延的业务迁移方案、基于 MDP 的业务迁移方案，以及基于分布式学习的业务迁移方案五个技术方案。考虑到车辆的移动性，每个技术方案都针对特定车联网场景中的具体问题，提升相应车联网场景中的计算业务迁移服务质量。经过仿真验证，本章所提出的技术方案可以有效提升计算迁移决策性能和降低服务时延。

参 考 文 献

[1]　Wang L, Han T, Li Q, et al. Cell-less communications in 5G vehicular networks based on vehicle-installed access points. IEEE Wireless Communications, 2017, 24(6): 64-71.

[2]　Mach P, Becvar Z. Mobile edge computing: A survey on architecture and computation offloading. IEEE Communications Surveys Tutorials, 2017, 19(3): 1628-1656.

[3]　Wang S, Zhang X, Zhang Y, et al. A survey on mobile edge networks: Convergence of computing, caching and communications. IEEE Access, 2017, 5: 6757-6779.

[4]　Abboud K, Omar H A, Zhuang W. Interworking of DSRC and cellular network technologies for v2x communications: A surve. IEEE Transactions on Vehicular Technology, 2016, 65(12): 9457- 9470.

[5]　Hou X, Li Y, Chen M. Vehicular fog computing: A viewpoint of vehicles as the infrastructures. IEEE Transactions on Vehicular Technology, 2016, 65(6): 3860-3873.

[6]　Sharma M K, Kaur A. A survey on vehicular cloud computing and its security//2015 1st International Conference on Next Generation Computing Technologies (NGCT), 2015: 67-71.

[7]　Choo S, Kim J, Pack S. Optimal task offloading and resource allocation in software-defined vehicular edge computing//2018 International Conference on Information and Communication Technology Convergence (ICTC), 2018: 251-256.

[8]　Zheng K, Meng H, Chatzimisios P. An SMDP-based resource allocation in vehicular cloud computing systems. IEEE Transactions on Industrial Electronics, 2015, 62(12): 7920-7928.

[9]　Zhang X, Xie Y, Cui Y , et al. Multi-slot coverage probability and SINR-based handover rate analysis for mobile user in hetnet. IEEE Access, 2018: 17868-17879.

[10]　Sun Y, Guo X, Song J, et al. Adaptive learning-based task offloading for vehicular edge computing systems. IEEE Transactions on Vehicular Technology, 2019, 68(4): 3061-3074.

[11]　Purna K M G, Bhatia D. Temporal partitioning and scheduling data flow graphs for reconfigurable computers. IEEE Transactions on Computers, 1999, 48(6): 579-590.

[12]　Giachetti R E, Jiang L. The optimal division of business processes into subtasks with specialization and coordination. IEEE Transactions on Engineering Management, 2011, 58(1): 44-55.

[13]　Zhang K, Mao Y, Leng S, et al. Optimal delay constrained offloading for vehicular edge computing networks//IEEE International Conference on Communications, IEEE, 2017: 1-6.

[14]　Zhu Z, Peng J, Gu X, et al. Fair resource allocation for system throughput maximization in mobile edge computing. IEEE Access, 2018, 6: 5332-5340.

[15]　Chen M, Hao Y. Task offloading for mobile edge computing in software defined ultra-dense network. IEEE Journal on Selected Areas in Communications, 2018, 36(3): 587-597.

[16]　Bouneffouf D. Finite-time analysis of the multi-armed bandit problem with known trend // 2016 IEEE Congress on Evolutionary Computation (CEC), 2016: 2543-2549.

[17]　Bnaya Z, Puzis R, Stern R, et al. Bandit algorithms for social network queries // 2013 International Conference on Social Computing, 2013: 148-153.

[18] Yang C, Liu Y, Chen X, et al. Efficient mobility-aware task offloading for vehicular edge computing networks. IEEE Access, 2019, 7: 26652-26664.

[19] Chen M, Hao Y. Task offloading for mobile edge computing in software defined ultra-dense network. IEEE Journal on Selected Areas in Communications, 2018, 36(3): 587-597.

[20] Zhang W, Wen Y, Wu D O. Collaborative task execution in mobile cloud computing under a stochastic wireless channel. IEEE Transactions on Wireless Communications, 2015, 14(1): 81-93.

[21] Dinh T Q, Tang J, La Q D, et al. Offloading in mobile edge computing: Task allocation and computational frequency scaling. IEEE Transactions on Communications, 2017, 65(8): 3571-3584.

[22] Liu J, Mao Y, Zhang J, et al. Delay-optimal computation task scheduling for mobile-edge computing systems//IEEE International Symposium on Information Theory, Barcelona, 2016: 1451-1455.

[23] Zhang K, Mao Y, Leng S, et al. Mobile-edge computing for vehicular networks: A promising network paradigm with predictive off-loading. IEEE Vehicular Technology Magazine, 2017 ,12(2): 36-44.

[24] Liu J, Zhang Q. Offloading schemes in mobile edge computing for ultra-reliable low latency communications. IEEE Access, 2018, 6: 12825-12837.

[25] Lehmann E L, Casella G. Theory of Point Estimation. New York: Springer Science & Business Media, 2006.

[26] 3GPP. Evolved Universal Terrestrial Radio Access (E-UTRA) Radio Resource Control (RRC); Protocol specification(Release 9). 3rd Generation Partnership Project (3GPP), Technical Specification (TS) 36.331, 2016.

[27] Li Y, Jin D, Wang Z, et al. A Markov jump process model for urban vehicular mobility: Modeling and applications. IEEE Transactions on Mobile Computing, 2014,13(9): 1911-1926.

[28] Tan L T, Hu R Q, Hanzo L. Twin-timescale artificial intelligence aided mobility-aware edge caching and computing in vehicular networks. IEEE Transactions on Vehicular Technology, 2019, 68(4): 3086-3099.

[29] Gai K, Choo K R, Zhu L. Blockchain-enabled reengineering of cloud datacenters. IEEE Cloud Computing, 2018, 5(6): 21-25.

[30] Wang D, Liu Z, Wang X. Mobility-aware task offloading and migration schemes in FOG computing networks. IEEE Access, 2019, 7: 43356-43368.

[31] Sun Y, Guo X, Song J, et al. Adaptive learning-based task offloading for vehicular edge computing systems. IEEE Transactions on Vehicular Technology, 2019, 68(4): 3061-3074.

[32] Ouyang T, Li R, Chen X, et al. Adaptive user-managed service placement for mobile edge computing: An online learning approach // IEEE Conference on Computer Communications, Paris, 2019: 1468-1476.

[33] Ahmed N, Campbell M. Variational Bayesian learning of probabilistic discriminative models with latent softmax variables. IEEE Transactions on Signal Processing, 2011, 59(7): 3143-3154.

[34] Auer P, Cesa-Bianchi N, Fischer P. Finite-time analysis of the multi-armed bandit problem. Machine Learning, 2002, 47(2): 235-256.

[35] Bnaya Z, Puzis R, Stern R, et al. Social network search as a volatile multi-armed bandit problem. Human IT, 2013, 2(2): 84-98.

第 13 章 业务迁移技术研究展望

随着 5G 的部署商用和标准版本的持续演进，6G 系统的研发也已经在全球范围内展开，目前已有多个国家及组织已正式启动了 6G 的研究项目，包括芬兰、欧盟、美国等。我国也启动了面向 6G 的研究工作，涉及 6G 网络架构、空口传输技术及组网技术等多个方向。

6G 将重点面向连接，支持全场景、全覆盖和智能化的能力全面提升，支持空天地一体化，支持与行业应用场景的深度融合，从而满足 6G 网络"智能泛在"和"数字孪生"的未来愿景。

参见图 13.1，目前业界对 6G 网络演进的愿景包括通信、计算、缓存、数据与智能技术的深度融合，实现按需的网络服务能力供给；6G 网络的覆盖能力将进一步扩展，从传统蜂窝网络的地面覆盖扩展至空天地海全场景覆盖，地面基站、高铁、无人机、卫星等都将成为 6G 网络的关键节点。6G 网络的控制平面、数据平面管理及核心网架构也都将发生相应的演进。

6G 网络的演进需求对空中接口技术、组网技术、绿色节能等各方面都提出了更高的要求，在峰值速率、覆盖能力、频谱效率、能量效率等指标方面预计将比目前 5G 提高一个数量级以上。业务迁移技术，作为 5G 网络的关键技术之一，在 5G 向 6G 演进过程中，也将面临巨大的机遇与挑战。

业务迁移技术在 5G 中从用户在不同服务小区中发生迁移开始，逐渐演进至业务在不同的小区中发生迁移，进而在数据业务迁移基础上融入了计算任务的迁移。业务迁移技术除了能够提高容量、均衡负载之外，进一步引入了提高网络能效、提高网络资源利用率等新的优化目标。小区动态开关、小区范围扩展、协作通信等一系列技术也成为业务迁移技术的支撑技术，使业务迁移技术发挥了更大的作用。业务迁移技术也从主要服务于 eMBB 场景扩展至 uRLLC 场景，支持车联网等用户移动状态下的业务迁移，进而支撑不同目标的网络优化。

随着 6G 研究工作的逐步展开，业务迁移技术必然将在 6G 网络中继续发挥着重要作用，针对未来 6G 演进过程中业务迁移技术的研究展望包括如下几个方面。

（1）业务迁移技术应用的对象：将从目前的用户迁移、数据业务迁移、计算任务迁移扩展至缓存迁移、能量迁移等更多对象，伴随着缓存部署、携能传输等技术真正实现用户、内容、能量在 6G 网络内的按需"流动"，从而建立起一张随需而动的新型服务网络。

（2）业务迁移技术服务的场景：将从目前增强移动宽带、超高可靠低时延等进一

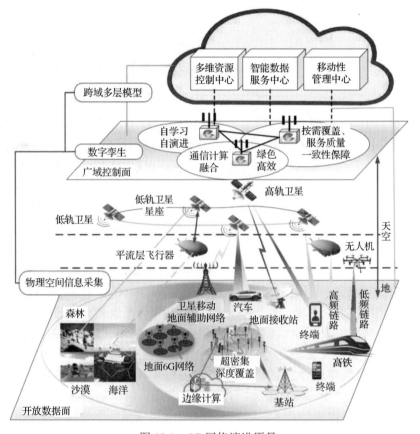

图 13.1　6G 网络演进愿景

步扩展,包括支持大规模机器通信、未来工业互联网络、空天地网络覆盖场景等,从而实现用户、内容、能量等可以在不同特征、不同技术、不同架构下的场景实现迁移,支持 6G 网络实现真正的一体化网络。

(3)业务迁移技术优化的能力:业务迁移技术对网络提供的优化能力也将从目前的容量、速率、负载均衡、能效等进一步扩展,进而支持 6G 关注的连接密度、流量密度、覆盖平滑度、时延、安全性、成本效率等一系列新型网络指标体系。

综上所述,业务迁移技术必将随着移动通信网络的演进而不断地发展下去,并且得益于其自身具备的良好技术包容性,业务迁移技术也将持续与新技术进行融合,不断获得新的生命力。

索　引

彩　图

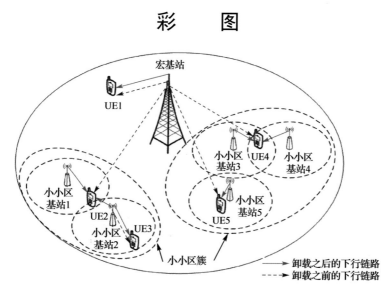

图 3.1　异构密集无线网络中的基站与用户的部署及连接场景

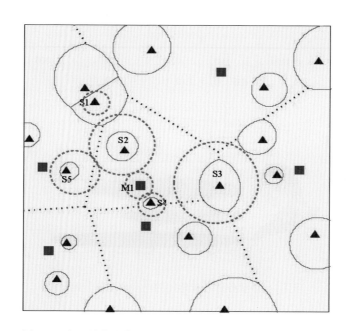

图 5.1　多层异构密集无线网络中的小区部署及缩放示意图

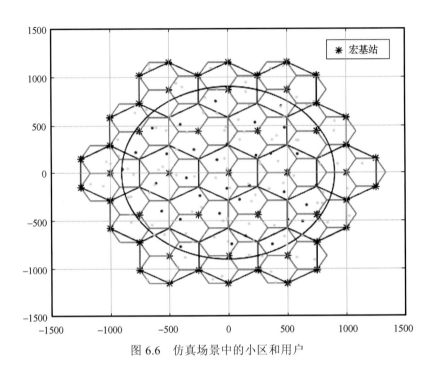

图 6.6　仿真场景中的小区和用户

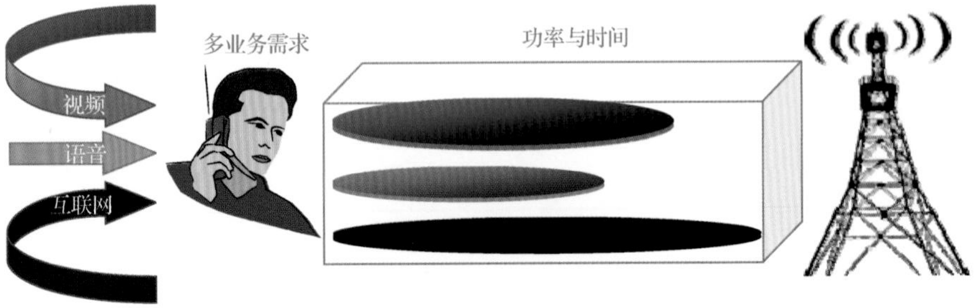

图 7.1　多业务下时延感知的功率和时间资源分配

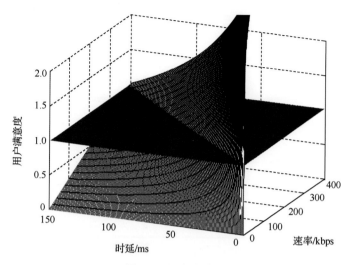

图 7.7　用户满意度

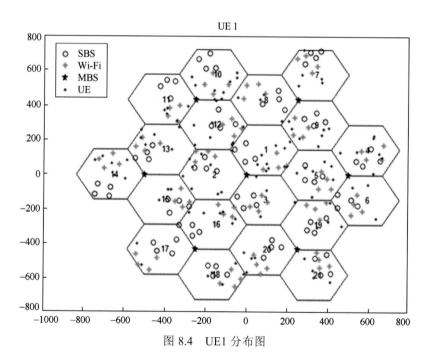

图 8.4　UE1 分布图

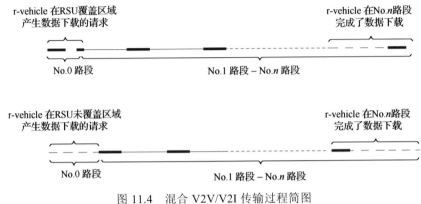

图 11.4 混合 V2V/V2I 传输过程简图

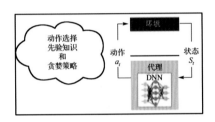

(a) 基于先验知识的深度Q学习

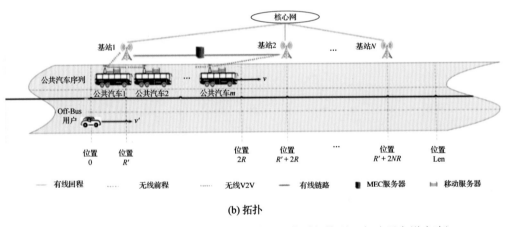

(b) 拓扑

图 12.3 服务器选择方案的系统拓扑(在 $t=0$ 的时间快照,忽略了车道宽度)